KB127280

AMETORA:

HOW JAPAN SAVED AMERICAN STYLE

아메토라

일본은 어떻게 아메리칸 스타일을 구원했는가

W. 데이비드 막스 지음

박세진 옮김

워크룸 프레스

일러두기

1. 외국 인명, 브랜드명은 되도록 국립국어원의 외래어표기법을
따르되, 널리 통용되는 표기가 있거나 한국에 공식 진출한 경우
그를 따랐다.

2. 본문에서 옮긴이의 주는 대괄호([ ])로, 단행본, 정기간행물,
앨범, 전시는 겹낫표(『 』)로, 글, 논문, 기사, 노래, 작품은
홑낫표(「 」)로 묶었다.

내 부모님, 모리스와 셸리에게

아메토라:

일본은 어떻게 아메리칸 스타일을 구원했는가

W. 데이비드 막스 지음

박세진 옮김

초판 1쇄 발행. 2020년 12월 31일

2판 1쇄. 2024년 4월 1일

편집·디자인. 워크룸

일러스트레이션. 유 나가바(長場雄)

제작. 세걸음

워크룸 프레스

03035, 서울시 종로구 자하문로19길 25, 3층

전화. 02-6013-3246

팩스. 02-725-3248

이메일. wpress@wkrm.kr

웹사이트. workroompress.kr

ISBN 979-11-93480-11-3 (03590)

한국 독자에게

20년도 더 전에 내가 대학생일 때 한국에 관해서는 아는 바가 없었다. 한글은 한 단어도 모르고, 케이팝도 들어본 적이 없었다. 아마 김치 같은 음식도 먹어본 적이 없었을 것이다. 하지만 이는 오늘날 젊은 미국인들에게는 거의 불가능한 일이다. 이들은 비욘세만큼 쉽게 BTS를 듣고, 새로 시작하는 한국 드라마를 스트리밍 서비스를 통해 시청하고, '달고나 커피' 같은 한국의 음식 트렌드를 실시간으로 따라간다. 이제 한국은 세계에 문화적인 힘을 발휘할 뿐 아니라 심지어 '쿨'해졌다.

이 책 『아메토라: 일본은 어떻게 아메리칸 스타일을 구원했는가』는 한 나라가 쿨해지는 과정을 다룬다. 아메리칸 스타일은 일본의 특정한 부분에서 중요한 역할을 도맡았다. 제2차 세계대전이 끝난 1945년 무렵 서구는 일본을 빈곤하고 후퇴한 나라 이상으로 불쾌하게 바라봤다. '일본산'은 그저 질 낮은 제품을 드러내는 표시였다. 일본이 경제 기적을 이뤘을 때조차 서구에서 존중받은 것은 오직 자동차와 초소형 전자 제품뿐이었고, 일본의 대중문화는 변방으로 여겨졌다. 1990년대 초에 일본을 방문한 미국의 작가 데이브 배리(Dave Barry)는 이렇게 소감을 적었다. "여기에는 최신으로 무장한 문화와 거리가 있다. 하지만 우리와는 갭이 너무 크다. 과격한 음악을 연주하는 일본의 젊은 록커나 반항아들은 가식 덩어리에 심지어 나 같은 중년 샌님보다 우스꽝스럽고 나약해 보인다. 일본인들은 우리의 음악을 구입하고 듣고 연주한다. 하지만 정작 우리의 음악을 가지지는 못했다." 그렇다. 일본은 비디오게임, 헬로키티, 다마고치 같은 장난감을 무수히 만들어냈지만, 미국인들은 오직 자신만이 대중음악과 캐주얼 의류에서 트렌드를 만들어낼 수 있는 배타적인 권리를 가졌다고 믿었다.

하지만 미국인들 눈에 띄지는 않았지만 몇몇 진취적인 일본인들은 그들의 나라에서 가장 훌륭한 몇 가지 남성복을 만들어낼 인프라를 구축하고 있었다. 작은 브랜드들은 수십 년 동안 옥스퍼드 버튼 다운 셔츠, 청바지, 스웨트셔츠, 페니 로퍼와 스니커즈 같은 아메리칸 스타일을 줄곧 연구했다. 그들은 결국 '제대로 해내는 것'에 진심으로 매료됐고, 미국보다 질 좋은 제품을 만들어낼 수 있었다. 오늘날 일본은 아메리칸 스타일을 다시 미국에 수출하고, 이 기묘한 아이러니 속에서 전문가들은 '최고의 진짜' 청바지는 이제 일본에서 만들어진다는 점에 동의한다. 이런 관점에서 보면 이 책은 일본의 문화사 또는 세계 남성복의 역사라기보다는 한 나라가 어떻게 세계적인 수준으로 브랜드를 발전시킬 수 있는지 보여주는 실제적인 청사진이다.

지난 20여 년 동안 한국은 강렬한 최신 트렌드를 만들어내며 쿨한 곳이 됐다. 이 책은 서양의 전통을 흡수하고, 이를 통해 가치 있는 재생산과 각색을 창조한다는, 동일한 목표에서 대안적인 전략을 제시한다. 이 책이 제시하는 전략은 오늘날 패션에서 한국이 나아가는 길에 동반자가 될 수 있을 것이다. 물론 그 길은 누군가에게는 제법 '보수적'이겠지만, 미래를 위해 과거를 모방하고 편집하고, '잃어버린 것'을 다시 되돌리는 방법을 찾아내는 일을 통해 배울 게 적지 않다. 단, 일본의 성공이 특정한 일본 문화나 기술 덕에 이뤄지지 않았다는 점을 기억하자. 모든 가능성은 오늘날의 (젊은) 한국인들에게도 열려 있다.

1964년 여름, 일본은 올림픽 준비가 한창이었다. 올림픽을 준비하는 사람들은 여기저기 뻗은 고속도로, 현대적인 경기장, 품격 있는 서양식 레스토랑 등으로 제2차 세계대전의 잿더미에서 다시 태어난 미래의 도시를 보여주려 했다. 구식 노면전차는 거리에서 사라지고, 하네다 공항에서 도심으로 들어올 여행객들을 위해 근사한 모노레일을 건설했다.

도쿄는 도시의 보석인 긴자에 많은 관심을 기울였다. 여행객들은 고급스러운 백화점과 우아한 카페에 끌릴 것이다. 긴자의 지역사회를 이끄는 사람들은 혹시라도 전후의 가난이 드러날 모든 가능성을 제거하려 했다. 심지어 나무로 만들어진 거리의 쓰레기통도 현대적인 플라스틱으로 교체할 정도였다.

정화 활동은 쓰키지 경찰서에 미친 듯 전화가 걸려오기 시작한 8월까지 계속됐다. 긴자의 매장 주인들은 중심가인 미유키 거리에 들끓는 젊은이에 대해 신속한 법적 조치가 필요하다고 아우성이었다. 그곳에는 이상한 옷을 입고 어슬렁이는 10대 수백 명이 있었다.

경찰은 그곳에서 칼라에 단추가 달린 두껍고 주름진 천으로 만든 셔츠, 필요도 없는 세 번째 단추가 가슴팍까지 올라간 슈트 재킷, 요란한 마드라스나 타탄 플래드, 줄어든 치노 팬츠나 뒤쪽에 이상한 스트랩이 달린 반바지, 무릎까지 올라간 검은색 양말, 복잡한 무늬의 브로그 가죽 구두 차림의 젊은이들을 만났다. 이들은 머리를 정확히 7 대 3 비율로 빗고 있었다. 그런 머리 모양을 만들려면 전기가 필요한 헤어드라이어가 필요할 듯했다. 경찰은 곧 이런 스타일을 영어의 아이비(Ivy)에서 딴 '아이비(Aibii)'로 부른다는 사실을 알게 됐다.

여름 내내 타블로이드 잡지들은 도무지 다루기 어려운
긴자의 10대들에게 '미유키족(みゆき族)'이라는 이름을 붙이고,
그들을 비판하는 기사를 실었다. 그들은 하라는 공부는 안
하고, 하루 종일 가게 앞에서 어슬렁이며 이성과 잡담을
하거나, 아버지가 힘들게 번 돈을 긴자의 남성복 매장에서
탕진했다. 그들의 불쌍한 부모들은 이 무리의 성격을 전혀
몰랐을 것이다. 이들은 멀쩡하게 교복을 입고 집에서 빠져나온
뒤 카페 화장실에서 '금지된 옷'으로 갈아입었다. 언론은 미유키
거리를 '천황의 행차'를 뜻하는 영예로운 이름 대신 '불효자의
거리'라는 뜻의 '오야후코(親不孝) 거리'로 부르기 시작했다.

미디어에서는 불량배처럼 보이는 겉모습뿐 아니라
미유키족이 올림픽 프로젝트의 심장을 위협한다며 비난했다.
올림픽은 일본이 제2차 세계대전 이후 처음으로 국제적인
주목을 받는 행사였고, 국제 사회의 일원으로 완전히 복귀하는
상징이 돼야 했다. 일본에 대한 외국인들의 첫인상은 재건에
따른 기적적인 발전이어야 했지, 거리를 막은 반항하는
10대들이 아니었다. 일본 당국은 미국의 사업가나 유럽의
외교관이 임페리얼 호텔에서 한가롭게 차를 마시면서 시원찮은
버튼 다운 셔츠를 입은 못된 10대들이 만드는 풍경을 볼까
우려했다.

매장 주인들의 불만은 조금 더 분명했다. 매주 2,000여
명의 10대가 매장 디스플레이를 가리며 영업을 망치고 있었다.
전쟁 전 독재 정부 시절이었다면 경찰이 사소한 이유라도 들어
긴자의 부랑자들을 체포하면 해결될 일이었다. 하지만 새로운
민주 정부의 시대에는 경찰의 손도 묶여 있었다. 미유키족을
잡아들일 어떤 법적 근거도 없었다. 그들은 그저 어슬렁이고,

경찰은 미유키족을 긴자 거리에서 몰아냈다. 1964년 9월.

잡담을 하고 있을 뿐이었다. 하지만 경찰은 매장 주인들과 마찬가지로 긴자 문제에 개입하지 않으면 '악의 온상'으로 사태가 악화하리라 걱정했다.

결국 올림픽 개막식을 한 달도 남겨두지 않았던 1964년 9월 12일 토요일 밤, 사복 차림의 경찰 10여 명이 긴자를 쓸어버렸다. 그들은 버튼 다운 셔츠를 입고, 케네디 헤어스타일을 한 사람이면 무조건 멈춰 세웠다. 10대 200여 명이 체포됐고, 여든다섯 명 정도는 근처 감옥으로 끌려갔고, 심란한 부모에게 밤새 잔소리를 들어야 했다.

다음 날 경찰은 두꺼운 영어책 사이에 담배를 감추는 방법 같은 미유키족의 비도덕적인 행태를 신문에 전했다. 모든 미유키족이 불량한 10대는 아니라는 점은 인정했지만, 그럼에도 경찰은 이 습격이 젊은이들이 범죄자가 되는 걸 막기 위해 반드시 필요하다고 여겼다. 이 체포 때문에 10대들이 패션에 대해 특별한 관심을 가지는 게 남성성의 위기와 관련돼 있다는 경찰들의 우려가 확실해졌다. 경찰은 남성 미유키족이 어딘가 '여성적인' 어휘를 쓴다는 점에 놀라기도 했다.

경찰은 체제 전복적인 젊은이들을 근절하기로 결정하고, 그다음 주 토요일 밤에도 다시 긴자를 돌아다니며 낙오자들을 잡아들였다. 결국 미유키족은 긴자에서 사라지고, 1964년 도쿄 올림픽은 별일 없이 마무리됐다. 당시 도쿄에 방문한 어떤 외국인도 고국으로 돌아간 뒤 줄어든 치노 팬츠를 입은 일본 10대들의 비행에 관해 떠들지 않았다.

기성세대들은 미유키족을 근절했다고 생각했지만, 젊은이들은 조금 더 큰 전쟁을 준비하고 있었다. 1960년대 세계 곳곳에서 반항적인 10대들은 부모나 정부의 이야기를 듣지 않고,

학생이라는 제한된 정체성에서 벗어나 자신만의 독특한 문화를 구축하기 시작했다. 일본에서는 첫 번째이자 가장 중요한 시작이 표준화된 교복을 벗고, 자신이 선택한 옷을 입기 시작했다는 점이다. 패션에 대한 관심은 특히 엘리트층의 자녀들에게서 시작됐지만, 기적적인 경제 성장과 매스 미디어의 폭발적인 증가 속에서 대중 사이로 퍼졌다. 아이비가 긴자를 접수한 이래 50년이 넘는 시간이 흐르는 동안 일본은 세계에서 가장 스타일에 집착하는 나라가 됐다.

세상의 또래들과 비교하면 일본의 10대들은 패셔너블한 옷을 추구하는 데 과도할 만큼 시간, 노력, 돈, 에너지를 쏟는다. 일본 인구의 2.5배 정도 되는 미국을 보면 남성 스타일을 다루는 잡지가 열 종이 채 되지 않지만, 일본은 쉰 종이 넘는다. 소설가 윌리엄 깁슨(William Gibson)은 일본의 쇼핑 체인점 파르코(PARCO)를 보고 "캘리포니아의 번화가 멜로즈 애비뉴의 쇼핑 체인 프레드 시걸(Fred Segal)은 몬타나 시골의 아울렛처럼 보인다."라고 썼다. 30대 이하에게 옷을 파는 일은 도쿄의 하라주쿠, 시부야, 아오야마, 다이칸야마 같은 지역의 주요 경제 활동이다. 이는 단지 도쿄에만 해당하는 이야기가 아니다. 추운 홋카이도에서 아열대의 오키나와까지 어디든 작은 가게에서도 일본이나 해외의 톱 패션 브랜드 제품을 손쉽게 살 수 있다.

오랫동안 일본인들은 글로벌 패션의 가장 열정적인 소비자였다. 하지만 최근 30년 동안 무역 수지에 변화가 일었다. 일본의 디자이너들과 브랜드들은 세계 여러 곳에서 주목을 받았고, 이제는 옷을 수출한다. 유럽의 패션 인사이더들은 요란한 동양적 패턴의 간사이 야마모토(Kansai Yamamoto)나 겐조 다카다(Kenzo Takada), 그 뒤에는 꼼 데 가르송(Comme des Garçons)이나 요지 야마모토(Yohji Yamamoto), 이세이 미야케(Issey Miyake)까지 이국적인 일본 디자이너들의 옷에 빠졌다. 1990년대부터 미국과 유럽의 크리에이티브한 사람들은 티셔츠, 청바지, 옥스퍼드 버튼 다운 셔츠의 일본식 버전에 찬사를 보냈다. 21세기 초반에는 힙합 가사에서 성공한 화려한 인생을 보여주는 아이템으로 어 배싱 에이프(A Bathing Ape)나 에비수(Evisu) 같은 일본 스트리트 패션 브랜드명이 등장했다. 한편, 뉴욕의 소호나 런던의 웨스트엔드의 실용적인 소비자들은 갭(Gap)보다 유니클로(Uniqlo)를 더 좋아하게 됐다.

더욱 특별한 일이 일어나기도 했다. 패션 전문가들은 일본의 브랜드들이 미국보다 아메리칸 스타일 패션을 더 잘 만든다고 주장하기 시작했다. 미국의 젊은이들은 웹상에 불법으로 올라온 일본 잡지 스캔본을 보며 아메리칸 트래디셔널 스타일을 배우기 시작했다. 2010년 세상 사람들은 1965년 일본에서 발간된 아이비리그 학생들의 스타일을 담은 다큐멘터리 사진집 『테이크 아이비(Take Ivy)』의 재발매본을 사들였다. 이 책의 열풍은 미국인들이 수십 년에 걸쳐 캐주얼 프라이데이 옷을 일주일 내내 입는 동안 일본인들이 아메리칸 스타일을 보존해냈다는 생각에 더 큰 확신을 줬다. 아랍 문명이 유럽의 암흑 시대에 아리스토텔레스의 물리학을 보존한 것과 비슷하게 일본의 소비자들과 브랜드들은 오리지널에 기반을 둔 스타일을 수집해 유지했다는 측면에서 아메리칸 스타일을 구원했다.

일본이 패션, 특히 아메리칸 스타일에 탁월하다는 사실은 이제 세상에 널리 알려져 있다. 하지만 의문이 남는다. 어떻게, 그리고 왜 아메리킨 스타일이 일본에서 숭배의 대상이 된 걸까.

이 책은 어떤 종류의 클래식한 미국산 옷이 처음으로 일본에 들어갔는지, 이런 스타일에 대한 일본식 수정의 결과물이 오늘날 어떤 식으로 다른 세계에 영향을 미치게 됐는지 자세한 답을 제공한다. 아이비리그 학생들의 옷차림, 청바지, 히피, 미국 서부의 스포츠웨어, 1950년대 레트로, 뉴욕의 스트리트웨어, 빈티지 워크 웨어가 수십 년에 걸쳐 차례로 일본에 들어가 일본 사회를 탈바꿈하고, 이제는 부메랑처럼 돌아가 글로벌 스타일에 영향을 미친다.

하지만 이 책은 의상 패턴이나 디자인 콘셉트 같은 복잡한 사항을 다루지 않는다. 이 책은 미국산 옷을 일본에 들여온 사람, 이런 옷이 지닌 미국식 아이디어를 일본의 정체성에 흡수한 젊은이 등 여러 '개인'을 좇는다. 변화를 만든 사람들은 대부분 훈련받은 디자이너가 아니라 사업가, 수입업자, 잡지 편집자, 일러스트레이터, 스타일리스트, 뮤지션이었다. 이들은 이런 제품을 들여오고, 기술적인 노하우를 습득하고, 의심 많은 소매점을 설득하고, 부모, 경찰, 견고한 의류 산업 등의 조직적인 반대파에 맞서 한 걸음씩 움직여야 했다. 하지만 현명한 해결책, 때로는 그저 행운 덕에 그들이 내놓은 제품은 10대들의 손에 들어갔고, 엄청난 이익을 만들어냈다.

아메리칸 스타일이 일본 남녀의 의복 스타일에 영향을 주긴 했지만, 특히 남성복에 대한 영향력이 더 크고 확실했다. 일본의 여성복은 전쟁이 끝난 뒤 기모노에서 벗어나 유럽 디자이너 컬렉션으로 이동했다. 일본의 남성복 분야에서 패션은 엘리트 대학생들의 착장이나 튼튼한 아웃도어 의류, 하위문화에서의 정체성, 할리우드 스타를 따라 하는 것 정도로 허용할 수 있는 범위 안에서 받아들여졌고, 이 모든 게 미국의 캐주얼, 생활 방식에 기반을 둔 스타일로 향하도록 만들었다.

런던의 고급 맞춤복 거리인 새빌 로(Savile Row)가 전쟁 전 일본 남성복의 기본 모델이었다면, 1945년 이후의 미국 의복은 훨씬 더 강력한 비전을 제시했다.

제2차 세계대전 이후 미국이 일본 사회 재건에 책임을 지고 있었기 때문에 일본의 패션이 미국화하는 건 자명했다. 미국인들 또한 오랫동안 자신의 대중문화가 세계의 중심이 되리라 생각했다. 나중에는 정말 그렇게 됐다. 우리가 이미 알고 있듯 동유럽인들은 로큰롤과 청바지를 열망한 나머지 철의 장막을 무너뜨렸다. 일본이 버튼 다운 셔츠, 데님, 가죽 재킷을 열성적으로 받아들인 것 또한 세상이 '미국화'에 둘러싸였음을 증명한다.

하지만 일본에 들어온 아메리칸 스타일의 실제 역사는 이런 묘사보다 훨씬 복잡하다. 일본의 '미국화'는 언제나 미국을 숭배하는 식으로만 진행되지 않았다. 일본 군정기가 끝난 뒤에는 극소수의 젊은이만 진짜 미국인을 만날 수 있었고, 일본의 TV나 잡지, 소매점 들은 순전히 마케팅을 목적으로 미국의 삶을 이상적인 이미지로 만들어냈다. 일본의 젊은이들은 다른 젊은이들을 따라 하는 식으로 아메리칸 스타일을 받아들였다. 예컨대 1970년대 도쿄의 로커빌리(rockabilly) 집단인 덕테일 그리저(Ducktail Greaser)는 엘비스 프레슬리보다는 일본 가수 야자와 에이키치의 모습에 더 가까웠다. 즉, 일본의 패션이 급성장하는 데 미국이 원자재를 제공했지만, 이런 아이템들은 빠르게 원형에서 떨어져 나왔다. 이런 재맥락화는 미국 문화가 일본으로 흡수되는 데 핵심적이다.

따라서 일본이 아메리칸 스타일을 받아들여 도용하고 수출하는 이야기는 문화가 어떻게 세계화하는지 신명하게 보여준다. 전쟁이 끝난 뒤 지리적·언어적 고립 때문에 일본은 서구의 자유로운 정보 유입이 제한됐고, 이 점 덕에 미국의 풍습이 언제 어떻게 일본으로 들어왔는지, 이렇게 들어온 뒤 사회 구조의 일부가 되기 위해 무엇이 필요했는지 이례적으로 쉽게 추적할 수 있게 됐다. 세계화는 혼란스럽고 복잡한 과정이고, 문화적 가닥은 시간이 흐르며 더 복잡하게 얽힌다. 일본의 패션은 첫 번째 가닥이 고리를 만들어 매듭을 만들어내는 과정을 추적할 수 있는 완벽한 사례다.

더욱 중요하게도 일본은 오리지널의 방식을 보호하고 강화하면서 아메리칸 스타일 위에 새롭고 심오한 의미의 층을 더했다. 일본의 패션은 단순히 미국산 옷을 복제한 결과물이 아닌 자신만의 미묘한 차이를 지닌 풍부한 문화 유산이 됐다. 미국에서 수입된 일본인들의 착장은 이제 자신만의 장르로 자리 잡고, 나는 이를 '아메리칸 트래디셔널'을 줄인 '아메토라(アメトラ)'로 부른다. 아메토라의 뿌리를 더듬어가는 연구는 역사적 기록을 살피는 것보다 일본의 패션이 왜 지금의 모습이 됐는지, 열성적이면서 국소적인 경험이 어떻게 다른 세계의 문화에 영향을 미치게 됐는지 이해하는 기회가 될 것이다.

1. 스타일이 없는 나라

아메리칸 스타일이 일본에서 광범위하게 받아들여진 건
수십 년에 걸친 일이었지만, 시작은 한 명의 개인, 즉 이시즈
겐스케였다. 이시즈는 1911년 10월 20일 오카야마의 남서쪽
도시에서 유복한 종이 도매업자의 둘째로 태어났다. 메이지
시대의 마지막 해인 1911년, 일본은 봉건사회에서 현대적
국가로 이행하는 과도기였다.

1868년에 시작된 메이지 시대로부터 265년 전, 도쿠가와
막부는 일본을 다른 세계로부터 고립시키는 폐쇄 정책을
실시했다. 일본의 은둔 생활은 1854년 매슈 페리(Matthew
Perry) 제독이 이끄는 미 해군 함대가 항구를 개방하라는
요구로 끝났다. 그로부터 4년 뒤 막부는 서구의 힘에 눌려
불평등 조약에 서명하고, 굴욕적인 항복은 나라의 경제와
문화를 혼란에 빠트렸다. 1868년 나라를 다시 궤도로
되돌리기로 결심한 메이지 천황의 기치 아래 새로운 마음을
품은 사무라이들이 정부를 통치하기 시작했다.

'메이지 복고'로 불리는 시기 동안 이 나라의 지도자는
조금 더 현대적인 일본이 돼야 미국과 유럽의 식민지화와 싸울
수 있다고 믿었고, 서구의 기술과 생활 방식을 받아들이려
했다. 40여 년 동안 메이지 정부는 경제, 법, 군대, 상업 관습,
교육 제도, 식습관에 이르기까지 일본의 거의 모든 부분을
뜯어고치고 현대화했다. 개혁 덕에 일본은 제국주의 침략자를
막아낼 수 있었지만, 대신 자신이 제국주의 침략자가 돼버렸다.

급진적인 사회 변화는 직접적으로 남성 의복의 변화를
만들어냈다. 메이지 시대 이전 고위급 사무라이들은 긴 머리를
상투 속에 넣고, 벨트에 끼워 넣은 두 개의 칼로 그들의 신분을

과시하며, 로브(robe)를 입고 지저분한 거리를 돌아다녔다. 그러다가 20세기의 첫 10여 년 동안에는 이 나라의 통치자들이 관료주의적 모임, 연회, 경축 행사에 스리피스(three-piece) 정장과 나폴레옹 스타일의 군복을 입고 참가했다. 수입된 의복 스타일은 위신을 과시하는 안정된 방식이 됐다.

　서구의 패션이 전통 의복을 대체하기 전에도 일본 사회에서 의복은 지위와 신분을 나타내는 중요한 표시였다. 도쿠가와 막부(1603~1868)는 사회의 질서를 유지하기 위해 계급에 따른 옷의 소재와 패턴 등을 엄격하게 규정하는 식으로 사소한 부분까지 통제했다. 예컨대 인구의 10퍼센트 정도를 차지하는 귀족과 사무라이만 실크를 입을 수 있도록 허락했다. 하지만 모든 사람이 규정을 따르지는 않았다. 사무라이보다 더 많은 재산을 축적한 농부나 도시의 상인은 체제 전복적인 위풍당당함으로 표준 면 로브 안에 실크로 안감을 붙이곤 했다.

　1868년 이후 메이지 정부는 현대화 계획의 일부로, 실용적인 서구의 의복을 도입하기 위한 몇 가지 정책을 시행했다. 1870년에는 천황이 서구의 헤어스타일로 머리를 짧게 깎고, 유럽 스타일의 군복을 입기 시작했다. 이듬해에는 헤어스타일에 대한 포고령을 내려 모든 사무라이가 상투를 자르도록 했다. 한편, 군대에서 해군은 영국군을, 육군은 프랑스군을 모방한 군복을 도입했다. 그 뒤 수십 년 동안 정부 관료, 경찰관, 우체부, 열차 차장 등 공무원들은 서양식 의복에 대한 군대의 방식을 따랐다. 1886년 도쿄의 제국 대학교는 학생들에게 네모난 닫힌 칼라의 재킷과 그에 맞는 바지로 이뤄진 검은색 가쿠란(学蘭, 또는 츠메리, 목 끝까지 잠글 수 있는 재킷을 말한다.)을 입도록 했다. 이때부터 이 옷이 남학생들의 선형적인 유니폼이 된다.

일본의 전통 의상과 현대식 군복을 입은 메이지 천황.

머지않아 서구의 문화는 정부 기관에서 상류사회로 흘러 들어간다. 메이지 시대 초기의 상징적인 장소는 일본의 엘리트들이 격식에 맞춰 옷을 차려입고, 왈츠를 추며 부유한 외국인들과 교류한 프랑스 르네상스 스타일의 홀인 '로쿠메이칸'이었다. 1890년대 도시의 회사원들은 사무실에서 영국식 정장을 입었다.

이시즈 겐스케(石津謙介)의 어린 시절은 성장하는 중산층이 엘리트 층에 합류해 서구의 옷을 입기 시작한 다이쇼 시대였다. 사람들은 고기와 우유를 더 많이 소비하기 시작했고, 가장 급진적인 정치 파벌들은 더 강력한 민주주의적 대표를 요구했다. 이시즈는 이런 시대의 산물인 야구 같은 운동을 했고, 생선보다 햄버거 스테이크를 더 좋아했다. 이시즈는 일찌감치 서구 의복에 대한 관심을 드러냈다. 금색 단추가 달린 검은색 가쿠란을 입고 싶은 나머지 부모에게 부탁해 집에서 멀리 떨어진 다른 학교로 전학을 갔다. 중학교 시절에는 재단사에게 부탁해 바지 뒷주머니 입구에 덮개를 붙이거나 밑단을 넓히는 등 규정에 어긋나지 않는 선에서 교복을 고쳐 입었다.

1920년대 일본은 사회 관습의 급격한 변화를 겪었다. 그 앞에 모던 보이와 모던 걸을 뜻하는 '모보'와 '모가'가 있었다. 1923년 간토 대지진이 지나간 뒤 더 많은 일본 여성이 재난에 대비하기 위해 실용적인 서구의 옷을 입기 시작했다. 이와 달리 모가는 서구의 문화를 스타일로 받아들였고, 부드러운 드레스를 입고 짧은 머리를 하고 다녔다. 그들의 남자 친구인 모보들은 긴 머리에 오일을 발라 넘기고 트럼펫 팬츠 같은 통이 넓은 바지를 입었다. 주말마다 모보와 모가는 호화로운 도쿄의 긴자로 모여들고, 잘 정비된 가로등에 벽돌이 깔린 거리를 중학생과 대학생 시절의 이시즈 켄스케.

결혼식장에서 이시즈 켄스케(윗줄 가장 오른쪽). 1932년 3월.

돌아다녔다. 이 젊은이들은 일본이 로쿠메이칸 스타일의
서구 문화에서 벗어나고, 스타일의 본보기를 상류 계급에서
공인되지 않는 이들이 만들어내는 방향으로 돌려놨다.

나중에 가업을 이어받기로 아버지와 약속한 이시즈는
1929년 도쿄의 메이지 대학에 입학했다. 그는 풍족한 용돈으로
자신을 '스포츠맨'으로 탈바꿈시켰다. "학생으로서 제 생활은
놀라움이었죠. 지루한 적이 없었어요." 그는 복싱 선수를
코치했고, 학교 최초의 모터사이클 클럽을 만드는 한편, 친구와
무허가 택시를 운영하기도 했다. 몇 달이 채 지나지 않아
이시즈는 모보의 살아 있는 전형이 됐다.

모보 정신의 하나로 이시즈는 실용적인 학생 교복인
가쿠란을 거부했다. 대신 당시 교수 월급의 반 정도 되는
가격의 갈색과 초록색 트위드 스리피스 정장을 구입해 입었다.
여기에 새들 슈즈*를 맞춰 신었다. 이시즈는 심지어 숨막힐 듯
무더운 도쿄의 여름에도 늘 이 착장과 함께했다.

하지만 모보와 모가의 시절은 짧았다. 좌파
급진주의자들을 걱정한 정부는 1930년대 초반부터 자유화
정책을 되돌리기 시작했다. 도쿄 경찰청은 미성년 범죄를
정화하기 위한 캠페인을 시작했고, 모든 댄스홀을 폐쇄했다.
경찰은 긴자의 지나치게 패셔너블한 젊은이들을 쓸어버렸다.
또한 극장에 가거나, 커피를 마시거나, 심지어 거리에서
군고구마를 까먹는 것처럼 조금이라도 '현대적으로' 보이는
행위를 하는 사람들을 체포해버렸다.

일본의 악명 높은 사상 경찰과의 트러블에서 가까스로
벗어난 이시즈는 1932년 3월 오카야마로 돌아와 마사코라는

* 구두끈이 있는 등 부분을 다른 색 가죽으로 씌운 구두.

여성과 결혼했다. 다른 모든 가족이 전통적인 일본 의상을
입었지만 이시즈는 예식 정장을 입을 기회를 놓칠 수 없었고,
높은 칼라의 모닝 코트에 주문 제작한 애스콧타이를 목에
둘렀다. 이 부부는 신혼여행으로 도쿄로 돌아와 일주일을
댄스홀과 극장을 돌아다니며 모보와 모가의 마지막 순간을
즐겼다. 그리고 스물하나와 스물이라는 어린 나이에 이시즈와
마사코는 고향에 정착해 수십 년 역사의 종이 회사를 운영하기
시작했다.

오카야마에 갇힌 이시즈는 '지긋지긋하게 지루한' 종이
도매업의 세계를 빠져나가기 위해 할 수 있는 모든 방법을
동원했다. 밤에는 게이샤 하우스를 들락거리고, 주말에는
글라이더 수업을 들었다. 아주 많은 맞춤 슈트를 사들이고,
옷을 만드는 삶을 꿈꿨다.
　　1930년대 일본의 독재정치가 흔들리지 않았다면 아마
타락한 삶에서 빠져나올 수 없었을 것이다. 1931년 만주를
침략한 뒤 우익들은 정치 정당에 반격을 가하기 시작했고,
군부가 이끄는 정부는 모든 반대와 이견을 막아버렸다.
광적인 애국자들은 민주주의 정치인들을 암살하고, 쿠데타를
시도했다. 중일전쟁의 여파는 곧 이시즈의 집에도 들이닥쳤다.
정부는 전쟁 물자 보급을 위해 산업 규제를 강화했고, 종이
도매업 역시 활동이 제한됐다.
　　다행히도 그는 일본의 식민지에서 사업 기회를 찾았다.
1930년대 초반 일본은 대만, 한국, 만주, 중국 동부의 일부를
통제하고 있었다. 1939년 중반 이시즈의 고향 친구인 오카와
데루오는 중국의 항구 도시 톈진에 있는 그의 형에게서 여기서
가족이 운영하는 오카와 요코 백화점을 도와줄 수 있겠냐는

편지를 받는다. 가족의 사업은 성공적이었다. 하릴없이 집에 있었기 때문에 이시즈의 아버지는 그곳에서 새로운 일을 시작해보는 게 어떻겠냐고 권유한다. 이시즈는 흥분했다. "이 시대의 젊은이들은 자유 속에서 자랐습니다. 저에게는 완전히 새로운 형태의 자극이 필요했고, 점점 더 톈진에서의 자유로운 생활을 기대하게 됐죠." 도시를 떠나야만 하는 조금 더 시급한 동기도 있었다. 좋아하던 게이샤가 임신했다는 소문을 듣게 된 것이다. 나중에 거짓으로 밝혀졌지만, 소문을 확인하겠다고 머무르고 있을 수는 없었다. 1939년 8월 이시즈와 그의 가족은 배를 타고 톈진으로 떠났다.

중국 동해안에 있는 톈진은 영국과 프랑스의 자치구, 치외법권에 따라 자기들 스타일의 유니크한 건축물을 지을 수 있는 이탈리아의 조차지 등이 만들어낸 국제적인 정취로 유명했다. 톈진에는 중국인 인구를 넘어선 5만 명의 일본인이 거주하고 있었고, 도시는 영국 클럽의 엘리트에서 지저분한 러시아인까지 다양한 유럽인을 유치했다.

스물여덟의 이시즈는 오카와 요코 백화점의 세일즈 디렉터로 중국에서 새로운 삶을 시작했다. 이시즈는 타고난 세일즈맨이었고, 매장 홍보를 위해 새로운 프로모션을 고안해내는 걸 좋아했다. 그는 곧 의류 제작과 디자인까지 담당했다. 제2차 세계대전이 일본의 고향에서 톈진으로 오는 유통 경로까지 확대되자 1941년 이시즈는 오카야마의 재단사를 중국에 데려왔고, 슈트를 제작하도록 했다.

일 외의 생활에서 이시즈는 다른 일본인들과 가까이 지내지 않았고, 대신 조금 더 넓은 국제 커뮤니티에 속해 있으려 했다. 그는 기초적인 영어와 러시아어를 익히고, 현지 게이샤에게 중국어를 배웠다. 또한 영국 재단사를 자주 이시즈 켄스케. 중국 톈진에서 러시아 친구들과(왼쪽).
공안부 앞에서(오른쪽).

만나면서 영업의 비밀을 배우고, 유대인 클럽에서 전쟁 소식을 듣고, 이탈리아 조차지에서 하이알라이* 내기를 했다.

텐진에 거주한 덕에 이시즈는 고향으로 돌아가야 하는 시간을 피할 수 있었다. 1941년 12월 진주만 공격 이후 태평양전쟁은 지역적 충돌에서 미국의 전면적 참전으로 바뀌었다. 일본은 총력전을 위한 동원을 시작했다. 이시즈가 텐진에서 유럽의 문화를 즐기고, 편안한 생활을 보내는 동안 그의 고향에서는 지역에 스며든 서구의 영향을 체계적으로 지우고 있었다. 일본의 대중은 매일 '악마 같은 미국인'의 야만적인 범죄 선동을 들었다. 새로운 규제로 회사들은 브랜드명에서 로마자를 없앴고, 심지어 '서구의 산물'인 가로쓰기도 하지 않는 게 좋다는 충고까지 들었다. 야구는 '스트라이크'나 '홈런' 같은 외국어에서 유래한 어휘를 순수 일본어로 바꾸는 조건으로 규제를 피했다. 이시즈가 그의 고급 스리피스 슈트를 입고 다니는 동안 오카야마에 돌아온 일본 남성들은 초창기 마오 슈트와 비슷하게 생긴 실용적인 카키색의 '시민복'으로 부르는 유니폼을 입었다.

전쟁은 일본에 많은 어려움을 안겼다. 우선 식량이 부족했다. 1942년 4월부터는 미국의 폭격이 시작됐다. 이시즈는 군대의 파트타임 글라이더 강사였던 덕에 최전선으로 나가는 걸 피할 수 있었다. 일본은 중국 내륙을 폐허로 만들었지만, 텐진에서는 작은 충돌만 일어났다.

1943년이 되자 일본의 전쟁 전망은 암울해졌고, 오카와 요코의 직원들도 그들이 거래하는 고급 제품들이 비애국적으로 보일까 걱정했다. 오카와의 형은 회사를 팔기로 결심하고

---

* 스페인과 남미에서 많이 즐기는 핸드볼 비슷한 구기.

직원들과 돈을 나눴다. 이시즈는 받은 돈을 가지고 일본으로 돌아가면 압류되리라 생각했기 때문에 중국에 남기로 결심한다.

이시즈는 머리를 깎고 징집이 됐다. 해군 무관이라는 편한 보직을 맡은 덕에 그는 표준 군복 대신 영국산 고급 서지 울로 만든 군복을 주문했다. 이시즈는 글리세린 공장을 살펴보는 임무를 맡았는데, 파리 분위기의 향이 나는 투명한 비누를 만들 수 있도록 설비를 바꿨다. 그는 나중에 이런 임무 태만을 후회한다고 밝혔다. "나라를 위해 어떤 일도 하지 않았다는 점이 부끄럽습니다. 나 같은 일본인 때문에 전쟁에서 패한 거겠죠."

1945년 8월 이시즈는 임시변통으로 만들어진 글리세린 공장에서 일본이 연합국에 항복한다는 천황의 라디오 방송을 듣게 됐다. 중국은 거주자들을 향한 집단 폭력을 막았지만, 그들은 이시즈를 위협했고 글리세린 공장을 뒤엎었다. 이시즈는 1945년 9월 대부분을 일본 해군의 도서관에 감금돼 지냈다.

10월이 되자 상황이 조금씩 진전됐고 미군 제1해병사단이 도착했다. 해병대는 즉흥적인 승리 행진을 하기 위해 상륙했고, 수천 명의 중국인들과 유럽인 거주자들이 해방을 만끽하기 위해 거리를 메웠다. 젊은 미국인 장교 오브라이언은 영어를 할 줄 아는 일본인을 물색했고, 이시즈는 도서관에서 풀려났다. 몇 주 사이에 이시즈와 오브라이언은 좋은 친구가 됐다. 오브라이언은 이시즈에게 프린스턴 대학교에서 보낸 학창 시절 이야기를 들려줬고, 이때 처음으로 '아이비리그'라는 말을 듣는다.

행운과 간계 덕에 서른넷의 이시즈는 일본의 억압적

파시스트 사회와 전쟁의 폭력이라는 최악의 상황을 모두 피할
수 있었다. 심지어 일본이 굴욕적으로 패전한 뒤 미군에 대한
그의 협조 덕에 상대적이지만 물질적 위안도 얻을 수 있었다.
이시즈는 1946년 3월 15일 미국인들이 그와 그의 가족을
화물선에 태워 일본으로 돌려보내기 전까지 전쟁의 쓰라림을
맛본 적이 없었다. 그는 요새 돈으로 환산하면 2,700만 달러에
해당하는 현금을 포함해 백팩에 들어가지 않는 건 모두 두고
떠날 수밖에 없었다. 이시즈의 가족은 수백 명과 함께 얄팍하고
조그만 침대와 재래식 화장실 두 곳이 있는 부서질 듯한 배에서
일주일을 보냈다. 안타깝게도 바다 위에서의 생활은 이시즈와
그의 가족에게 일시적인 고난이 아니었다. 일본인들에게는
새로운 표준적인 삶이었다. 이시즈의 쉽고 화려한 시절은
이렇게 끝났다.

1946년 3월의 마지막 날, 이시즈 겐스케는 오카야마의
고향집으로 돌아왔고, 집이 다 타버렸음을 알게 된다. 미군은
일본의 거의 모든 주요 산업 시설에 폭격을 퍼부었고, 간간이
남은 콘크리트 건물 잔해 외에는 끝없이 펼쳐진 돌무더기만
있었다. 7년 동안의 중국 체류는 세상이 멸망하는 듯한
악몽에서 이시즈를 구원했지만, 1946년 그는 전쟁이 남긴
두려움 속에서 더 이상 위안을 찾을 수 없었다.
　　전쟁 후의 생활은 암울했다. 본토에 대한 공중 폭격과
국외에서의 전투 속에서 일본은 전체 인구의 4퍼센트 정도인
300만 명을 잃었다. 미군의 폭탄은 일본의 산업 기반을 대부분
파괴하고, 1946년에는 식품과 다른 물자의 만성적인 부족에
빠져 있었다. 나라의 재정은 1935년 수준으로 곤두박질쳤다.
사람들은 전쟁이 끝난 직후의 시기를 굶주림, 발진티푸스,

저체온증 등과 싸우면서 보냈다. 일본은 또한 정신적인
측면에서 큰 상처를 입었다. 일본의 실패한 공약 때문에 많은
시민은 전통적인 제도에 환멸을 느꼈다.

그러는 동안 미군이 들어와 패배한 이들 위에 우뚝
섰다. 그렇게 일본은 오랜 역사 속에서 처음으로 외국에
의해 점령됐다. 전쟁 동안 선전에 세뇌된 일본인들은
복수심에 불타는 무자비한 약탈에 대비하고 있었다. 작가
오에 겐자부로는 미국인들이 사람들을 강간하고, 죽이고,
화염방사기로 모든 걸 태워버리리라 생각하기도 했다. 모든 게
완벽할 수는 없다지만 점령군이 그런 공포를 가져다 주지는
않았다. 그들은 주민들과 좋은 관계를 유지하고자 했고,
어린아이에게 껌과 초콜릿을 나눠주는 걸로 유명해졌다.

그럼에도 미국인과 일본인들 사이에 만들어진 명백한
힘의 불균형이 쓰라림을 만들었다. 건강하고 커다란 미군들이
거리를 순찰했고, 굶주리고 텁수룩한 일본 남성들은 식량을
구하기 위해 암시장을 돌아다녔다. 점령군은 일본의 가장
유명한 호텔과 고급 사유지, 백화점을 주민들을 위해 강제로
개장시켰다.

전쟁이 끝난 첫해 이시즈는 회사를 팔아버리고, 그의
인생에 대해 다시 생각했다. 그러고 나서 일본의 가장 큰 속옷
브랜드인 '리노운(Renown)'에서 일하던 오카와 형제의 새로운
사업에 합류했다. 이시즈는 텐진에서 옷을 팔아본 경험으로
오사카에 있던 리노운의 고급 의류 매장 쇼룸의 남성복
디자이너가 된다.

1940년대 말은 비싼 남성복을 만들어내기에는 이상한
시기였다. 일본인은 대부분 옷을 사기보다 없애고 있었다.
대도시의 식료품 부족 때문에 도시 거주자들은 지방에서

옷을 판매해 채소를 구입하고, 마치 죽순처럼 옷을 한 겹씩 줄여나갔다. 1940년대 말이 되자 일본인들은 옷과 비교해 음식에 40배 정도의 시간을 썼다. 여성들은 전쟁 시기에 입던 헐렁한 하이 웨이스트의 농부용 바지인 몸뻬를 계속 입었다. 남성들은 받은 훈장을 떼어내고, 누더기가 된 군복을 입었다. 가미카제 임무를 수행하기 위해 대기하던 비행사들은 전쟁이 끝나자 갈색 플라이트 슈트를 입고 돌아다녔다.

의복에 대한 독재 통치는 더 이상 없다고 해도 전후 정부는 여전히 절약하고 절제하는 소비 생활에 대한 캠페인을 이어갔다. 일본으로 들어오는 모든 섬유와 옷에 대한 영리적 수입을 미국이 금지한 뒤 배급 제도가 시작된 1947년 전까지는 아주 극소수의 사람만이 새 옷을 만들거나 구입할 수 있었다. 셔츠와 바지를 구할 수 있는 유일한 방법은 미국의 자선 구호 단체가 모아 온 헌 옷 상자들이었고, 결국 암시장에서 거래됐다.

옷 부족과 배급이라는 패션의 공백 상태에서 서구의 스타일을 처음 일본에 들여온 사람들은 '팡팡 걸스'였다. 이들은 거리에서 미군 대상 매춘부로 일하던 사람들이다. 작가 마부치 고스케의 묘사에 따르면 "팡팡 걸스는 사실상 전쟁 직후의 패션 리더였다." 팡팡 걸스는 밝은색의 아메리칸 드레스를 입고, 플랫폼 힐을 신고, 특징적인 스카프를 목에 둘렀다. 그들은 파마를 했고, 진한 화장을 하고, 빨간색 립스틱을 바르고, 손톱을 빨간색으로 칠했다. 팡팡 걸스의 재킷에는 장교의 부인을 흉내 낸 커다란 어깨 패드를 댔다. 전쟁 전 서구의 패션과 관습은 남성 엘리트를 따라 들어와 아래로 흘렀다. 이런 사회 관계가 역전돼 전쟁이 끝난 뒤 아메리칸 스타일의 옷을 처음 입은 사람들은 매춘부 여성이었다.

점령이 지속되면서 매춘부 외의 일본인들도 미국

문화에 관심을 보이기 시작했다. 전쟁이 끝나고 한 달 만에 발간된 33쪽짜리 영어 회화집은 400만 부나 팔렸다. 570만 명에 달하는 주부들은 대중적인 영어 라디오 방송인 「컴 컴 잉글리시(Come Come English)」를 들었고, 일본의 젊은이들은 미군 라디오 방송에서 흘러나오는 아메리칸 재즈와 팝을 들었다. 또한 「스모크 겟츠 인 유어 아이스(Smoke Gets in Your Eyes)」 같은 곡의 일본어 번안곡이 인기를 끌었다. 신문에 실리는 「블론디(Blondie)」 같은 만화는 교외에 거주하는 미국 중산층의 물질적 풍요로움을 보여주는 창이 됐다.

미군을 혐오하던 사람조차 미국의 부유함을 동경하게 됐다. 역사학자인 존 다우어(John Dower)는 "극심한 굶주림과 물자 부족의 시기에 미국인들의 물질적 풍요로움은 보고 있으면서도 믿기가 어려웠다."라고 적었다. 더글러스 맥아더 장군의 총사령부는 고급스러운 긴자의 일부를 운영 기지로 인수했는데, 미군 수천 명과 그들의 부인이 거리로 나왔고, 이 지역은 '리틀 아메리카'가 됐다. 미군 PX에는 굶주리던 일본인들이 상상할 수 없을 만큼의 제품과 식료품이 쌓여 있었다. 장교의 부인들은 매일 양손에 커다란 햄과 넘치는 쌀 포대를 들고 PX에서 나왔고, 배고픈 일본인들은 경외에 찬 눈으로 그 모습을 바라봤다.

이런 차이로 물질적인 것이든 문화적인 것이든 미국적인 건 무엇이든 표면적으로라도 선망하게 됐다. 미국적인 삶을 사는 건 절망에서 벗어나기 위한 황금 티켓이었다. 전쟁 전 서양 문화에 대한 관심은 미학적 선택과 지위의 상징에 따른 것이었지만, 이제는 자신을 보호하기 위한 수단이기도 했다. 이시즈는 모두 미국의 생활 방식을 따라 하고 싶어하는 새로운 일본에서 확실한 상업적 이점이 있었다. 인생 전반에 걸친 서구

문화에 대한 집착과 해외에서 보낸 시간 덕에 그는 서구를 이해했고, 더 중요하게도 어떻게 서구의 옷을 만들고 팔 수 있는지 알았다.

리노운에서 일하는 동안 이시즈는 오사카의 최상급 재봉 전문가들과의 네트워크를 만들었다. 그는 하버드 대학교 출신 군인인 해밀턴의 도움으로 PX에서 사온 원단과 지퍼를 비축했다. 이시즈는 최고급 의류를 선보였고, 이 옷은 의류 산업 안의 다른 사람들뿐 아니라 사법기관의 관심을 받았다. 그가 내놓은 제품들은 훌륭했고, 경찰은 그가 외국에서 불법으로 제품을 수입하는 것으로 의심해 잠시 체포한 적도 있었다.

1951년이 끝날 무렵 이시즈는 리노운을 그만두고 '이시즈 쇼텐(이시즈 상점)'으로 이름 붙인 사업을 시작했다. 일본에서는 아주 소수의 사람들만 새 옷을 살 수 있는 상황이었지만, 이시즈는 시장이 다시 돌아오리라 확신했다. 일본에서 최고의 서양 스타일의 옷을 만드는 사람이 누구인지 묻는다면 바로 그였다.

1950년대 초반 미군의 점령은 끝났다. 명목상의 최고위자였던 더글러스 맥아더 장군은 1951년 4월에 일본을 떠났고, 20만 명에 달하는 사람들이 그가 공항에 가는 길에서 갈채를 보냈다. 한때 적이었던 두 나라는 9월 샌프란시스코 강화 조약을 맺고, 조약에 따라 1952년 4월 주권이 회복됐다. 거리에서 미군도 점점 사라졌다.

조약이 체결되기 전인 1950년에 발발한 한국전쟁으로 일본 경제의 불안은 사라지고 있었다. 한반도에서 가까웠기 때문에 일본은 미군의 물자를 생산하는 중요한 기반이 됐다. 나라에서 수출된 물품의 75퍼센트가 한국전쟁으로 들어갔다.

이 덕에 현금이 넘쳐나기 시작했고, 일본의 긴 경제 회복의 시발점이 됐다. 한국전쟁은 제2차 세계대전이 끝난 뒤 처음으로 백만장자들을 만들어냈고, 고급 제품 시장에는 다시 활기가 돌았다.

경제 부흥의 시기에 도시의 중산층은 의복을 바꿀 수 있게 됐다. 1950년대 초반 도쿄에서는 더 이상 몸뻬를 입은 사람을 볼 수 없게 됐고, 젊은 여성들은 대부분 기모노 대신 서구 드레스를 입기 시작했다. 하지만 의복 문제 해결에서 여전히 큰 도전이 남아 있었다. 정부는 섬유 산업 재건을 경제 회복 계획의 하나로 여겼지만, 오직 수출에만 초점을 맞추고 있었다. 섬유 공장들은 면 섬유를 대량으로 제작했지만, 자국에 남겨놓는 건 거의 없었다. 한편, 보호무역 규제는 의류 수입을 막고 있었다.

원자재 부족에 직면하자 몇몇 회사는 대량생산을 한 다음 일본 시장에 남겨놓고 팔 계획을 세웠다. 직물 부족 때문에 많은 여성들은 기모노용 원단과 버려진 낙하산용 나일론을 리폼해 아메리칸 스타일 옷을 만들었다. 1949년 수입 원단 규제 정책이 완화되면서 시장 상황은 조금 나아졌지만, 1950년대에 이르러서도 여성들은 인근의 재단사, 자매, 친구, 직접 등의 방식으로 구할 수 있는 천 조각을 이어 붙여 옷을 만들었다.

경제가 발전하면서 회사원들이 지역의 양복점에 다시 나타나 정장을 주문하기 시작했다. 이시즈는 대안적인 비즈니스 모델인 기성복 매장을 추진했다. 맞춤복은 비싸고(슈트 한 벌이 한 달 봉급에 맞먹었다.) 만드는 데 시간이 많이 들지만, 이시즈의 기성복이라면 잔뜩 살 수 있었다. 다른 브랜드들은 미국과 유럽 스타일의 비밀을 해독해내기 위해 분투했지만, 이시즈는 이미 몇몇 제품을 히트작으로 만들고 있었다. 그는 '켄터키(Kentucky)'로 이름 붙인 모조 아메리칸 브랜드로 새들 슈즈, 코튼 플란넬 셔츠, 인디고 워크 팬츠 등을 쏟아냈다.

가장 이익이 남는 틈새시장은 다른 데 있었다. 한국전쟁으로 현금을 가득 쥔 부유한 엘리트들을 위한 고급 스포츠 코트였다. 이시즈는 의류 산업 전반과 마찬가지로 벼락부자들이 사업의 성공을 새 옷으로 기념하는 경제 성장의 파급 효과를 누렸다. 오사카의 한큐 백화점은 이시즈에게 코너 한쪽을 내주고, 이시즈는 교외에 거주하는 부유한 가족들을 단골 고객으로 맞이했다. 사업이 성장하면서 사람들이 기억할 만한 브랜드명이 필요했고, 이시즈는 브랜드명을 'VAN 재킷'으로 바꾼다. 'VAN 재킷'은 전후에 나온 만화 잡지 제호에서 딴 이름이었다.

사업이 커지면서 사회 최상층뿐 아니라 일본에서 불어나는 신중산층 고객이 필요했다. 그러기 위해서는 큰 벽이 남아 있었다. 남성이 패션에 관심을 보이는 것에 대해 금기시하는 분위기였다. 20세기 초반 사무직 노동자들이 처음 서구의 정장을 입기 시작했을 때 의복은 현대적이고 진지한 유니폼이었지 자신을 표현하는 수단 같은 게 아니었다. 그렇기 때문에 기본 공식 외의 변형이나 커스터마이징은 허영일 뿐이었다. 패션 학자 토비 슬레이드(Toby Slade)는 이렇게 말했다. "남성성에 대한 지배적인 개념은 그들이 입는 옷에 지나친 관심을 기울이거나 지나친 시간을 쓰지 말라고 가르쳤다. 정장은 남성성의 진지함에 대한 현대적 정답을 제공했다. 매일 입을 수 있고, 여성적으로 보이지 않아야 하는 상황에서 남성이 자신의 모습에 크게 신경 쓰지 않아도

VAN 재킷 초창기. 오사카에서 이시즈 겐스케. 1954년.

훌륭하게 보일 수 있었다."

옷은 일본 남성에게 매우 단순한 것이었다. 학생은 등교할 때 스퀘어 칼라의 가쿠란을 입는다. 졸업한 뒤에는 정장으로 바뀐다. 즉, 옷에 관해 생각할 필요가 없었다. 만약 정장의 울이 낡으면 재단사는 옷감을 뒤집어 다시 바느질한다. 기본적인 남성 의복은 극단적 순응이 된다. 어두운 회색 또는 감색 슈트, 어두운 넥타이, 흰색 셔츠, 어두운 구두. 흰색 셔츠는 컬러 셔츠보다 20배쯤 많이 팔렸다. 스트라이프 셔츠는 노동자를 곤란하게 만들 수도 있었다. 베테랑 광고 크리에이티브 디렉터 마츠모토 요이치는 빨간색 조끼를 입고 출근했다가 상사에게 질타를 받은 적이 있다. "당신, 일하러 나온 거요, 어디 놀러 가려는 거요?"

디자이너 재킷을 팔기 위해 이시즈에게는 남성들이 칙칙하고 기능적인 유니폼에서 손을 떼고 일본의 새로운 번영의 시기를 새로운 옷으로 기념하도록 만드는 일이 필요했다. 여성들은 최신의 세계적 스타일인 밝은색 프린트 드레스가 유행했지만, 남성들은 부인을 따라가지 않았다. 사실 전후 시기에 여성복 시장이 만개하기 시작한 건 패션이 단순히 여성을 위한 특별한 놀이로 여겨졌기 때문이었다.

일본 남성들이 옷으로 자신을 표현하기 위한 워밍업을 하고 있었다 해도 이시즈에게는 또 다른 장애물이 있었다. 패셔너블한 남성이라면 모든 옷이 맞춤복, 즉 테일러드 메이드여야 한다는 믿음이었다. 남성들은 맞춤복이 아닌 옷을 쓰루시* 또는 쓰루신보라는 식으로 인종적 비방을 담은

* 17세기 기독교 신자를 박해하기 위해 몸을 매다는 형벌. 기성복은 옷걸이에 매달아 팔기 때문에 이런 속어가 붙었다. 쓰루신보는 매달린 사람 또는 사물로 거의 같은 뜻이다.

이름을 붙여 일축했다. 남성복은 정장을 의미했고, 정장은 맞춤복이어야 했다.

일본 관서 지역 중심의 틈새 사업을 나라 전체 수준으로 확장하기 위해 이시즈는 일본 남성들 머릿속의 패션에 대한 생각을 바꿔놓을 필요가 있었다. 그의 단골 고객들 사이에서는 이시즈가 이런 방면으로 아주 강력한 전도사였지만, 많은 사람의 생각을 단숨에 바꿔놓을 방법이 필요했다.

1950년대 초반 일본 여성들은 다양한 패션지를 즐기고 있었지만 대부분 기능 중심이었다. 지면은 반짝이는 사진의 꿈 같은 카탈로그보다는 흑백의 드레스 메이킹 패턴으로 가득 차 있었다. 이와 달리 남성들은 오직 하나의 패션 재원이 있었다. 정장 패턴 가이드인 『단시 센카(男子專科)』다. 품위 있게 옷을 입는 방식에 대한 영감을 얻기 위해 젊은 일본인들은 대부분 잡지 대신 영화를 찾았다. 1953년에 NHK 라디오에서는 영화를 각색한 라디오 쇼 「너의 이름은?」을 방송했는데, 이것이 패션 트렌드에 불을 붙여 여성들은 영화의 주인공 마치코처럼 머리와 목에 숄을 두르고 다녔다. 이듬해에는 오드리 헵번이 주인공을 맡은 「로마의 휴일」이 개봉해 보이시하고 짧은 헤어스타일이 유행했다.

영화는 계속 여성복에 영향을 미쳤는데, 일본 사회가 여성의 글로벌 트렌드를 이미 받아들였기 때문이다. 영화가 나이 든 남성들이 잘 차려입어야 한다는 생각에 미친 영향은 아주 작았다. 패션에 대한 어떤 지식도 없었기 때문에 남성들에게는 시각적 자극 이상이 필요했다. 즉, 어떤 식으로 기본 의상을 조합해 입어야 하는지에 대한 세부 설명이 필요했다.

여성지 『후진가호(婦人画報)』의 편집자들도 1954년 초반 같은 결론에 도달했다. 최신 파리 스타일을 한껏 즐기던 여성 독자들은 남편이 단조로운 비즈니스 정장만 입고 파티나 결혼식에 간다고 불평했다. 편집자들은 남성에게 옷 입는 방법을 제대로 알려줄 패션지가 필요하다고 생각했다. 하지만 잡지가 주목받기 위해서는 전면에 내세울 카리스마 넘치는 인물이 필요했다. 산업계를 돌아다니며 수소문한 결과 한 사람이 계속 등장했다. 이시즈 겐스케였다.

이시즈는 편집팀에 합류했고, 계간으로 발행되는 『오토코 노 후쿠쇼쿠(男の服飾)』는 1954년 말에 첫 호가 나왔다. 잡지에는 패션 사진과 기사가 실렸지만, 편집 방향은 순수하게 세미 포멀 웨어, 비즈니스 웨어, 스포츠웨어, 골프 장비 등에 대한 교과서적인 설명이었다. 이시즈를 비롯한 필자들은 패션 초보자에게 실용적인 조언을 건네고, 미국, 프랑스, 영국의 최신 스타일을 소개했다.

이시즈는 기사를 쓰는 데 도움을 주는 일에서 멈추지 않았다. 그는 잡지를 VAN 재킷의 미디어 기관지로 바꿔버렸다. VAN 재킷에서 가져온 광고와 옷 샘플이 잡지 여기저기 흩어져 있었다. 이시즈는 발행된 잡지 3만 5,000부 중 대다수를 구입해 VAN 재킷 매장에서 팔았다. 그는 초반 몇 년 동안 많은 글을 썼는데, 자신을 감추기 위해 '에수 카이야(잡지 『에스콰이어』를 가지고 만든 이름)'라는 필명을 사용했다.

『오토코 노 후쿠쇼쿠』는 왜, 그리고 어떻게 옷을 입어야 더 나은지에 대한 남성들의 마음을 바꿔놓으며 남성복을 전파하는 데 좋은 방식으로 기능했다. 잡지는 또한 기성복 소매점들에 어떤 제품을 들여야 하는지 알려주는 산업적 안내문이 됐다. 잡지에 대한 이시즈의 후원은 그의 사업에 기적을 만들었다.

VAN 재킷의 제품이 잡지의 내용에 깊숙이 들어갔고, 소비자와 소매점 모두 더 많은 옷을 사 갔다.

일본의 잡지 산업에 들어가면서 이시즈는 이 나라의 수도에서 그의 존재감을 확장할 방법을 모색했다. 1955년 VAN 재킷은 도쿄에 기획 부서 사무실을 열고, 이시즈와 오카야마와 텐진 시절을 함께한 친구 오카와 데루오를 합류시켜 판매를 시작했다. 새 사무실에서는 선발된 팀원들이 트렌드 계획을 세우며 VAN 재킷의 옷을 주요 소매점의 맨 앞자리에 집어넣었다.

1956년 일본 정부에서 펴낸 경제 백서는 "이제 전후 시기는 끝났다."라는 문장으로 시작된다. 전쟁이 끝나고 11년이 지난 뒤 일본은 과거의 트라우마를 극복하고, 번영을 향한 새로운 궤도에 올랐다. 일본인들은 여전히 부유하지는 않았지만 생활에서는 전쟁 전으로 돌아가고 있었다. 주요 도시의 풍경은 더 이상 돌무더기가 아니었고, 영양실조는 드물어졌다.

충분한 음식, 직업, 집을 가지면서 사람들은 무엇을 입을지 생각하게 됐다. 1956년의 1인당 의류 소비는 12.3파운드(5.58킬로그램)였는데, 이전의 최고점이었던 1937년의 11.68파운드(5.3킬로그램)를 처음으로 넘어섰다. 의류 회사의 매출은 성장했고, VAN 재킷 또한 마찬가지였다. VAN 재킷의 강력한 판매 덕에 이시즈는 회사의 자본을 초기 4년에 비해 다섯 배 이상으로 늘릴 수 있었고, 초창기 오사카 사무실에서 서른 명이 일하던 시절에서 두 도시에서 300여 명이 일하는 규모로 커졌다.

하지만 『오토코 노 후쿠쇼쿠』에 꾸준히 광고하고 있음에도 이시즈는 중년의 남성이 기성품 옷에 개탄한다는 벽을 여전히 넘지 못했다. 독자들은 잡지에서 마음에 드는 제품을 찾아냈지만, 재단사를 찾아가 복제품을 만들어달라고 주문했다. 하지만 그에게는 완전히 새로운 소비자, 즉 젊은이들이 있었다.

『오토코 노 후쿠쇼쿠』에는 항상 대학생을 위한 옷에 관한 몇 쪽짜리 기사가 실렸는데, 이시즈는 편집자들이 젊은이 중심의 내용을 강화해야 한다고 확신했다. 6호부터 잡지의 표지에 '멘즈 클럽(Men's Club)'이라는 기억하기 쉬운 제호를 붙이기 시작했다. 하지만 VAN 재킷에는 학생들이 입을 만한 제대로 된 옷이 없었다. 이시즈의 친구인 하세가와 '폴' 하지메(長谷川元)는 "VAN 재킷은 패셔너블했지만 완전히 틈새시장용 제품이었어요. 아이들은 대부분 그럴 만한 돈이 없었죠. 그리고 아이들이란 그만큼 눈에 띄고 싶지는 않은 법이죠."라고 기억했다.

이시즈는 젊은이를 위한 새로운 기성복 라인을 만들고 싶었지만, 당시 일본의 트렌드는 그렇게 보이지 않았다. 당시 『오토코 노 후쿠쇼쿠』는 넓은 어깨에서 허리로 슬림하게 좁아지는 V 셰이프 실루엣을 공격적으로 홍보하고 있었다. 당시 예술 학교에 다니던 일러스트레이터 고바야시 야스히코는 "우리는 할리우드 영화 속 갱이 입고 있을 것 같은 저속한 볼드 룩* 밖에 볼 게 없었어요."라고 기억했다. 잡지는 또한 꽃무늬 카바나 세트(Cabana Set)**와 매칭한 화려한 하와이안 셔츠 같은 트렌디한 태양족*** 스타일도 밀어붙였다. 이시즈에게는

---

* 1940년대 여성의 '뉴 룩'에 대응하는 남성 스타일. 슈트뿐 아니라 넥타이, 모자, 구두 등 모든 부분에서 과감함을 강조한다.
** 해변의 리조트 룩으로 사용되는 수영 팬츠와 셔츠 또는 가운 세트.
*** 아쿠타가와상을 받은 이시하라 신타로의 소설 『태양의 계절』이

『멘즈 클럽』의 'V 룩'. 1956년.

차분하면서 젊은이들의 범죄와 연결되지 않는 새로운 패션이 필요했다.

영감을 찾기 위해 이시즈는 1959년 12월 한 달 동안 세계 여행을 떠났고, 드디어 미국에 처음 가게 된다. 유럽 스타일 정장을 입고 자랐기 때문에 이시즈는 멋진 미국인 같은 건 없다면서 툴툴거리곤 했다. 하지만 뉴욕에 머물며 『오토코 노 후쿠쇼쿠』의 세계 리포팅에서도 종종 다뤄온 대중적인 아메리칸 스타일인 아이비리그 패션을 만난다. 이시즈는 텐진에 있을 때 오브라이언에게 그 단어를 들어본 적이 있었지만, 1950년대 말에 이르러 그 패션은 대학교 캠퍼스를 넘어서 아메리칸 패션의 주류가 돼 있었다. 하지만 이시즈는 여전히 아이비 룩이 꺼림칙했다. 1956년 『멘즈 클럽』에 "저는 일본 남성들이 아이비 스타일을 잘 입을 수 있을지 확신할 수 없었죠. 옷의 형태도 문제였지만, 어쨌든 유럽 패션을 따르던 시기였기 때문입니다."라고 말했다.

이런 선입견이 있었지만, 이시즈는 기차를 타고 오브라이언의 모교인 프린스턴 대학교로 향했다. 캠퍼스의 고딕 건축물의 아름다움은 이시즈에게 미국의 다른 모습을 일깨웠다. 그는 그저 현대화에만 집착하지는 않던 사람이었다. 학생들의 패션 스타일은 건물보다 더 인상적이었다. 일본 엘리트들이 다니는 캠퍼스는 검은색 울 유니폼을 입은 학생으로 가득 차 다들 똑같이 보였다. 하지만 아이비리그의 학생들은 뚜렷이 구별되는 각자의 방식으로 수업에 갈 옷을 차려입고 있었다. 그는 콤팩트 카메라로 학생들을 몇 장 찍고,

1956년 영화로 나오면서 선글라스에 알로하 셔츠를 입은 향락적인 젊은이를 '태양족'으로 부르게 됐다. 그 뒤 비슷한 풍의 영화가 나오면서 영화를 따라 한 태양족 젊은이들의 범죄가 사회 문제가 되기도 했다.

이를 나중에 『멘즈 클럽』에 쓴 미국 리포트에 일러스트로 싣는다. 단추를 잠그지 않고 블레이저를 입고, 흰색 버튼 다운 셔츠에 풀어 헤친 어두운 넥타이를 두르고, 회색 플란넬 팬츠를 입고 코트를 어깨에 두른 어떤 멋진 아이비리거는 자기도 모르는 사이에 잡지 표지 모델이 됐다. 이시즈는 함께 실은 기사에 프린스턴 대학교에 관해 이렇게 적었다. "당연히 만나리라 예상한 미국적인 현란함은 전혀 없었다."

짧은 여행에서 이시즈는 일본 젊은이들이 따라 하도록 만들고 싶은 스타일을 찾아냈다. 아이비 패션이었다. 이곳의 엘리트와 운동선수 들은 젊은이가 기성복을 입고도 어떻게 하면 말쑥해 보일 수 있는지 보여줬다. 볼드 룩과 견주면, 이 옷차림은 단정해 보이고 몸에도 딱 맞았다. 이시즈는 코튼과 울처럼 오랫동안 입어왔고, 세탁도 쉬운 자연 소재로 만든 스타일이 마음에 들었다. 1950년대 말 일본의 학생들은 용돈이 거의 없었지만, 아이비 스타일은 좋은 투자가 될 수 있다. 오래 가고, 기능적이고, 변화가 별로 없는 전통이기 때문이다.

아이비 학생들은 옷을 입을 때 또 다른 세련된 면이 있었는데, 신발의 구멍, 닳아빠진 셔츠 칼라, 재킷 팔꿈치의 패치 등 옷이 산산조각날 때까지 입는다는 점이었다. 일본의 많은 신흥 부유층은 이런 근검절약에 숨이 막히겠지만, 오랜 부잣집 출신인 이시즈는 여기서 아이비 패션과 '헤이 하보(hei'i habo)'의 한량 같은 거친 룩과의 연결 고리를 찾아냈다. 헤이 하보는 20세기 초반, 일본의 엘리트 학생들이 허름한 유니폼을 입으며 명망을 과시하던 현상이다. 아이비의 옷은 미묘한 조심스러움으로 자신의 신분을 주변에 알렸고, 이시즈의 몸에 흐르는 오랜 부잣집 가문의 피는 그걸 느꼈다.

이시즈는 일본 젊은이들을 위한 최초의 패션 시장을

아이비 스타일로 만들어내겠다는 그의 커리어를 통틀어 가장 독창적인 아이디어로 무장했다. 1959년 VAN 재킷은 브룩스 브라더스의 클래식 넘버 원 색 슈트의 상세한 카피 제품으로 느슨하고 다트(Dart)*가 없는 재킷으로 구성된 '아이비 모델' 정장을 내놓으면서 첫걸음을 내딛었다.

하지만 이시즈는 이미 쉰에 가까운 나이였고, 젊은이들의 문화를 자연스럽게 느끼거나 일본의 젊은이들이 정말 원하는 게 뭔지 이해하기는 어려웠다. 아이비 스타일이 성공하기 위해서는 자신이 입고 싶은 옷을 만들려는 젊은 직원이 필요했다. 아이비는 이시즈에게 거대한 기회가 될 수 있었다. 그는 이 기회를 제대로 잡을 사람들이 필요했다.

* 슈트 재킷의 허리 부분 등을 강조하기 위해 넣는 라인. 다트가 없는 다트리스(Dartless) 슈트, 색(Sack) 슈트는 더욱 자연스러운 정장이다.

2. 컬트가 된 아이비

구로스 도시유키(黑須敏之)가 원한 건 오직 슈트였다. 열아홉
살이던 1950년대 중반 그와 그의 동급생들은 명망 높은 게이오
대학 캠퍼스에서 춥든 덥든 비가 내리든 햇빛이 내리쬐든 매일
검은색 울 가쿠란을 입고 돌아다녔다. 반복에는 대가가 따랐다.
구로스는 말했다. "겨울 내내 입은 가쿠란을 여름이 되면
세탁소에 맡겼어요. 그러고 나서 가을에 다시 입기 전에 다시
한번 세탁했어요. 다들 더럽고 식초 냄새 같은 게 났죠."

진짜 슈트는 재미없는 생활에서 구로스를 구원할 것이다.
수업이 끝나면 그는 책방에 몸을 숨기고 양복 잡지 『단시
센카』의 모든 지면을 공부했다. 용돈이 어느 정도 모이자
아버지에게 재단사에게 데려가 달라고 부탁했다. 나이 든
신사는 웃으면서 말했다. "슈트를 입은 대학생? 농담이
지나치네."

아버지의 답변은 서양 의복에 대한 일본인의 일반적인
생각을 보여준다. 화이트칼라는 슈트를, 학생들은 교복을
입는다. 사회는 젊은이들이 졸업할 때까지는 심지어 공식
행사나 회사 면접에 갈 때도 가쿠란을 입기를 원했다. 서지
울로 만든 재킷과 팬츠, 흰색 버튼 업 커터 셔츠*는 사계절 내내
입는 옷이었다. 날이 더워지면 그저 재킷을 벗을 뿐이었다.

젊은이들은 어디를 가든 교복을 입었기 때문에 '젊은이
패션'으로 부를 만한 건 없었다. 구로스는 "백화점에는 어린이
섹션과 신사 섹션이 있지만, 그 사이에는 아무것도 없어요.

---

* 일본에서는 학생들이 교복으로 입는 플레인 셔츠를 커터(Cutter)
셔츠, 사회에서 정장을 입으면 셔츠나 와이셔츠(화이트 셔츠의 일본식
줄임말)라는 식으로 사용한다.

구로스 도시유키. 가쿠란(왼쪽).
첫 번째 슈트 재킷(오른쪽).

젊은이를 위해 만들어진 뭔가를 팔 수 있으리라 생각하지도 않았고, 시도하지도 않았습니다."라고 기억했다.

스타일리시한 옷을 입고 싶은 마음에 교복을 거부한 소수의 젊은이들에 대해서는 그냥 일종의 비행으로 취급했다. 사회적 일탈에 대해 일본 사회가 지닌 근본적인 편견 외에도 전후 세대인 부모는 자녀들이 현대적인 옷을 입는 데 특별한 불안을 느꼈다. 제2차 세계대전이 발발한 뒤 제국주의 시대와 전시 정부의 엄격한 도덕률 때문에 부모들은 도덕적 공백이 생기면 자녀들이 못된 길에 빠지게 되리라 생각했다. 게다가 점령기 미군의 민주주의, 자유, 평등에 대한 홍보는 많은 젊은이들에게 전통적인 윤리를 경멸하도록 만들었다. 이 시절의 어른들은 '아푸레'*라는 어휘를 평화로운 시기의 혼돈 속에서 원칙을 잃어버린 10대를 가리키는 경멸적인 용어로 사용했다.

10대들의 계속되는 도덕적 패닉 속에서 부모들은 불복종 경향의 조기 위험 신호로 복장을 감시했다. 검은색 가쿠란은 전통적인 일본의 가치 고수를 상징하고, 하와이안 셔츠나 맥아더 스타일의 비행사 선글라스 같은 미국산 옷은 사회적 규범에 대한 무시를 암시했다. 어른들은 패셔너블한 옷이 자식답지 않은 행동뿐 아니라 잠재적인 범죄 심리를 알려준다고 믿었다.

1950년에 세상을 놀라게 한 '오, 미스테이크 사건'으로 젊은이들의 패션과 도덕적 타락 사이의 관계에 대한 심적인 믿음은 더욱 확고해졌다. 니혼 대학에서 운전기사로 일하던 열아홉의 야마기와 히로유키는 동료의 차에 침입해 칼을

* '전후'를 뜻하는 프랑스어 aprés guerre에서 온 말.

휘두르며 위협해 차에 쌓아둔 직원들의 월급 봉투 속 현금 190만 엔을 훔쳤다. 야마기와는 훔친 차에 여자 친구를 태워 3일 동안 도주한다. 경찰은 손쉽게 이 젊은 연인을 체포하는데, 이 가벼운 범죄는 야마기와가 체포당하면서 일본식 영어로 "오, 미스테이크!"라고 외치면서 신문의 헤드라인을 장식한다. 조사를 받는 동안 야마기와는 일본어에 무작위로 영어 단어를 섞어가며 대답했고, 뜬금없이 '조지(George)'라고 쓴 타투가 있다는 사실도 밝혀졌다. 모든 언론이 사건을 다루기 시작하면서 '오, 미스테이크'는 사회적으로 광범위하게 사용되는 펀치라인이 됐다. 이 유사 영어 캐치프레이즈는 전후의 젊은이들의 극성 맞은, 이제 명백히 드러난 무분별한 미국 문화 수용을 완벽하게 상징했다.

　　젊은 연인들이 판결을 기다리는 동안 뉴스는 그들이 입고 있던 옷에 주목해 많은 기사를 내놨다. 딱 3일간의 도주 속에서 야마기와와 그의 여자 친구는 긴자의 부티크에서 옷에 10만 엔을 썼다. 이는 당시 대학 졸업자가 처음으로 받는 월급의 10배 쯤에 해당하는 액수다. 미디어의 플래시가 터지는 범죄자 포토라인에 서게 됐을 때 야마기와는 빨간색 포켓 스퀘어를 넣은 금색 코듀로이 재킷에 어두운 갈색 개버딘 바지, 극단적으로 긴 칼라의 밝은 브라운 버튼 업 셔츠, 아가일 양말, 초콜릿색 구두에 트루먼 대통령 스타일의 페도라를 썼다. 그의 여자 친구는 우아한 밝은 갈색의 와이드 칼라 투피스 울 슈트에 노란색 스웨터, 검은색 힐을 신었다. 이 커플은 수감될 소년 범죄자가 아니라 영화 프리미어에 참석한 젊은 셀러브리티처럼 보였다. 일본 전역의 기성세대가 못마땅해할 만큼, 느슨해진 윤리와 아메리칸 스타일의 관계가 이보다 선명하게 드러날 수는 없었다.

‘오, 미스테이크 사건’으로 체포된 커플.

구로스의 아버지는 아들이 정장을 사달라고 했을 때
분명히 '오, 미스테이크' 사건을 떠올렸다. 다른 모든 좋은
부모처럼 그는 아들이 타락하게 될지 모르는 잠재적 가능성을
허락하지 않았다. 하지만 구로스는 운 좋게 새 옷을 구할 다른
방법이 있었는데, 그의 재즈 밴드였다. 그의 세대의 많은 다른
사람들처럼 구로스도 미군 라디오로 처음 재즈를 들었고,
10대에 드럼을 배우기 시작했다. 구로스에 따르면 1950년대는
아마추어 뮤지션이 활동하기에 최고의 시대였다. "한국전쟁
기간에 도쿄 근처의 미군 부대에는 모두 밴드가 있었고,
밤에는 공연을 했어요. 학생이나 아마추어라 해도 연주를 할
수 있었죠." 구로스와 그의 친구들은 콘서트에서 번 돈으로
당시 가장 인기 있던 어깨가 넓은 원 버튼 재킷에 슬림 팬츠로
이뤄진 '할리우드 스타일' 유니폼을 맞췄다.

할리우드 스타일 재킷은 구로스가 패션에 품은 욕망에
들어맞았지만, 군대에서 시간을 보내다 보니 아프리칸
아메리칸 군인의 독특한 스타일이 눈에 띄었다. "그들은
4버튼 슈트에 더비 모자*를 쓰고, 흰 장갑을 낀 채 가느다란
우산을 들고 다녔어요. 믿을 수 없을 만큼 멋졌죠." 그는
도쿄의 재즈 카페로 돌아와 수입 음반의 커버를 뒤져 비슷한
스타일을 찾았다. 구로스는 미군과 재즈 뮤지션의 진중한 룩을
사랑했지만, 그걸 뭐라 부르는지도 몰랐다.

1954년 여름, 구로스는 슈트에 대한 관심으로 이시즈
겐스케가 편집한 패션지 『오토코 노 후쿠쇼쿠』의 첫 호를
찾아 읽었다. 잡지의 「남성 패션 용어 사전」을 펼쳤는데, 첫
번째 항목에서 '아이비리그 모델'에 관한 내용을 읽고 완전히

---

* 둥근 테가 붙은 펠트 모자. '보울러 햇(Bowler Hat)'으로도 부른다.

흥분했다.

(...) 또한 '브룩스 브라더스 모델'로 부르는데, 이는
미국이 주도하는 스타일 중 하나다. '대학 모델'로도
부르는데, 많은 열성적인 추종자들이 대학생이거나
대학 졸업생이기 때문이다. 스트레이트 행잉* 어깨는
좁고 극도로 자연스러운 모습으로 어깨 패드나 아주
작은 양의 속심도 사용하지 않는다. 재킷에는 단추가
서너 개 달렸는데, 2버튼 형태는 없다. 바지는 슬림
또는 살짝 테이퍼드된 형태로 일반적으로 바지 주름은
없다. 최신식이지만 목표는 철저하게 보수적으로
비슷하게 대중적인 '할리우드 모델'의 정반대에
있다. 두 모델은 현재 아메리칸 스타일에서 극단적인
기둥 둘을 형성한다. 미국에서는 아이비리그 모델을
도시적이고 '매디슨 거리에서 입는 옷'으로 종종
묘사한다.

일러스트레이션이나 사진도 없는 이 짧은 글은 구로스 인생의
흐름을 통째로 바꿨다. 그가 군부대에서 본 하이 버튼 슈트
스타일이 '아이비리그 모델'이었고, 대학생들을 대상으로
한 슈트 스타일이었던 것이다. "미국인들은 수업에 들어갈
때도 소위 아이비 슈트를 입는다고 한다. (...) 이런 태도는
보수적이다." 구로스는 태평양 너머에서 위풍당당한 아버지가
아이비리그에 다니는 아들을 데리고 슈트를 맞추기 위해
재단사를 찾아가는 문명화한 세계를 상상했다. 그는 최초의

* 아이비 패션 슈트 실루엣에서 볼 수 있는 라인을 지칭하는 용어.

슈트를 주문할 때가 오면 반드시 '아이비리그 모델'로 하리라 결심한다.

미국 문화에 대한 부모의 공포가 반드시 비이성적이라 할 수는 없다. 재즈 밴드는 구로스의 공부를 방해하고, 대학교에서는 1학년을 한 번 더 다니라고 요구했다. 그의 아버지는 드럼을 팔아버리라고 했지만, 구로스는 가쿠란을 입고 공부만 하는 꿀벌이 되기를 거부했다. 새로운 취미를 찾아 나선 그는 나가사와 세츠의 패션 일러스트레이션 세미나 주말반에 등록했다. 토요일 수업에서 그는 같은 반의 다른 두 명과 친분을 쌓는데, 그중 나이 많은 학생이 호즈미 가즈오(穗積和夫)였다. 숙달된 건축가였던 호즈미는 나가사와의 학생들 중에서 유명했는데 『오토코 노 후쿠쇼쿠』에서 프리랜스 일러스트레이터로 일하기 위해 직장을 그만뒀기 때문이다.

호즈미는 금세 '게이오에서 온 모던 보이' 구로스를 좋아하게 됐고, 주말마다 재즈, 자동차, 남성 패션에 관해 이야기했다. 『오토코 노 후쿠쇼쿠』는 그들의 성경이었고, 1956년 가을 호에 미국 대학 스타일에 대한 심층 기사가 나온 뒤 구로스와 호즈미는 '아이비'로 완전히 전향한다. 호즈미는 "처음 아이비를 봤을 때 바로 이거라고 생각했어요. 슈트지만 일본의 나이 든 분들이 입던 옷과 전혀 다른 모습이었죠. 일본에서는 아무도 버튼이 세 개 달린 슬림한 슈트를 입지 않았어요."라며 매력을 회상했다.

미군들의 현란한 '네오 아이비' 스타일 외에 일본에서 아이비 스타일 옷을 실제로 입은 모습을 볼 기회는 아주 드물었지만, 대신 그들의 유일한 정보 소식통으로 호즈미가 후진가호 사무실에서 몰래 빼돌린 미국 잡지들이 있었다. 잡지에서 구로스와 호즈미는 무엇이 '아이비' 옷을 만드는지에 대한 새로운 측면을 발견했다. 재킷은 다트 없이 똑바로 매달려 있고, 바지 뒤에는 버클 스트랩이 붙어 있다. 그러다가 마침내 브룩스 브라더스에 관한 『GQ』의 네 쪽짜리 기사에서 아이비 아이템의 전체를 본다.

1년 동안 충실하게 공부를 마친 뒤 구로스와 호즈미는 진짜 아이비 스타일 옷을 입어보고 싶다는 열망에 사로잡혔다. 하지만 미국산 옷을 살 방법이 없었기 때문에 이들의 유일한 선택지는 기꺼이 스타일을 재현할 지역의 맞춤복 매장을 찾는 일뿐이었다. 가장 본질적인 아이비리그 아이템은 '버튼 다운' 칼라의 드레스 셔츠라는 호즈미의 확언에 따라 구로스는 흑백 깅엄 체크 원단 몇 야드를 들고 재단사를 찾아가 버튼 다운 칼라 셔츠를 만들어달라고 부탁한다. 하지만 재단사는 그에 대한 대답으로 프런트 프래킷*도 없이 긴 칼라의 끝에 그저 단추가 붙어 있는 하와이안 스타일의 긴팔 셔츠를 만들어줬다. 이 '하이브리드 창조물'은 아이비리그의 버튼 다운으로는 전혀 보이지 않았지만, 구로스도 잘 몰랐기 때문에 행복하게 입고 다녔다.

구로스는 이제 슈트를 맞출 준비가 됐다. 재단사는 젊은이가 스케치해온 이상적인 아이비리그 재킷을 보고 한숨을 내쉬었다. "이건 정말 기이하게 생겼군." 결과는 또 실패였다. "당시 일본의 재단사들은 아이비 스타일에 관해 아무것도 몰랐어요. 자연스러운 어깨라는 게 뭔지 몰랐고, 결국 커다란 패드를 넣죠. 저는 3버튼의 아이비 슈트를 원했지만, 그들은 그저 평범한 2버튼 슈트의 윗자리에 단추를 하나 더 달아줄

---

* 버튼과 버튼 홀을 잘 고정시키기 위한 셔츠 앞부분 더블 레이어의 패브릭. 하와이안 셔츠나 프렌치 드레스 셔츠는 프래킷이 없지만, 아메리칸 비즈니스 셔츠에는 보통 있다.

뿐이었어요. 실루엣은 아이비도 아니고 다른 것도 아니었죠. 그냥 괴상했어요." 미국인들은 옷을 보자마자 문제점이 뭔지 알겠지만, 아이비 의류를 실제로 본 적이 없는 당시의 구로스는 '아이비' 슈트의 주인이 됐다는 자부심에 가득 찼다.

호즈미가 같은 매장에서 비슷한 '아이비' 슈트를 주문한 뒤 두 남성은 다섯 명 정도의 다른 친구가 있는 '트래디셔널 아이비리거 클럽'을 알게 됐다. 트래디셔널 아이비리그 멤버들은 아이비 스타일에 대해 매주 세미나를 열었고, 전쟁 시기에 출간된 노랗게 변색된 영문판 백과사전 속 미국 잡지를 뒤졌다. 그들은 숙련된 재단사를 초빙해 훅 벤트(블레이저 뒷면의 중요한 스티칭 부분)*와 오버랩된 솔기** 등 아메리칸 스타일의 세부와 관련한 교육을 받았다.

일본에서 아이비 스타일을 재현하려는 연구에서 구로스와 호즈미는 모든 걸 혼모노(진짜)와 니세모노(가짜)로 구분했다. 불행히도 더 많이 알수록 그들이 처음 만들어낸 게 애처로운 가짜임이 분명해졌다. "저는 흑백 깅엄 셔츠를 1년 정도 자랑스럽게 입고 다녔어요. 하지만 뭔가 잘못됐음을 깨닫고 나서는 너무 부끄러웠고 구석으로 치워버렸죠." '진짜' 카피본에 대한 열망은 구로스와 호즈미가 아이비 스타일의 모든 디테일을 마스터하는 동기가 됐고, 옷 디자인에서 작은 측면까지 점점 더 깊게 파고 들어갔다. 이들은 결코 완벽한 진짜 제품을 만들 수는 없었겠지만, 오리지널의 세세한 부분을 복제해 그럴듯하게 보이도록 만들기 위해 애썼다.

구로스와 호즈미가 아이비를 좋아한 이유 중 하나는

* 재킷 뒷면의 트임. 중앙 트임의 윗 부분을 갈고리처럼 만든 트임으로, 대표적인 아이비 재킷의 모습이다.
** 천 두 장을 겹쳐 꿰메고 시접 부분을 한쪽으로 눕힌 솔기.

가난한 일본인 입장에서 봤을 때 문명과 번영의 상징 같은
미국에서 들어왔다는 점이었다. 하지만 아이비 패션은 또한
불량배 스타일 같은 캐주얼을 파고들지 않고, 일본에서 멋질
수 있는 방법이기도 했다. "아이비는 당시 일본의 패션과
180도 다른 것이었죠. 너무나 달랐기 때문에 저는 이런 룩을
패션으로 받아들이는 것도 이해하지 못했어요. 제가 아이비
스타일 옷을 입기 시작하면서 사람들은 시골 마을을 이끄는
시장처럼 보인다고 했죠. 그게 재미있는 점이었어요. 저는
단지 새로워서가 아니라 낯설기 때문에 좋아했습니다." 그렇게
일본은 최초의 '아이비리거'를 갖게 됐다.

1959년 호즈미 가즈오는 『멘즈 클럽』으로 탈바꿈한 『오토코
노 후쿠쇼쿠』의 편집자에게 트래디셔널 아이비리거에 관한 네
쪽짜리 기사를 실어달라고 설득했다. 멤버 일곱 명이 어두운
컬러의 아이비 슈트를 입은 채 매릴린 먼로가 그려진 포스터를
들고 단체 사진을 찍어 미국 문화의 전문가임을 보여주려
했다. 호즈미는 몰래 동봉한 메모에 이들이 '7인의 아이비
사무라이'라고 선언했다.

　　이 사진에서 아이비 스타일이라 할 만한 건 거의 없다.
구로스가 쓴 포크파이 모자(Porkpie Hat)*나 커프 링크스,
실버 컬러의 포멀 넥타이, 진주 타이핀도 물론 아니다.
일본에서 아이비 스타일의 선두에 있는 『멘즈 클럽』에서도,
누구도 미국 동부 캠퍼스 룩을 정밀하게 재현해낼 수 없었다.
아이비리그 학생들에 대한 직접적인 경험이 없었기 때문에
일본에서 만들어진 스타일은 작은 정보의 조각과 『멘즈 클럽』

* 펠트로 만든 위가 납작한 중절 모자.

편집자의 지식에 기반을 둔 추측에서 만들어졌다.

1959년 3월 구로스는 게이오 대학 생활을 마쳤지만, 일할 자리가 거의 없는 침체된 경기와 만난다. 좋은 회사에 들어갈 수 없었기 때문에 패션 일러스트레이션 기술을 이용해 기모노 제조업체에서 일하기 시작하고, 나중에는 긴자의 양복점으로 옮긴다. 그의 아버지는 분노했다. "옷이나 만드는 회사에서 일하라고 게이오에 보낸 게 아니다!" 일은 지루하기 짝이 없었지만, 구로스는 『멘즈 클럽』에 재즈와 패션에 관해 글을 쓰는 부업을 할 수 있었다.

잡지에서 구로스는 '쇼스케'라는 젊은 편집자와 만난다. 어느 날 밤 함께 저녁을 먹는 자리에서 쇼스케는 "전 『멘즈 클럽』을 그만두고 아버지 밑에서 일할까 합니다."라며 골치 아픈 소식을 전했다. 구로스는 그의 친구가 벽지에 틀어박혀 재미없는 회사에서 일만 하는 모습을 상상했지만, 쇼스케는 "제 아버지는 VAN 재킷의 이시즈 겐스케에요."라고 말했다. 그 앞에 있는 사람이 일본에서 가장 힙한 브랜드를 이끄는 남자의 첫째 아들, 이시즈 쇼스케(石津祥介)였다.

1961년 이시즈 겐스케는 쇼스케를 VAN 재킷의 기획 책임자로 임명하고, 젊은이들을 대상으로 한 아이비리그 라인을 생산하는 임무를 부여했다. 그 전까지 이시즈의 거의 모든 '아이비' 제품은 사실 미국 동부 캠퍼스의 일반적인 스타일이라기보다 쉰 살짜리 아저씨의 상상에 기반을 둔 것들이었다. 이시즈는 긴 세로줄이 들어간 셔츠를 '아이비 셔츠', 버클이 달린 데저트 부츠를 '아이비 부츠', 뒤에 버클이 붙은 바지를 '아이비 스트랩'이 달린 '아이비 팬츠'로 불렀다. 쇼스케의 임무는 조금 더 진짜인 아이비리그 아이템을 만드는 것이었지만, 정보는 부족했고 어디에서 시작해야 할지도 구로스 도시유키(왼쪽), 이시즈 쇼스케(가운데).
VAN 재킷의 도쿄 니혼바시 사무실 앞. 1961년.

『멘즈 클럽』의 트래디셔널 아이비리거. 사다리 위에 모자와 안경을 쓴 사람이 구로스 도시유키, 맨 앞에서 안경을 낀 사람이 호즈미 가즈오. 1959년.

몰랐다.

　　가장 확실한 해결책은 일본에서 가장 앞선 아이비 전문가인 구로스 도시유키를 데려오는 일이었다. 1961년 5월 2일 이시즈 겐스케와 쇼스케는 VAN 재킷의 기획 부서 사무실에서 구로스를 맞이했다. 이 두 직원은 이제 밤을 새워가며 일본의 첫 번째 아이비 스타일 옷의 진짜 재현본을 대량생산 방식으로 만들어낼 수 있을지 연구하게 됐다.

　　처음에 둘은 버튼 다운 칼라 셔츠나 주름 없는 코튼 트윌 팬츠, 크루넥 울 스웨터 같은 핵심적인 제품에서조차 고군분투해야 했다. 아이비리그나 대학 구내 매점과는 접점이 없었기 때문에 구로스와 쇼스케에게 최신 캠퍼스 패션에 관한 구체적인 정보는 거의 없었다. 그들은 『GQ』, 『에스콰이어』, 『멘즈 웨어(Men's Wear)』, 『스포츠 일러스트레이티드(Sports Illustrated)』, 프랑스 잡지 『아담(Adam)』, 『JC 페니(JC Penney)』와 시어스 로벅(Sears Roebuck)의 카탈로그, 『뉴요커(New Yorker)』의 광고 지면에서 힌트를 찾아냈다. 잡지들이 아이디어를 제공했지만 VAN 재킷이 진짜 카피본을 만들어내기 위해서는 패턴과 진짜 옷이 필요했다. 미국으로 비즈니스 출장을 가는 동안 이시즈 겐스케는 브룩스 브라더스에서 가이드로 사용할 옷을 몇 벌 사왔지만, 이것만으로 의류 라인 전체를 추정할 수는 없었다. 구로스는 버려진 미군들의 옷에서 아이비 스타일과 비슷한 옷을 찾아내기 위해 아메요코의 암시장에 매달렸다.

　　쇼스케에게는 일본의 공장에 대한 자기만의 도전이 있었다. "아무도 버튼 다운 칼라 셔츠를 만들 수 없었죠. 그리고 패턴을 자르는 사람 중에 누구도 주름이 없는 바지를 만들어본 적이 없었어요." 그는 마침내 도야마에서 멀리 떨어진

VAN 재킷 로고. "젊은이와 마음속 젊음을 위해".

곳에서 혁신적인 공장을 찾아냈다. 그들은 이미 버튼 다운 셔츠를 만들어 미국에 수출하고 있었다. 다른 제품에 관해서는 '시행착오'라는 말로 요약할 수 있다. 셔츠와 바지가 아메리칸 스탠다드와 비슷하게 될 때까지 만들고 또 만들었다. 쇼스케는 이런 과정에서 묘한 즐거움을 발견했다. "저는 구로스만큼 아이비 스타일에 빠져 있지는 않았어요. 제게 모든 건 모형 비행기를 만드는 일과 비슷했습니다. 과연 아이비 스타일을 진짜 만들 수 있는지 한번 해보자 싶은 도전이었죠."

1962년 치노 팬츠, 감색 블레이저, 시어서커 재킷, 렙 타이(Repp Tie)*로 구성된 아이비 라인이 출시됐다. VAN 재킷은 젊은 고객들에게 어필할 수 있도록 로고를 변경했다. 이시즈 겐스케는 원형 안에 빨간색과 검은색 스텐실로 된 오리지널 로고에 'for the young and young at heart'(젊은이와 마음속 젊음을 위해)라는 문구를 붙였다. 마지막 손질로 VAN 재킷의 브랜드 이미지와 제품은 일본의 젊은이들이 입을 기성복 패션을 대중화하겠다는 이시즈의 비전을 실현할 태세를 모두 갖췄다. 구로스는 지난 10여 년을 일본에서 아이비 스타일을 모사하려 노력하며 침대와 작은 양복점을 매일 오갔다. 이제 그와 VAN 재킷의 동료들은 일본의 가장 핫한 브랜드의 주요 일부가 돼 국가적인 규모로 아이비를 촉발시키기 위한 준비를 마쳤다.

"흠… 이 금색 단추를 다 떼버리면, 아마 관심이 생길 겁니다." 하지만 구로스는 이와 같은 불평을 일본 전역의 백화점 바이어들에게 들었다. 시즌마다 VAN 재킷의 재킷을 사가는

---

* 실크로 촘촘하게 짠 넥타이.

이 사람들은 아이비에서 영감을 얻은 새로운 라인을 꺼렸다. 게다가 그들이 어렵게 복제한 아이비의 세부를 디자인 실수로 생각했다. "이 셔츠의 패턴은 좋아요. 하지만 칼라의 단추는 방해만 됩니다." 구로스는 미국의 대학생들이 금색 단추가 달린 감색 블레이저를 입는다고 지적했지만, 그들은 소리를 질렀다. "여기는 일본이에요. 미국이 아니라고요!"

더 큰 의류 산업 쪽에서는 아이비 트렌드에 대한 지원을 거부했지만 이시즈 겐스케에게는 기회만 생긴다면 일본의 젊은이들이 이 룩과 사랑에 빠지리라는 확신이 있었다. 중간 상인들은 단순히 아이비와의 잠재적인 관계를 방해했다. 버튼 다운 셔츠에 대한 괴팍한 바이어들의 생각이 바뀌기를 기다리는 대신 이시즈는 VAN을 통해 10대들에게 직접 아이비의 메시지를 전달하기로 마음먹는다.

『멘즈 클럽』은 이를 위한 확실한 자리였다. 젊고, 패션을 의식하는 남성들은 백화점의 스타일 가이드보다 잡지를 더 많이 봤다. 1963년부터 VAN 재킷은 편집권에 대해 숨겨진 영향력을 발휘해 잡지가 무엇보다 아이비를 향하도록 만들었다. 잡지는 대학생들의 현대적인 생활에 관한 상세한 내용으로 채워졌다. 여기에는 엘보 패치에 관한 탐구, 아이비리거의 V존에 대한 자세한 모습, 아이비를 이해하는 여성과 이해하지 못하는 여성 같은 비판적 주제를 다룬 이시즈 겐스케의 에세이도 있었다.

실제로 사람들이 입은 시각 자료가 간절히 필요했기 때문에 『멘즈 클럽』은 미국 잡지 『라이프(LIFE)』부터 앤서니 퍼킨스(Anthony Perkins)나 폴 뉴먼(Paul Newman) 같은 할리우드 스타가 입은 아이비풍 영화 스틸까지 구할 수 있는 모든 미국 대학생들의 사진을 사용했다.

이런 노력에도 일본의 아이비는 『멘즈 클럽』의 지면 위에만 존재했다. 거의 모든 젊은이들은 여전히 가쿠란이나 그와 비슷하게 무미건조한 옷을 입었다. 모든 사람이 아이비 슈트와 코카콜라 병, 재즈 레코드에 둘러싸인 채 사는 듯한 잡지의 이미지를 독자들은 그저 즐거운 환상으로 받아들였다. 현실에서 『멘즈 클럽』 모델처럼 입는 건 동료 학생들이나 이웃에게 조소를 받기 일쑤였다. VAN 재킷은 독자들에게 일본의 각 도시에 잘 차려입은 젊은이들이 돌아다닌다는 사실을 알려야 했다.

1963년 봄 구로스는 『멘즈 클럽』에 「거리의 아이비리거들」이라는 칼럼을 쓰기 시작했다. 그와 사진가는 긴자에서 미국 동부의 신입생처럼 차려입고 거리를 오가는 젊은이들의 스냅 사진을 찍어 칼럼에 실었다. 구로스는 최고의 사진을 고르고 상세한 설명을 달았다. 이 지면은 곧 독자들이 잡지에서 가장 좋아하는 부분이 됐다. 여기서 구로스는 이제 거의 모든 일본의 패션지에서 볼 수 있는, '스트리트 스냅'이라는 다큐멘터리 패션 사진이 지녀야 할 몇 가지 특징을 발명했다.

하지만 칼럼은 말 앞에 손수레만 놓는 격이었다. 도쿄에는 각 발행호의 지면을 채울 만한 패셔너블한 남성이 별로 없었다. 구로스는 "처음 사진가와 함께 긴자에 갔을 때 정말 끔찍했어요. 그저 독자들의 반응이 매우 좋았기 때문에 우리는 계속 시도했죠."라며 회상했다. 하지만 칼럼으로 최신의 도시 스타일을 실시간으로 파악할 수 있었기 때문에 도쿄의 바깥에서 강력한 피드백이 도착했다. 구로스의 눈에 띄겠다는 목적으로 패셔너블한 10대들이 주변의 주요 거리를 억지로 꾸민 옷차림으로 어슬렁이면서 일이 쉽게 돌아가기 시작했다.

다음 호에서는 조금 더 확연한 아이비 스타일이 등장하고, 트렌드가 눈덩이처럼 굴러가기 시작하면서 10대들은 전 호에 등장하는 남성보다 더 멋있기 위해 애쓰기 시작했다.

『멘즈 클럽』이 아이비 세계관을 만들어내는 데 일러스트레이션도 중요한 역할을 했다. 호즈미 가즈오, 오하시 아유미, 고바야시 야스히코(小林泰彦)가 그린 일러스트레이션은 독자들을 스타일리시한 미국이라는 환상에 빠뜨렸다. 당시에 등장한 가장 유명한 일러스트레이션은 다양한 미국 동부풍 옷을 차려입고 싱글벙글 웃는 호즈미의 '아이비 보이'일 것이다. 호즈미는 1963년 일본 목판화를 패러디해 일반적인 사무라이를 올 화이트로 탈바꿈한 프린스턴의 치어리더, 복장을 갖추고 경기에 나서는 미식축구 선수, 라쿤 코트에 긴 머플러를 두른 하버드 팬 등 열네 명의 다른 아이비리거로 바꿔놓는 작업으로 캐릭터를 처음 그렸다. 이시즈는 지체 없이 호즈미의 작업을 VAN 재킷의 포스터에 실었다. 그때부터 아이비 보이는 캠퍼스 스타일을 보여주는 방법으로 『멘즈 클럽』에 자주 등장했다. 이 캐릭터는 오늘날에도 1960년 세대에게 거의 상징적인 울림을 불러일으키는 일본의 '아이비'에 대한 보편적인 상징이다.

『멘즈 클럽』의 기사가 VAN 재킷 직원들과 브랜드의 친구들에게서 비롯했기 때문에, 잡지는 빠르게 이시즈 겐스케, 구로스 도시유키, 이시즈 쇼스케, 호즈미 가즈오 등 인물에 대한 추종으로 변화해갔다. 이 팀은 칼럼, 인터뷰, 라운드 테이블 토론, 질문과 답변, 어드바이스 칼럼, 라디오 쇼로 아이비 스타일에 관한 생각을 알렸다. 『멘즈 클럽』은 이런 인물들이 VAN 재킷에서 일한다는 사실을 숨기지 않았고, 터무니없게도 글을 싣는 데 비용까지 지불했다. 하지만 이런 닫힌 관계는 서로에게 이익이 됐다. VAN 재킷에는 아이비를 일본의 젊은이들을 위한 최선의 스타일로 광고하기 위해 『멘즈 클럽』의 권위가 필요했다. 『멘즈 클럽』도 매달 최신의 기사를 싣기 위해 VAN 재킷이 필요했다.

아이비는 마침내 젊은 독자들 뒤에 있는 중요한 지지층까지 닿았다. 바로 작은 패션 소매점이었다. 1950년대 말 기성복 시장이 성장하면서 전국의 신사복 매장들은 『멘즈 클럽』을 최신 트렌드를 가리키는 풍향계로 여겼다. 『멘즈 클럽』에서 아이비를 본 뒤 이 소매점들은 VAN 재킷의 사무실로 몰려와 주문을 넣었다. 하지만 이시즈는 상황 판단이 매우 빨랐고, 도시당 하나의 점포에만 프랜차이즈를 줬다. 그는 최신 제품을 공급하고, 매장 디스플레이를 아이비 미학에 더 적합하도록 맞췄다. VAN 재킷의 직원 사다스에 요시오(貞末義雄)는 히로시마에 있던 아버지의 매장이 변화한 걸 기억했다. "이시즈는 빌딩 전체를 직접 다시 디자인했어요. 모든 걸 새로 만들고, 인테리어는 놀랍도록 굉장했죠. 갑자기 모든 게 패셔너블해졌어요. 저는 그냥 어안이 벙벙했죠." 이런 전략에 따라 이시즈는 패션 평론가 이즈이시 쇼죠가 'VAN 재킷 영토의 아이비 신앙자'로 부르는 매장 주인들로 이뤄진 부대를 만들어냈다.

1964년 초 VAN 재킷은 전국적인 소매 네트워크와 국내 최고의 남성지의 편집을 컨트롤할 수 있게 됐다. 하지만 VAN 재킷의 제품은 아주 비쌌고, 고객은 소수의 사람들로 제한돼 있었다. 1960년대가 시작할 무렵 수상 이케다 하야토는 '소득 늘리기 계획'을 발표했고, 1964년이 됐을 때 일본의 GNP가 13.9퍼센트나 성장하면서 '경제적 기적'이 일어났다. 하지만 미국과 견주면 국민의 기본 수입은 여전히 낮았다. 미국이

6,000달러지만, 일본은 1,150달러 정도였다. 수입이 늘면서 가정에서는 일단 가계 부문을 개선하고, 흑백 TV, 세탁기, 냉장고를 일컫는 '세 가지 성스러운 보물'을 장만했다. 그리고 새로운 중산층은 '세 가지 C', 즉 자동차, 컬러 TV, 에어컨으로 옮겨가기 시작했다.

값비싼 옷은 일본 중산층 대부분이 닿을 수 있는 선을 넘어섰고, 특히 학생들에게 그랬다. VAN 재킷의 버튼 다운 셔츠 한 벌은 화이트칼라 월급의 평균 10분의 1 정도였다. 게다가 이건 그냥 셔츠 가격일 뿐이었다. 『멘즈 클럽』은 감색 블레이저, 카키색 치노 팬츠, 가죽 로퍼 등 머리부터 발끝까지 아이비 룩의 풀 코디네이션을 강력히 권했다.

이런 경제적인 현실 때문에 1960년대 전반 VAN 재킷의 주고객은 연예인, 톱 광고 회사의 크리에이터들, 부유한 가정의 자녀의 세 그룹으로 이뤄져 있었다. 미국에서 아이비가 엘리트 대학생들의 캐주얼 스타일을 대변했지만, 옷 자체는 그렇게 비싸거나 특별하지 않았다. 실제로 아이비 스타일은 쉽게 조합할 수 있고, 견고하고, 기본적인 스타일에 기대고 있기 때문에 미국 동부의 캠퍼스를 넘어 멀리까지 올 수 있었던 것이다.

일본에서는 그렇지 않았다. 1964년 초 VAN 재킷은 아이비를 판매하기 위해 옷, 미디어, 소매 네트워크라는 기초 인프라를 만들기 시작했다. 하지만 주고객은 사회의 맨 꼭대기에 있었고, 이들마저 두통을 일으켰다. 부유한 젊은이들은 신분의 상징처럼 입은 VAN 재킷의 제품으로 어떻게 적절한 스타일을 만들 수 있는지 아무 생각이 없었다. 이시즈는 이런 10대들이 좋지 못한 취향으로 VAN 재킷의 옷을 입는 데 질색했다. 하지만 다행히 그는 이미 그의 일본식 아이비 왕국에 규칙을 만드는 방법을 연구하고 있었다.

이시즈는 왜곡된 상태에서 아이비 스타일을 전면에 적용한다는, 일본에서는 불가능해 보이는 일을 바랐다. 『멘즈 클럽』 바깥에는 아이비를 경험해본 사람이 없었고, 10대는 물론, 그의 형, 아버지도 아이비 스타일 옷을 입어본 적이 없었다. 1960년대 초반 젊은이들의 패션이란 누구도 볼이나 헬멧을 가져본 적도 없고, 터치다운이 뭔지 애매하게 이해하는 상황에서 미식축구 경기에 참가하는 일과 비슷했다.

    학생들이 조금 더 쉽게 이해할 수 있도록 이시즈, 구로스, VAN 재킷의 동료들은 아이비를 해야 하는 것과 하지 말아야 하는 것으로 나눌 필요가 있었다. 그들은 임무를 이렇게 정리했다.

> 약을 사면 반드시 설명서가 있다. 설명서에는 약을 복용하는 적절한 방법이 적혀 있다. 제대로 따르지 않으면 부작용이 발생한다. 옷을 입는 방식도 마찬가지다. 여기에는 무시할 수 없는 규칙이 있다. 규칙은 스타일을 정통으로 만들어주고, 착장이 옳은 규칙을 따르도록 도와준다. 아이비로 시작하는 게 거기에 도달하는 가장 빠른 방법이다.

어느새 구로스는 『멘즈 클럽』의 지면에서 아이비 학교의 비공식 교장이 돼 있었다. 그는 잡지 뒷부분에 연재한 「아이비 Q&A」라는 칼럼에서 10대들에게 옷을 입는 법에 관한 세부 사항을 상담했다. "스포츠 셔츠에는 넥타이를 매지 말아야 하고, 블레이저에는 넥타이 핀과 커프 링크스를 사용하지 말아야 합니다." 그는 편안하면서 다른 사람들을 아랑곳하지 않는 미국 동부의 아이비 사고방식을 지지했다. 구로스는 독자들에게 버튼 다운 칼라의 단추를 풀라고 위협했다. "단, 자연스러워야만 합니다. 누군가 당신이 일부러 단추를 풀었다고 여기면 그건 그야말로 최악이죠."

미국에 살아본 적이 없는 스무 살 남짓의 일본인이었음에도 어떤 게 적절한 아이비 스타일인지 판별하는 심판관 역할을 하는 구로스에게는 일종의 대담함이 있었다. 확신은 몇 년 동안의 연구에서 나왔지만, 허세의 좋은 척도이기도 했다. 이에 대해 호즈미 가즈오는 "우리는 규칙을 만드는 일에서 시작했어요. 버튼 다운 셔츠를 입는다면, 넥타이는 반드시 윈저가 아니라 플레인 노트로 매야 한다는 식이었죠. 그때는 모두 우리가 하는 이야기를 믿었어요."라고 설명했다.

VAN 재킷은 독자와 소매점을 같은 지면에 올려놓는 확실한 조합을 성공적으로 이용했고, 오늘날에도 일본의 패션은 이런 규칙을 꾸준히 강조한다. 구로스는 말했다. "사람들이 우리에게 블레이저에서 금색 단추를 떼달라고 요구하던 시절이었죠. 우리는 금색 단추가 달렸기 때문에 블레이저라고 말할 수밖에 없었어요. 우리는 규칙에 따라 프레임을 만들어야 했어요. '블레이저에는 항상 금색 단추가 달려야 한다.' 같은 거죠. 이런 방식은 사람들의 스타일에 대한 이해 속도를 단축할 수 있었죠."

미국에서 아이비 스타일은 전통이나 계층의 특권, 미묘한 사회적 구별 속에 녹아 있다. 아무도 스타일에 관한 매뉴얼 같은 건 읽지 않았다. 그들은 그냥 아버지, 형, 동료의 옷을 따라 입었을 뿐이다. 일본에서 VAN 재킷은 완전히 다른 프로토콜

안에 아이비를 쪼개 넣어야 했기 때문에 실제 미국인을 보지
못한 상태에서 스타일을 따라잡기 위한 변형이 필요했다.
하지만 그에 따른 엄격한 규칙이 아이비의 젊은 에너지를
지루하게 만들 위험이 도사렸다. 미국에서 대학생 패션의
가장 좋은 점은 '무의식적인 쿨함'이었다.『멘즈 클럽』은 그저
스타일을 곧이곧대로 재현하는 데서 즐거움을 찾곤 했다.

『멘즈 클럽』의 독자들이 규칙을 소화한 뒤에는 세부에
대한 더 많은 규칙이 필요해질 뿐이었다. 예컨대 진정한
아이비 셔츠에는 칼라 아래 작은 로커 루프*가 달려야 하고,
등 가운데는 주름이 잡혀야 한다. 아이비 남성은 아이비
폴드로 접은 포켓 스퀘어를 사용해야 하고, 넥타이 폭은
정확히 7센티미터여야 한다. 정통 바지 길이도 있었다. 방대한
도그마는 재킷의 뒷면에 있기 때문에 거의 보이지도 않는데도
아이비 슈트 재킷의 센터 훅 트임으로까지 나아갔다. 그러는
동안『멘즈 클럽』은 흉측한 안티 아이비 테크닉인 비스듬한
재킷 주머니에 대해 경고했다. 아이비 스타일 옷에 관한 지식이
퍼진 이면에는 남성들 사이에서 정보에 대해 한발 앞서 나가는
게 예전에는 여성스러운 일이라며 깔보던 패션이 자동차
수리나 스포츠처럼 전문적인 '남성스러움'에 가까워졌다는
이유도 있었다.

1963년 이시즈 겐스케는 서구 의상에 대한 일본인의
개념을 'TPO'라는 세 글자로 규정했다. '시간(time),
장소(place), 상황(occasion)'의 머리글자를 딴 말로, 이시즈는
남성이 계절, 하루 중 어느 시간인지, 목적지가 어디인지,
이벤트의 본질이 무엇인지에 따라 의복을 결정해야 한다고

* 셔츠 등에 붙은 작은 고리.

생각했다. 패션을 사회적 맥락에서 파악하려 한 최초의 인물이 이시즈는 아니겠지만, TPO는 일본인들이 어떻게 아메리칸 스타일을 적용하는지에 대한 관점에서 가장 중요한 원칙이 됐다.

TPO는 특히 아이비에 잘 맞았다. 아이비가 그저 한 가지 룩이 아니라 포괄적인 패션 시스템을 대표하기 때문이었다. 한 사람은 교실에서 아이비, 교회에서 아이비, 풋볼 경기를 하면서 아이비, 풋볼 경기를 보면서 아이비, 결혼식 손님으로 아이비, 신랑으로 아이비 등이 될 수 있다. TPO는 기모노 같은 일본의 전통 의복을 시의적절하게 입는 규칙을 닮았기 때문에 '아이비'라는 말은 더 이상 이질적으로 들리지 않게 됐다.

이시즈는 TPO에 관한 아이디어를 모아 『언제, 어디서, 무엇을 입는가』라는 가이드북을 펴내기도 했다. 한 손에 쥐기 편한 책에는 이상적인 복장, 스타일의 조화, 옷감의 종류, 어떻게 해야 완벽한 슈트 핏을 가질 수 있는지 등에 대한 다이어그램이 실렸다. 게다가 이시즈는 긴 여행, 짧은 여행, 유럽 휴가와 하와이 휴가, 미국으로의 비즈니스 여행, 학부모 모임, 소개팅, 아이스 스케이팅 여행, 볼링을 치러 가는 밤 등 모든 상황에 대한 제대로 된 옷차림을 다룬 짧은 에세이를 썼다. 이 책은 곧장 베스트셀러가 됐다. 소니에서는 모든 남성 직원들에게 이 책을 나눠주기까지 했다.

이시즈는 아이비 패션이 잠깐의 유행이 아니라 고귀한 삶의 방식에 대한 길이라는 확신이 사람들에게 전달되기를 바랐다. 아이비 패션이 지난 수많은 유행처럼 흥하다 사라지는 일을 피하기 위한 방법을 찾던 그는 이렇게 선언했다. "제가 만든 건 트렌드가 아닙니다. 저는 새로운 관습을 만들고 싶습니다."

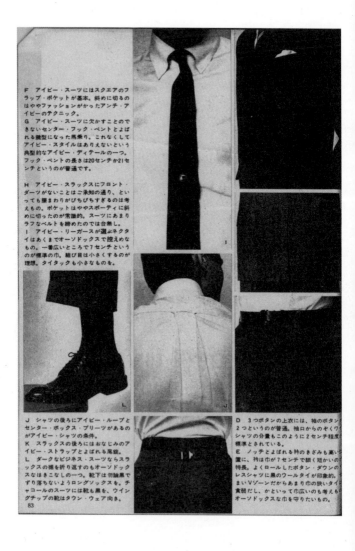

F　アイビー・スーツにはスクエアのフラップ・ポケットが基本。斜めに切るのはややファッションがかったアンチ・アイビーのテクニック。

G　アイビー・スーツに欠かすことのできないセンター・フック・ベントとよばれる馬乗り。これなくしてアイビー・スタイルはありえないという典型的なアイビー・ディテールの一つ。フック・ベントの長さは20センチか21センチというのが普通です。

H　アイビー・スラックスにフロント・ダーツがないことはご承知の通り、といっても腰まわりがぴちぴちすぎるのは考えもの。ポケットはややスポーティに斜めに切ったのが常識的。スーツにあまりラフなベルトを締めたのでは台無し。

I　アイビー・リーガースが選ぶネクタイはあくまでオーソドックスで控えめなもの。一番広いところで7センチというのが標準の巾。結び目は小さくするのが理想。タイタックも小さなものを。

J　シャツの後ろにアイビー・ループとセンター・ボックス・プリーツがあるのがアイビー・シャツの条件。

K　スラックスの後ろにはおなじみのアイビー・ストラップとよばれる風變。

L　ダークなビジネス・スーツならスラックスの裾を折り返すのもオーソドックスなはこなしの一つ。靴下は勿論黒でずり落ちないようなロングソックスを。チャコールのスーツには靴も黒を、ウイングチップの靴はタウン・ウェア向き。
83

D　3つボタンの上衣には、袖のボタンも2つというのが普通。袖口からのぞくワイシャツの分量もこのように2センチ程度が標準とされている。

E　ノッチとよばれる衿のきざみも高い位置に、衿は巾が7センチで細く短かいのが特長。よくロールしたボタン・ダウンのドレスシャツに黒のウールタイが印象的。まいVゾーンだからあまり巾の狭いタイは貧弱だし、かといって巾広いのも考えものオーソドックスな巾を守りたいもの。

アイビーのディテール

A いわゆるナチュラル・ショルダーとよ
ばれるアイビー独特のなだらかな自然肩、
巾陽の広い3つボタン、直線的な身頃のカ
ット、カッタウエイされた前裾のラインな
ど典型的なアイビー・スーツのディテール
をクローズアップしてみよう。
B 背中のラインも調をくらない直線的な
ライン、やや長めの上衣丈、そしてスラッ
クスもオーソドックスな長さが大切。
C アイビー・ホールドとよばれる特殊な
ポケッチーフのたたみ方がある。

1964년 초 VAN 재킷의 직원들과 호즈미 가즈오 등은
자신의 임무를 '이 나라 아이비의 올바른 심판자'로 규정했다.
시간이 흐르며 이런 스타일에 대한 지지 캠페인은 패션에 관한
지식을 갖춘 더 많은 대중을 만들어냈을 뿐 아니라 VAN 재킷의
막대한 매출 상승으로도 이어졌다. 하지만 아이비에 대한
완벽한 컨트롤은 잠깐이었다. 새로운 고객이란 새로운 문제를
뜻하는 법이었으니까.

1964년 4월 28일은 일본에서 아이비의 전환점이 된 날이다.
『헤이본 펀치(平凡パンチ)』라는 새로운 잡지가 가판대에
등장했는데, 정치적인 문제에 대한 일반적인 의견, 유행, 섹스,
만화가 실렸다. 다른 싸구려 잡지와 달리 『헤이본 펀치』는
더 젊은 독자를 염두에 뒀다. 기사는 대학생을 자극했고, 막
취업한 샐러리맨들에게 여가 생활이 필요하다고 북돋았다. 그
실천의 일부로 잡지는 새로운 주제를 포함했다. 패션이었다.
　　아이비는 특정 회사 고유의 스타일이 된 상태였다. 그들은
이시즈 겐스케에게 호즈미 가즈오의 일러스트레이션과 함께
칼럼을 써달라고 요청했다. 창간호 표지는 빨간색 스포츠카
주변에 블레이저, 짧은 치노 팬츠, 로퍼, 잘 정돈된 케네디
헤어스타일을 한 아이비 보이 다섯 명이 잡담을 나누는
모습이었고, 『멘즈 클럽』의 젊은 여성 일러스트레이터 오하시
아유미(大橋步)가 그렸다.
　　『헤이본 펀치』는 금세 성공을 거뒀다. 창간호는 62만
권이 팔리고, 2년 뒤에는 100만 부를 넘었다. 잡지는 인구
변화의 수혜를 받았다. 잡지는 전쟁이 끝난 뒤 태어난 일본의
첫 번째 베이비 붐 세대가 대학에 입학할 시기에 등장했다.
전후의 젊은 세대들이 검소한 데 비해 베이비부머들은 일본에

『헤이본 펀치』 창간호. 오하시 아유미의 일러스트레이션. 1964년 5월.

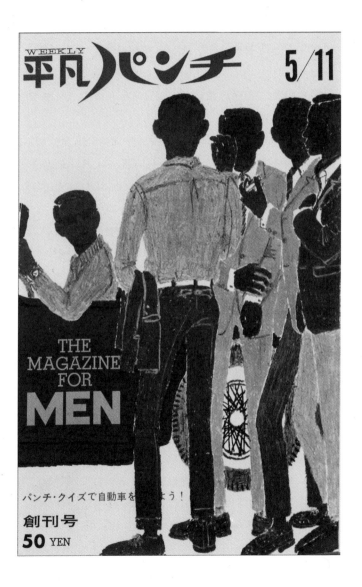

새롭게 등장한 소비 사회에서 즐기기를 원했고, 그것이
가능했다. 『헤이본 펀치』는 그들의 가이드가 됐다. 아이비의
골수팬들은 여전히 『멘즈 클럽』을 선호했지만, 『헤이본
펀치』는 더 많은 독자에게 아이비 패션의 메시지를 보낼 수
있었다. 예컨대 블레이저를 보는 걸 좋아하지만, 새로 나온
포르쉐에 대한 이야기도 읽고 싶고, 직업에 대한 조언도
얻어야 하고, 그러면서 토플리스 여성에게 추파를 던지는 그런
남성들이었다.

　　『헤이본 펀치』는 한때 작은 규모였던 아이비에 대한 열광을
주류가 되도록 이끌었다. 열다섯에서 서른까지 거의 모든
일본 남성들에게 미국 대학생 스타일을 소개하게 된 것이다.
잡지는 젊은 남성들의 패션에 대한 발상을 더 발전할 수 있도록
해줬다. 작가 가와모토 사부로는 1995년 "『헤이본 펀치』 덕에
저는 처음으로 학생용 교복 말고 다른 걸 입어도 괜찮다는
걸 깨달았어요. 1964년에 잡지가 나오면서 남성들도 잘
차려입어도 된다는 생각이 널리 퍼지게 됐죠."라고 회고했다.
그리고 그들이 차려입기 시작했을 때, 그들의 룩은 아이비였다.

　　『헤이본 펀치』를 둘러싼 흥분 덕에 수백 명의 젊은
남자들을 곧바로 데이진 남성복 매장에 있는 VAN 재킷의 긴자
플래그십 매장에 가서 버튼 다운 셔츠, 블레이저, 코튼 치노
팬츠와 로퍼를 구입하게 됐다. 곧 새로운 패션을 입고 동네
거리를 돌아다니는 젊은이들을 어디서든 볼 수 있게 됐다.
더 조용한 1964년 이전 『멘즈 클럽』 시절에는 아이비 팬들은
흩어져 있었고, 유행으로 이목을 끌지는 않았다. 거의 부자들을
위한 전유물이었다. 하지만 이제 긴자에서는 수많은 중상층
10대들이 아이비 제품을 입고, 『헤이본 펀치』 표지로 만든 종이
지갑에서 돈을 꺼냈다. 습한 도쿄의 여름에는 흰색 버튼 다운

셔츠와 버뮤다 반바지, 흰색 치노 팬츠 같은 아이비 스타일의 리조트 계열을 입었다. 이런 10대들이 미유키 거리에 하루 종일 모이기 시작하자 그들에게는 '미유키족'이라는 유명한 이름이 붙게 됐다.

'족'은 '무리'를 가리키지만, 일본의 전후 세대에게는 '불량배 하위문화'를 뜻했다. 1964년 이전 젊은이들의 무리는 대부분 생활 방식의 유기적인 확장으로 옷 스타일을 선택했다. 예컨대 번개족 폭주족들은 저돌적인 라이딩에 견딜 수 있는 기능적이고 튼튼한 가죽옷을 입었고, 태양족은 밝은 바닷가풍 옷을 입고 해변에서 소동을 일으켰다. 미유키족은 『헤이본 펀치』의 모델을 그대로 따라 하는 무리로 매스 미디어에서 직접 옷을 입는 방식을 배웠다.

부모들은 자녀들이 스타일리시한 옷을 입는 걸 허락하지 않았기 때문에 젊은이들은 아이비 스타일 옷을 종이 쇼핑백에 넣어 숨긴 채 교복을 입고 몰래 긴자에 갔다. 그들은 카페 화장실에서 옷을 갈아입고, 하루 종일 교복을 들고 다녔다. 종이 쇼핑백은 주말이면 변신하는 미유키족의 상징이자 VAN 재킷을 홍보하는 수단이 됐다.

미유키족이 생겨나기 몇 달 전쯤 회사는 사이드에 빙 둘러 빨간색 네모를 그리고, 거기에 로고를 그려 넣은 세련된 현대풍 디자인의 종이 쇼핑백을 소매점에 공급했다. 하세가와는 "우리에겐 광고를 할 만한 큰 자금이 없었어요, 그래서 어떻게 하면 우리가 어디에서나 보일 수 있을지 고민했습니다. 코카콜라는 어디에나 있죠. 그래서 저는 고유의 포장을 만드는 게 필요하다고 생각했습니다. 백화점에 있다면 모든 게 세이부나 다카시야마의 패키지로 포장돼 있죠, 그래서 우리 제품은 우리 고유의 쇼핑백에 포장돼야 한다고

VAN 재킷의 상징이라 할 만한 종이 쇼핑백.

주장했습니다."라고 설명했다. 이 쇼핑백 덕에 거리에 VAN
재킷 로고가 넘쳐나고, 젊은 고객들은 옷만큼이나 로고에
집착했다. 정식 매장에서 아무것도 살 수 없던 젊은이들은 옛날
쌀 봉투에 VAN 재킷 스티커를 붙여 들고 다녔다.

　미유키족은 명목상으로는 VAN 재킷 버전 아이비를 입고
다녔지만, 규칙의 몇 가지 주요한 부분을 수정했다. 미유키족은
이 룩을 무심함의 극단으로 끌고 갔다. 가장 놀라운 변화는
바지 밑단을 신발에서 10~15센티미터가량 올린 하이 워터
팬츠였다. 구로스는 10대들이 이렇게 짧게 바지를 입게 된
이유가 데이진 남성복 매장의 점원들이 양말을 보여주기
위해 바지를 접어 입는 모습을 따라 하다가 나온 게 아닌지
생각해왔다. 작가 마부치 고스케는 치노 팬츠에 익숙하지
않았던 10대들에게 대신 나온 부작용으로 믿는다. 젊은이들은
친구들이 살짝 짧은 코튼 팬츠를 입고 있는 걸 보면 사실은
세탁기 때문에 줄어들었을 뿐인데도 곧바로 달려가 같은
길이의 바지를 샀다. 다른 10대들은 짧은 바지를 보면 더 짧은
바지를 샀고, 이 현상이 계속됐다. 이유가 뭐든 『멘즈 클럽』의
편집자들은 짧은 바지와 아무 상관이 없었고, '진정한' 아이비
팬들은 '정통'의 길이를 고수하라고 충고하는 정도였다.

　옷에서는 이런 작은 저항 같은 게 있었지만, 미유키족의
헤어스타일은 구로스나 호즈미보다 훨씬 실제 아이비리그
학생에 가까웠다. 말쑥한 헤어스타일이 젊음을 드러내는
패션 중 하나라는 개념은 일본에서 새로웠다. 아이비 이전에
어머니들은 아이들을 이발소에 끌고 가 그저 '짧은'과 '긴'
사이의 어딘가를 고르게 했다. 전통적인 아이비 룩은 훨씬
스타일리시했다. 머리를 7 대 3, 또는 8 대 2의 비율로 나눈
뒤 두피가 드러나는 직선을 부각했다. 미유키족은 이발소에

『헤이본 펀치』를 가져가 이렇게 해달라고 부탁했다. 집에서는 헤어드라이어를 사용해 머리를 올린 뒤 비탈리스*나 MG5**를 끼얹어 지정된 자리에 정돈했다. 기성세대들은 이런 미유키족을 싫어했지만, 가장 우려한 건 남성이 헤어스타일에 '여성스러운' 허영심을 얹었다는 점이었다.

1964년 여름이 흘러가며 학교가 방학에 접어들자 고등학생이 미유키족이 되기 시작했는데 주말이 될 때마다 2,000여 명씩 불어났다. 올림픽이 다가오자 미디어는 미유키족이 나라를 부끄럽게 할 잠재적인 원흉이라며 악마로 취급했다. 하세가와는 "이 시기에 아이들의 80퍼센트는 교복만 입었어요. 교복을 입지 않은 사람은 누구든 불량배처럼 보였죠. 적어도 경찰에겐 그랬어요."라고 설명했다. 아이들은 미디어에 정통한 소비자가 됐지만, 부모들은 일탈로 오해했고, 그렇게 미유키족은 1960년대 중반의 중요한 순간을 상징하게 됐다.

VAN 재킷의 리더는 미유키족을 좋기도 하고, 나쁘기도 한 것으로 봤다. 한편으로는 젊은이들이 아이비를 기본 패션으로 도입할 수 있음을 10대들이 증명하면서 매출이 폭발적으로 증가했다. 한편, 미유키족은 아이비의 평판을 시궁창에 빠뜨렸고, 과거의 모든 젊은이 중심의 하위문화와 함께 부모들이 가지는 반감의 표적이 됐다. 아이비 스타일을 좋아하는 10대들조차 미유키 트렌드와는 거리를 두고자 했다. 열여섯 살짜리 고등학생은 긴자에서 리포터에게 이렇게 말했다. "우리를 미유키족으로 부르는 사람들을 싫어해요.

---

* 영국의 브리스톨 마이어스에서 나온 헤어 토너의 제품명.
** 시세이도의 남성 화장품 브랜드. 1963년에 발매된 투명의 헤어 리퀴드, 헤어 솔리드 제품이 기존에 사용하던 포마드 등에 비해 7 대 3, 8 대 2 비율을 훨씬 깨끗이 완성할 수 있어서 인기를 끌었다.

우리는 아이비입니다."

　　신문은 사설에서 미유키족을 사회적 병폐로 비난하고, 긴자의 상점 주인들은 이런 10대들이 매장 디스플레이를 가리고, 사람들이 문으로 들어오는 걸 막고, 장사를 방해한다고 불평했다. 부모들은 사태를 파악하자 학교에서 아이비 스타일과 비슷한 어떤 것도 금지해야 한다는 쪽으로 움직였다. 관리자들은 10대들이 입은 VAN 재킷 셔츠의 칼라에서 강제로 단추를 떼어냈고, 선생과 학부모 연합은 VAN 재킷의 매장에 학생들에게 옷을 팔지 말라고 정식으로 요구했다. 소도시들의 많은 학교가 10대들이 VAN 재킷의 쇼핑백을 들고 다니는 걸 금지했고 심지어 이 브랜드를 파는 매장에 들어가지도 못하게 했다.

　　패션업계에서조차 VAN 재킷의 젊은이 대상 마케팅을 좋게 보지 않았다. 구로스와 호즈미의 예전 일러스트레이션 선생이었던 나가사와 세츠는 『헤이본 펀치』에 "어떤 제품에 2,000엔을 써야 할까 망설이는 직장인 옆에 5,000엔을 쉽게 쓰는 아이가 있다. 어른들은 반드시 스타일리시해야 하는 사람들이다. 아이들은 옷 하나만 가지고도 그걸 할 수 있다."라며 불만을 드러냈다.

　　1964년 9월 쓰키지 경찰서는 미유키족을 단속하며 아이비를 둘러싸고 늘어나는 긴장을 완화했다. 하지만 VAN 재킷이 만들어낸 문제에 대한 기사들은 10대들에게 더 큰 매력을 만들어내는 것처럼 보였다. 젊은이들은 학부모 교사 연합회의 명령을 거부하고, 브랜드의 로고가 그려진 버려진 판지를 그저 손에 쥐고 남성복 매장 바깥에 줄을 지어 섰다. '아이비'는 '쿨'과 같은 의미가 됐다. 가전제품 회사 산요는 VAN 재킷과 함께 산요 아이비 면도기, 산요 아이비 헤어드라이어,

산요 아이비 주니어 테이프 레코더 등 일련의 제품을 내놨다.

일본의 젊은이들이 아메리칸 스타일을 받아들이는 선봉에 서 있는 동안 도덕적 패닉이 뒤따랐고, 미유키족은 10대 비행 범죄를 감시하는 행정 당국과 부모들의 레이더에 걸려들었다. 이시즈 겐스케는 마침내 10대들에게 블레이저와 버튼 다운 셔츠를 팔 수 있게 됐지만, 이 과정에서 많은 성인이 소외됐다. 한편, 구로스와 다른 전도자들은 미유키족이 자신들이 지난 10여 년 동안 열심히 홍보한 아이비 스타일의 가치를 떨어뜨릴까 걱정했다.

한때 모던 보이였던 이시즈는 짜증을 내는 보수주의자들에게 거의 신경을 쓰진 않았지만, 말쑥한 아이비 룩이 영원히 반항적인 하위문화로 오해되는 걸 우려했다. 1964년 그의 브랜드 VAN 재킷은 아이비를 만들고, 팔고, 홍보했고, 젊은이들은 아이비를 열망했다. 이제 그는 아메리칸 스타일이 10대만이 아니라 모두를 위한다는 점을 정당화할 필요가 있었다.

3. 모든 이에게 아이비를

이시즈 겐스케는 아메리칸 스타일을 일본에 들여오면서 생길 진통을 예상했을 수도 있지만, 아이비 스타일 옷을 입은 10대들이 긴자의 거리에서 대규모로 체포되는 모습은 상상해본 적이 없을 것이다. 미국에서 상류층을 뜻하는 버튼다운 셔츠는 이제 일본에서 범죄가 됐다. 이 과정에서 뭔가가 잘못됐고, VAN 재킷은 의심 많은 대중에게 아이비의 이미지를 개선시켜야 했다.

이시즈에게 1964년 여름 올림픽은 국가적인 규모로 사람들의 생각을 바꿔놓을 수 있는 첫 번째 기회였다. 8월이 되면서 그는 도쿄 중심 주변의 조용한 지역이지만, 건설 중인 올림픽 경기장에 걸어서 갈 수도 있는 아오야마로 VAN 재킷의 사무실을 옮겼다. 이시즈는 그저 관중이 아니었다. 그는 몇 안 되는 일본의 남성복 디자이너 중 한 명으로 공식 올림픽 유니폼 디자인 위원회에 합류하게 되었다. 이 임명으로 인해 몇 년 간 많은 사람들이 밝은 적색 블레이저와 하얀 바지로 된 이제는 전설이 된 일본 올림픽 대표팀 유니폼의 제작을 이시즈가 진두지휘했을 것이라고 착각했다. 이것은 오해이다. 이시즈는 정확히 알 수 없는 심판과 통역사들의 몇몇 의상을 만들었을 뿐이다.

적색 블레이저는 도쿄의 양복점 니쇼도의 모치즈키 야스유키의 머릿속에서 나왔다. 모치즈키는 1952년에 올림픽의 디자인 책임자가 되었지만 그의 첫 제작품은 옥스포드에서 공부하고 온 치치부 황태자로부터 비판을 받았다. 치치부 황태자는 유니폼의 재킷이 진짜 "블레이저"가 아니라고 말했다. 이후 모치즈키는 앞으로의 디자인에서 도쿄 아오야마의 VAN 재킷 사무실. 1964년.

일본 팀의 빨간색 재킷. 1964년.

디테일을 제대로 만드는 일에 골몰했고, 일본 국기의 붉은 색에 어울릴 "버밀리온" 블레이저를 팀에 입히고자 했다. 그가 처음으로 적색 재킷을 제안한 것은 1956년이었는데, 일본 올림픽 위원회(JOC)가 이를 반려했다. 4년 뒤 그는 흰색 가두리 장식(piping)이 달린 붉은 재킷과 붉은 가두리 장식이 달린 흰색 재킷을 제안했다. JOC는 보다 보수적인 흰색 재킷을 선택했고 이를 흰색 바지와 조합했다.

1964년 JOC는 마침내 모치즈키가 꿈꾸던 버밀리온에 동의해 주었다. 대표팀은 밝은 적색 매트 울 워스티드 소재의 3-2 롤 블레이저를 입게 되었다. 블레이저에는 금색 단추, 세 개의 패치 포켓, 그리고 후면의 통풍구가 있었다. 모치즈키가 아이비리그 전통을 얼마나 알고 있었는지는 불분명하지만, 올림픽 유니폼 디자인은 전통적 아이비리거 클럽에서 2년 전에 마지막 파티를 위해 만든 붉은 재킷—너무 화려하여 쿠로스와 호즈미는 공공장소에서는 입기 부끄러워했던—과 거의 동일해 보였다.

당연히 이시즈는 붉은 재킷이 세련되었다고 생각했지만, 일본의 보수파들은 색이 너무 여성적이라며 불평했다. 이러한 비판이 너무 거셌던 나머지 모치즈키는 병원에 실려가기도 했다. 지금 1964년 올림픽 개막식 영상을 보면 빨간색과 흰색의 조화를 왜 그렇게까지 과격하다고 생각했는지 이해하기 어렵다. 많은 팀들이 자국 국기에 기반을 둔 컬러 블레이저를 입었고, 네팔과 멕시코 팀은 거의 비슷한 빨간색 재킷을 입었다. 블레이저는 이 상황에 완벽하게 들어맞는 옷이었다.

많은 일본인은 올림픽 의상이 되면서 블레이저에 일본 시민권이 헌정됐다는 점에 동의했다. 『멘즈 클럽』 1964년 여름호에서 편집자들은 올림픽 블레이저를 이용하여 독자들에게 그와 비슷한 룩을 추천했다. 도매업자들은 이를 빠르게 제품화했다. 구로스는 "개막식이 끝나자 백화점 바이어들이 갑자기 마음을 바꿨습니다. 그들은 전화를 걸어와 빨리 더 보내달라고 재촉했죠"라고 회고했다. 이시즈는 그 악명 높은 올림픽 블레이저를 직접 디자인하지는 않았지만, 이 유니폼은 아이비 스타일을 한층 정당화했다.

1964년 올림픽은 VAN 재킷 직원들에게 최신 외국 패션을 실시간으로 볼 수 있는 전례 없는 기회였다. 몇 년 전만 해도 이시즈는 고베 인근의 부유한 국외 거주자들이나 가루이자와의 유럽 스타일 리조트 타운에 사람을 보내 트렌드를 관찰하게 했다. 이제 도쿄에는 관광객이 넘쳐났고, VAN 재킷의 기획자와 디자이너 들은 그냥 거리에 나가기만 하면 됐다.

올림픽 팀이 들어오기 시작했을 때 구로스는 종이와 연필을 들고 하네다 공항에 가서 로비에 들어오는 선수들의 의상을 스케치했다. 수년 동안 『멘즈 클럽』은 독자들에게 국제공항 승객들이 아주 멋지게 차려입는다고 장담해왔다. 비행기를 타본 적 없는 사람답게 구로스는 유럽 운동선수들이 세련된 대륙 스타일의 슈트를 입고 정교한 가죽 구두를 신고 나타나리라 예상했다.

예상과 달리 건장한 남성 무리는 스웨트셔츠와 스웨터 같은 걸 입고 구부정하게 입국심사대를 통과했는데, 가장 놀라운 건 고무 밑창이 붙은 캔버스 운동화였다. 그 뒤 몇 주 동안 구로스는 어디에서나 외국 방문객이라면 신고 있는 싸구려 운동화를 보게 됐다. 일본의 어린이들은 '즈크'로 부르는 운동화를 휴식 시간이나 학교가 끝나고 운동을 할 때 신기 위해 가지고 있다. 하지만 밖에 나갈 때 이 신발을 신는 건 화장실 슬리퍼를 신고 파티에 가는 것과 비슷한 일이었다. 늘 그렇듯 이시즈는 금기로 생각하는 것에서 사업의 기회를 엿본다. 그는 '스니커즈'로 부르는 걸 만들어 시장에 내놓기로 결심했다.

구로스가 신발 전문 업체인 문스타(Moonstar)에 미국 운동화의 복제품을 만들어달라고 설득하는 데는 몇 주가 걸렸다. "그들은 '이게 잘 팔릴 리가 없어요. 이건 학교에서 애들이나 신는 거라고요.'라고 계속 말했죠. 그리고 우리는 이걸 보통 운동화 가격의 두 배를 받고 판매할 생각이었어요. 마침내 그냥 우리를 믿으라고 말했죠." VAN 재킷은 두 가지 스타일을 내놨는데, 케즈(Keds)와 비슷한 로 탑 스니커즈와 컨버스(Converse) 올스타와 비슷한 하이 탑 스니커즈였다. 대신 발목 쪽에 동그란 VAN 재킷의 로고를 붙였다.

브랜딩의 귀재 이시즈 겐스케는 이것을 운동화 대신 무엇으로 부르는지에 성공의 열쇠가 달렸음을 알고 있었다. 구로스는 "마치 하나가미(문자 그대로 '코 종이'라는 뜻) 대신 티슈 페이퍼라고 리브랜딩하는 것처럼 우리는 조금 더 패셔너블한 서구의 어휘인 '스니커즈'를 쓰기로 했어요. 그러면서 운동화를 신고 시내를 돌아다니는 게 갑자기 아무렇지도 않은 일이 됐죠."라고 말했다. VAN 재킷은 영어 스펠링에서 장난을 쳤는데, 상표권 등록 목적과 함께 살짝 재미를 더해 'Sneekers'라는 이름을 붙였다.

VAN 재킷의 스니커즈는 1965년 초부터 판매됐는데 대단한 성공을 거둔다. 한때 망설였던 문스타는 VAN 재킷에게 선불 투자까지 제안했다. 스니커즈는 일본에 스니커즈 시장을 만들고, 그 시점부터 운동화는 젊은이들 패션의 중심이 됐다. VAN 재킷의 직원인 사다스에 요시오는 스니커즈가 브랜드를 거대한 규모로 키웠다고 회상했다. "백화점에서는 오직 스니커즈를 위해 창고 전체를 임대해야 했죠."

올림픽은 1964년 VAN 재킷이 성공하는 데 클라이맥스 역할을 했다. 회사는 매출이 12억 엔(2015년 기준 2,500만 달러)에 달했는데 10년 동안 25배가 증가했다. 미유키족은 기성세대와 부모에게 아이비 패션의 악명을 만들었다. 올림픽은 아이비 패션을 적절한 맥락에서 본다면 일본의 대중이 트래디셔널 아메리칸 스타일의 매력을 이해할 수 있음을 증명했다. VAN 재킷에게 필요한 건 실제 미국인들의 아이비 스타일 옷을 계속 보여주는 일이었다. 하지만 올림픽이 아니고서는 부유한 외국인들이 도쿄의 거리를 걸어다닐 일이 없었다. 미국인들이 VAN 재킷을 찾아올 리는 없기 때문에 반대로 VAN 재킷이 미국에 가야 했다.

1964년 말, 일본 전역의 10대들은 버튼 다운 셔츠를 사기 위해 저금통을 뜯었지만, 지도에서 아이비리그가 어디에 있는지 알기는커녕 '아이비리그'라는 말을 들어본 사람도 거의 없었다. 일본에서 첫 번째 아이비 패션의 물결이 시작됐을 때 팬들은 구로스 도시유키가 『멘즈 클럽』에 쓴 미국 동부 캠퍼스 패션의 역사와 전통에 대한 긴 에세이를 신중히 읽었지만, 새롭게 등장한 이들은 친구들의 모습을 직접 보거나 『헤이본 펀치』에 실린 쥐꼬리만 한 패션 기사에서 스타일 방법론을 얻었다.

아이비는 별 뜻 없는 유행어가 됐다. 10대들은 당시 『아사히 뉴스』와의 인터뷰에서 "전 '아이비'가 무슨 뜻인지 잘 몰라요. 하지만 멋지잖아요?"라고 대답했다. 이와 달리 어른들은 분노로 가득 찬 신문 기사에서 이 말을 알게 됐고, 불량 청소년을 의미하는 경멸적인 단어 정도로 추정했다. 기자들도 문제를 바로잡을 입장이 아니었다. 작가 야스오카 쇼타로는 긴자에서 VAN 재킷의 프린스턴 대학교

VAN 재킷의 스니커즈 광고. 1965년.

VANSNEEKERをはく

学校に行くとき
サイクリングに出かけるとき
犬を連れて散歩に行くとき
彼女をドライブに誘うとき
庭の芝刈りを仰せつけられたとき
コーラを買いに走るとき
フットボールの試合を観戦するとき
放課後ワイワイ仲間とわぐとき
体育の授業を受けるとき
なんとなく店をひやかして歩くとき
はしごに上って雨もりをなおすとき
自動車レースをみに行くとき
ロッジで週末をすごすとき
クルーザーの甲板の上にいるとき
フォーク・ソングを唄うとき
ジムに通うとき
弟のブランコを押してやるとき
ゴーカートに乗るとき
メンズ・クラブを買いに行くとき

VAN
-JAC-

ヴァン スニーカー 2月1日発売

96 8 4p 765/1 Jen

스웨트셔츠를 입은 10대를 보고 마음이 무너지는 줄 알았다. 경제 기적의 한가운데에서 일본의 젊은이들은 여전히 전후 미국의 자선 단체가 기부한 옷을 입고 있다고 착각한 것이다.

커다란 오해를 마주하면서 이시즈 쇼스케와 구로스 도시유키는 아이비 스타일의 진정한 기원을 대중에게 인식시킬 새로운 방법에 관해 끊임없이 의논했다. 어느 날 쇼스케는 문득 무모한 아이디어를 내놨다. "가만, 진짜로 아이비리그에 가서 학생들을 찍어 영화로 만들면 어떨까?"

이는 일본이 해외여행을 자유화한 덕에 1964년에 새롭게 실현할 수 있게 된 생각이었다. 단, 한 가지 문제가 있었다. 당시 일본과 미국의 왕복 여행 항공료가 한 사람당 65만 엔 정도였는데 새 자동차 한 대 가격과 비슷했다. 쇼스케와 구로스가 여덟 곳의 아이비리그 캠퍼스를 돌아다니며 영화를 찍는 비용을 대충 계산해보니 1,000만 엔(2015년 기준 20만 달러) 정도가 나왔다. 일본의 짧은 남성복 산업의 역사에서도 가장 과도한 홍보비가 될 것이다. 다행히 이시즈는 무엇보다 거대하고 대담한 아이디어를 사랑했다. 그는 곧장 이 프로젝트를 위한 예산을 책정했다.

이제 현지에서 도와줄 영어 전문가가 필요했다. 확실한 사람은 VAN 재킷 홍보 부서의 젊은 하세가와 '폴' 하지메였다. 이시즈 겐스케가 텐진에서 만난 술친구의 아들이었는데, 영어가 익숙한 집안에서 자랐다. 1960년대 초반 그는 산타 바바라의 캘리포니아 주립 대학에서 공부하고, 졸업한 뒤 VAN 재킷에 합류했다. 하세가와는 회사에서 유일하게 미국에서 대학을 다닌 인물로, 『멘즈 클럽』의 미국의 대학 생활에 관한 거의 모든 기사를 썼다. 영화 프로젝트에 합류한 뒤 하세가와는 모든 학교에 캠퍼스 촬영 허가를 요청하는 공문을 보냈다.

쇼스케와 구로스는 제작 팀으로 소르본 대학에서 교육받은 오자와 교를 감독으로 선택했다. 그는 각본가, 카메라 감독, 조명 보조를 데려왔다. VAN 재킷의 준비는 16밀리미터 영화 제작에 맞춰졌지만, 『멘즈 클럽』의 편집자 니시다 도요호는 홍보용으로 사용할 스틸 사진이 필요하다고 생각했다. 마지막 순간에 그들은 『멘즈 클럽』의 사진가 하야시다 데루요시와 함께하기로 결정했는데, 제작 팀 중 가장 큰 형이었다. 구로스는 하야시다에게 영화에서 벗어나지 않는 한 찍고 싶은 모든 걸 찍어도 된다고 말했다.

1965년 5월 23일, 제작 팀 여덟 명은 보스턴으로 가는 노스웨스트 오리엔트 비행기에 올라탔다. 일본인은 이들뿐이었다. 24시간의 비행 동안 쇼스케는 여행 짐 안에 들어 있는, 이 프로젝트를 위한 엔화 뭉치를 생각하며 진땀을 흘렸다. 당시 일본은 외화를 엄격히 관리하고 있었고, 여행객들은 500달러 이상을 들고 나갈 수 없었다. 영화에는 그보다 400배쯤 더 들 예정이었다. 당시 엔화는 달러당 360엔이라는 매우 낮은 환율에 인위적으로 고정돼 있었기 때문에 500만 엔(2015년 기준 10만 5,000달러 정도)을 휴대하는 건 불법이었다.

보스턴에 도착한 뒤 호텔에서 하룻밤을 쉬며 정리를 했다. 마침내 구로스는 지난 수십여 년 동안 사로잡혀 있던 땅에 도착했고 도저히 쉴 수가 없었다. "호텔에 도착했을 때 진정을 할 수가 없었어요. 머릿속에서 이상한 소리가 들리는 것 같았죠." 구로스는 방을 서성이며 밤을 새웠다.

보스턴의 포근한 봄 날씨는 이 일본인들을 환영하는 듯했고, 곧바로 영화 작업을 시작하기 위해 하버드 대학교로 향했다. 대학교 여덟 곳이 하세가와의 편지에 응답했는데,

하버드 대학교는 어떤 도움도 줄 수 없다고 거절했다. 일을 안전하게 진행하기 위해 스태프들은 행복하게 사진을 찍는 일본인 관광객인 척했다. 전날 거의 잠을 자지 못했기 때문에 구로스는 신경이 예민해져 있었고, 제작 팀 전부를 하버드 야드(Harvard Yard)*로 밀어 넣으면서 부디 학교 관계자의 눈에 띄지 않기만을 기도했다.

모든 걱정은 교문을 통과해 들어가면서 사라졌다. 구로스는 붉은 벽돌로 된 조지 왕조풍의 위엄이 넘치는 기숙사 건물을 올려다보며 생각했다. '바로 이거다, 내가 여기에 왔다!' 구로스가 학생들이 침대에서 몸을 끌고 나오기를 기다리는 동안 오자와와 하야시다는 카메라를 설치했다. 캠퍼스는 그가 언제나 상상해온 그대로였다. 이제 그는 학생들이 3버튼 재킷과 아이비 스트랩 팬츠, 흰색 옥스퍼드 버튼 다운 칼라 셔츠, 레지멘탈 타이**와 윙팁 구두를 신고 나타나기를 기대했다.

첫 번째 학생 무리들이 긴바지를 잘라낸 닳고 닳은 반바지와 썩어가는 플립플롭을 신고 기숙사를 나오는 모습을 보면서 무더운 월요일 아침에 문제가 생기기 시작했다. 구로스는 이들을 학교의 부랑자라고 생각했다. 하지만 다음에 나타난 무리도 엉성하게 입고 있기는 마찬가지였다. "그들이 얼마나 엉망으로 입고 다니는지... 충격을 받았어요. 완전히 절망했죠."

그들이 보고 있는 건 슈트와 서류 가방, 날렵한 우산 같은

---

* 하버드 대학교 캠퍼스에서 가장 오래된 곳으로 역사적인 중심지.
** 영국의 전통적인 연대기 줄무늬를 모티프로 한 스트라이프 넥타이. 렙 타이는 소재를 지칭하고, 레지멘탈 타이는 스트라이프 무늬를 지칭한다. 참고로 영국과 미국은 스트라이프 방향이 반대다.

일본의 '아이비'와 완전히 딴판인 모습이었다. 하야시다와
오자와가 쓸 만한 학생들의 이미지를 담기 위해 필름을 쓰는
동안 구로스는 패닉에 빠져버렸다. "이건 아무짝에도 쓸모가
없어!" 티셔츠에 반바지를 입은 학생들을 보면서 일본의 누구도
아이비를 다시 생각하지는 않을 것이다. 그들이 일본을 떠나기
전 하세가와는 구로스에게 "미국에서 재킷과 넥타이는 일요일
예배나 데이트, 누군가에게 깊은 인상을 남기고플 때나 입는
건데요?"라고 경고했지만 구로스는 믿지 않았다. 이제 와서
그 말을 듣지 않은 걸 깊게 후회했다. 미국의 캠퍼스 스타일에
대한 근본적인 오해 때문에 VAN 재킷의 활동 자금을 확실하게
낭비하고 있었다.

제작 팀에는 또 다른 문제가 있었다. 많은 학생이 카메라에
찍히지 않으려 했다. 구로스는 기억했다. "그들은 '무슨
영화를 찍는 거죠?'라며 물어봤죠. 그러면 일본의 브랜드인
VAN 재킷에서 쓰려고 찍는다고 대답했어요. 학생들은
'이건 상업적인 거군요. 전 광고에 나오고 싶지 않아요.'라고
말했어요. 그래서 우리는 거의 모든 학생들을 몰래 찍어야
했습니다. 재빠르게 설치하고, 사진을 찍은 다음에 도망쳤죠."

일정이 진행될수록 상황은 괜찮아졌다. 제작 팀은
마드라스 블레이저와 카키색 팬츠를 입고, 열을 지어 교회를
지나가는 학생들을 발견했다. 오자와와 하야시다는 가져온
모든 필름을 첫날 다 써버렸다. 하지만 일본에서는 모든 이들이
미국 동부 캠퍼스의 기본 유니폼으로 믿은 3버튼 소모사 울
슈트를 입은 학생은 본 적도 없었다. 교수들은 학생들보다는
훨씬 일본식 이상에 가까웠다. 제작 팀은 어두운 슈트에
넥타이를 맨 극소수의 학생들이 일본인 교환학생들임을 깨닫고
한층 더 우울해졌다. 그들은 무모한 옷차림의 미국인 동료들

옆에서 절망적으로 못나 보였다.

긴장된 하버드 대학교에서의 일정을 끝내고 제작 팀은 조용하고 나무가 가득한 뉴햄프셔 하노버의 다트머스 대학교를 촬영하기 위해 이동했다. 학교는 홍보 담당자를 붙여주고, 장면에 맞는 교수와 학생을 찾는 데 도움을 줬다.

이시즈는 제작 팀에 그가 생각하는 아이비리그 스포츠의 정수인 미식축구 장면을 찍어 오라고 부탁했다. 다트머스 대학교는 이를 거절했는데, 여름에 훈련하는 건 리그 규칙에 어긋나기 때문이었다. 대신 PR 담당자는 보트하우스로 데려가 조정 팀이 훈련하는 모습을 찍을 수 있도록 도와줬다. 코치는 협조적이어서 선수 몇 명을 물에 집어넣었고, 오자와는 노를 젓는 모습을 찍을 수 있었다.

제작 팀은 학교의 후원을 받으며 하노버에 사흘 동안 머물며 교내의 야구 경기, 자전거를 타고 돌아다니는 학생, 실험실과 도서관, 카페테리아 등을 찍을 수 있었다. 하지만 시간이 모자라 코넬 대학교와 펜실베이니아 대학교에는 가지 못했다.

브라운 대학교와 컬럼비아 대학교를 짧게 탐사한 뒤 예일 대학교에 도착했다. 패션 스터디 그룹에 속한 학생들이 호스트 역할을 맡았지만, 그들은 일본인 남성들이 옷에 관해 왜 이렇게 많은 질문을 하는지 이해할 수 없었다. 구로스가 기억하기를, "학생들은 대부분 패션에 완전히 관심이 없는 듯 행동했습니다. 아무리 신경을 쓴 것 같은 경우에도요. 그들은 스타일리시하다는 걸 자랑스러워하지 않는 것 같았어요. 우리에게 경멸적인 말투로 '우리는 여기에 공부하러 왔습니다. 전 뭘 입든 상관하지 않아요.'라고 말했죠." 사람들은 1965년에 아이비 스타일에 관해 물어보기 위해 일본인이 미국까지

왔다는 사실을 믿지 않았다. 베트남전쟁이 한창이었고, 히피 반문화가 전통적인 의복이 완전히 사라질 때까지 밀어붙이고 있었다. 일본에 돌아간 뒤 쇼스케는 『멘즈 클럽』에서 이런 불일치에 관해 이야기했다. "우리는 그저 패션에 대한 감각이 달랐습니다. 그들은 모든 걸 무의식적으로 해왔는데, 우리가 갑자기 옷에 관해 물었죠. 그들은 어떻게 대답해야 할지 몰랐습니다." 구로스가 짧은 기장의 치노 팬츠를 입은 예일 대학교 학생을 봤을 때 "정말 짧은 바지가 유행인 건가요?"라고 물었지만 그는 그저 방어적으로 "생각해본 적이 없네요. 세탁기에 돌렸더니 줄어들었어요."라고 대답할 뿐이었다.

여행의 마지막 목적지는 프린스턴 대학이었다. 도착한 뒤 교내 소프트볼 토너먼트 시합과 맥주 회사의 후원으로 나소 홀*에서 거친 파티를 관람했다. 술에 취한 학생들이 의기양양하게 파이트 송을 불렀다. 이 이벤트를 영화에 담는 것으로 캠퍼스 프로덕션은 공식적으로 끝났다. 그 뒤 제작 팀은 뉴욕으로 돌아가 빅 애플에서의 '인생의 하루'와 함께 브룩스 브라더스 같은 트래디셔널 브랜드의 매장, 거리에서 한때의 아이비리거들이 나이 든 모습을 추가로 촬영했다.

일본으로 돌아온 뒤 『멘즈 클럽』은 구로스와 쇼스케, 하세가와와 함께 여행에 대한 라운드 테이블 토론을 개최했다. 구로스는 "미국의 젊은이들은 『멘즈 클럽』의 칼럼 「거리의 아이비리거」에서 볼 수 있는 옷과 완전히 똑같은 걸 입고 있었다."면서 독자들을 안심시켰다. 미국에 다녀온 멤버들은 예컨대 젊은 학생들이 핫도그와 햄버거 더미 앞에 줄을 서서 음식을 받아가는 대학의 카페테리아 시스템처럼 독특한 미국의

* 1756년 지어진 프린스턴 대학교에서 가장 오래된 건물.

아이비리그에서 돌아오는 길. 하와이에서 『테이크 아이비』의 필자들 왼쪽부터 시계방향으로 하야시다 데루요시, 하세가와 '폴' 하지메, 이시즈 쇼스케, 구로스 도시유키.

모습에 관한 여러 이야기로 독자들을 즐겁게 만들었다.

무엇보다 빠른 경제 성장의 시기였지만 나라가 대학의 건축 양식을 얼마나 경건하게 보존하는지 놀랐다. 전후 일본인들의 미국에 대한 집착은 미국이 믿을 수 없을 만큼 부유하고 현대적인 기술을 지닌 나라라는 점에서 비롯한다고 여겨졌다. 하지만 뉴잉글랜드에서 그들이 본 가족들은 건물의 외부 디자인을 그대로 보존한 채 내부의 집기를 일상적으로 현대화하고 있었다. 이런 모습은 도쿄의 개발자들이 오래된 나무 구조의 건축물을 헐어버리고 특징 없는 콘크리트 아파트를 짓는 시기에 가슴 아픈 구석이 있었다. 구로스는 『멘즈 클럽』에서 "일본은 미국보다 더 오래됐지만, 아무도 장소의 고전적인 기운을 보존할 생각을 하지 않습니다. 그저 모든 걸 현대적으로 지을 뿐이고, 빌딩 주변과의 조화를 고려하지 않죠. 매우 슬픈 일입니다."라고 지적했다. 여행 내내 구로스는 이시즈가 말해오던 것의 의미를 깨달았다. 아이비는 최신의 모던 트렌드를 좇는 게 아니라 전통에 대한 존경을 대변한다.

그럼에도 VAN 재킷 팀은 왜 아이비리그 학생들이 슈트를 입고 수업에 참가하지 않는지 설명해야 한다는 문제에 직면했다. 쇼스케는 『멘즈 클럽』에서 "일본의 아이비는 실제 학생스럽지는 않습니다. 일본의 아이비 팬들은 더 스타일리시해요. 일본의 아이비 팬들은 학생 때 아이비 슈트를 입는데, 그들은 성인이 돼서 입죠."라고 이야기했다. 그들은 간편한 옷을 입은 미국인들을 20세기 초 일본 대학생들이 단정하지 못한 유니폼으로 스타일리시한 룩을 만들었던 반카라와 비교했다. 아이비리그 학생들은 그들의 태연한 태도로 사회적 지위를 드러낸다. 이런 모습을 직접 본 뒤 구로스는 일본의 아이비도 미국인들에게 여유를 배워야 한다고 믿게 됐다. 1965년 말 그는 『멘즈 클럽』에 이렇게 썼다. "지난 7년 동안 일본에서는 아이비가 커지고, 또 커졌습니다. 전 이제 지나치게 의식하는 모든 걸 떨치고 움직일 때가 됐다고 느낍니다."

하지만 VAN 재킷의 가을·겨울 캠페인을 시작하기 전까지 영화를 준비할 수 있는 기간은 2개월뿐이었고, 제작 팀은 모든 관심사를 편집의 맥락 속에 집어넣을 시간이 없었다. 오자와는 편집을 시작했고, 유명한 재즈 뮤지션인 나카무라 하치다이를 음악 감독으로 초빙해 즉흥 연주를 집어넣었다. 그러는 동안 하야시다는 사진을 인화했는데 놀랄 만큼 생생했다. 『멘즈 클럽』의 편집자 니시다는 출판사 후진가호*에 사진들을 책으로 출간할 수 있을지 문의했다. VAN 재킷은 동의했고 제작 팀 중에서 특히 하세가와가 사진에 각각 설명을 달고, 책의 뒷부분에 캠퍼스 패션의 기본 규칙을 설명하는 에세이를 썼다. "미국의 반카라 스타일은 약간의 유머를 담고 있는데, 이건 일본의 학생들 사이에서 그렇듯 진짜 가난에서 나온 결과가 아니다." 그러는 동안 VAN 재킷 팀은 하야시다와 오자와의 시각 자료에서 가을 컬렉션의 아이디어를 얻기 위해 살펴보고 있었다.

이제는 프로젝트명이 필요했다. 구로스는 '테이크 아이비(Take Ivy)'를 제안했는데. 재즈 밴드 데이브 브루벡 쿼텟(Dave Brubeck Quartet)의 유명한 곡 「테이크 파이브(Take Five)」로 장난을 친 제목이었다. 일본어로

---

* 1905년에 창립된 『멘즈 클럽』을 발행하는 출판사. 2011년 매각되면서 '허스트 후진가호(Hearst Fujingaho)'로 사명이 변경됐다.

'아이비'와 '파이브'는 살짝 비슷하게 들리는데, 영어를 잘하는 하세가와는 미국인들은 '테이크 아이비'라는 제목이 말이 안 된다고 여긴다며 반대했다. 늘 그래왔듯 VAN 재킷의 직원들은 예술적 야심에 빠지면, 하세가와가 아무리 올바른 영어가 아니라며 지적해도 무시했다. 오늘날까지도 구로스는 여전히 자랑스럽게 주장한다. "영어를 잘 아는 사람은 절대 이런 제목을 생각해낼 수 없었을 거야!"

1965년 8월 20일, VAN 재킷은 도쿄에서 종일 파티를 하며 『테이크 아이비』 상영회를 열었다. 회사는 아카사카 프린스 호텔 전체를 빌리고, 2,000여 명의 유통업자, 소매업자, 젊은 팬을 불러 개봉을 축하했다. 체인점은 최우수 고객들에게 호텔 종일 이용권을 나눠줬다. 오전 10시 30분, 이시즈는 경주의 시작을 알리는 초록색 깃발을 흔들고, VAN 재킷의 옷을 입은 드라이버들이 빈티지 자동차를 타고 일곱 시간 동안 도시를 누볐다. 10대 수백 명은 마드라스, 시어서커, 오프화이트 재킷을 차려입고 찾아왔다.

파티의 마지막에 VAN 재킷은 아이비리그 캠퍼스를 보여주는 에너지 넘치는 장면에 업비트의 재즈 사운드트랙을 곁들인 영화를 상영했다. 기본적인 다큐멘터리 사진 외에도 수업에 늦은 학생의 모습이나 기숙사의 레코드 플레이어 주변에서 벌어진 근사한 저녁 파티 같은 대본에 따라 만들어진 장면도 있었다. 아카사카 프린스 호텔에서 순조롭게 개봉한 뒤 VAN 재킷 팀은 브랜드의 체인점을 돌며 영화를 상연하는 투어를 시작했다. 하지만 투어가 끝난 뒤 영화는 영구히 내려지고, 상영은 중단됐다. 1965년 말 500엔이라는 비싼 가격에 책이 나왔는데, 가격은 『헤이본 펀치』의 10배였다. 이는 성공과 거리가 멀었다. 후진가호는 『오토코 노 후쿠쇼쿠』를

『테이크 아이비』의 재킷과 커버.

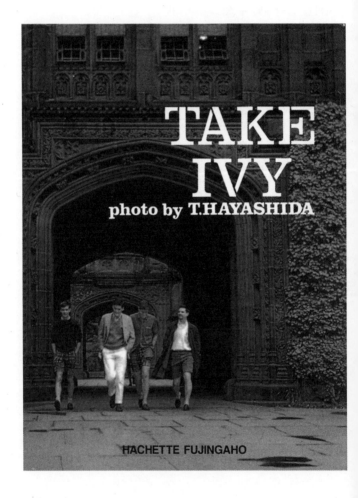

TAKE
IVY

HACHETTE FUJINGAHO

『멘즈 클럽』에 실린 1965년 8월 『테이크 아이비』 론칭 파티에 참석한 젊은이들.
1965년 11월.

86

117

처음 발행했을 때와 마찬가지로 2만 부를 인쇄했고, VAN 재킷은 절반을 구매해 소매점에서 판매했다. 나머지 책은 책꽂이에 남아 있었다.

『테이크 아이비』에 대한 밋밋한 반응 때문에 이 작업이 일본에 미친 영향력을 오해할 수도 있다. 하지만 소매점과 패션 인사이더들은 건강한 엘리트 미국인들이 올드 뉴잉글랜드 캠퍼스의 벽돌과 돌로 만들어진 장엄한 건물 주변에서 마드라스 블레이저와 치노 팬츠를 입은 영상을 본 뒤 아이비에 대한 생각을 바꿨다. 그리고 1965년부터 아이비의 팬들은 『테이크 아이비』의 사진을 1960년대 미국 동부 사립대학 스타일을 묘사한 정본으로 간주하기 시작했다. 매출의 영향 측면에서도 캠페인은 걷잡을 수 없는 성공이었다. 1965년 말 10대들은 어떤 해와 비교되지 않을 만큼 VAN 재킷의 캠퍼스풍 패션을 마구 사들였다.

1965년이 아이비의 호황기가 되리라는 건 자연스러운 결과로 이미 예측돼 있었다. 하지만 하세가와의 기억은 약간 달랐다. "이시즈는 투자에서 돌려받는 걸 생각하는 사업가는 아니었어요. 그가 생각하기에 회사란 적자만 나지 않는다면 괜찮은 거였죠." 영화가 홍보에 결정적인 영향을 미친 건 아니었지만, VAN 재킷에게는 회의론자와 당국에 아이비가 미국의 오래된 전통임을 알려주기 위해 사용할 다른 방법이 있었다. 설득 대상에는 10대와 백화점, 부모, 그리고 경찰까지 포함됐다.

바로 전해에 있었던 경찰의 엄중한 단속에도 아이비 스타일 옷을 입은 10대들은 1965년 여름 긴자로 돌아왔다. 지난해의 동료들과는 다르게 그들은 미유키 거리를 넘어섰고, 거의 모든 주변 지역을 돌아다녔다. 아이비 스타일에 대한 미디어의 취재가 1년 동안 이어진 뒤 신문과 타블로이드는 1965년의 젊은이들에게 '아이비족'이라는 더욱 정확한 이름을 붙였다.

올림픽과 『헤이본 펀치』의 계속되는 인기는 아이비 패션에 대해 더 많은 사람이 동조하도록 만들었지만, 1965년의 아이비족 멤버들은 VAN 재킷의 옷과 똑같은 부류는 아니었다. 구로스는 "약간 더 히피스러워지고 조금 더 극단적이 됐죠. 아이비의 이미지를 다시 불량배의 옷으로 되돌렸어요."라고 기억했다. VAN 재킷의 스니커즈를 신고 있었기 때문에 1965년의 아이비 10대들은 그들의 선배들에 비해 조금 더 간편한 차림이었다. 그들은 옷과 밤샘을 위한 세면도구 같은 걸 '후텐(フーテン) 백'으로 부르는 초라해 보이는 헴프 가방에 넣어 다녔다. 또한 그들에게는 아이비를 우스꽝스러운 수준까지 끌어올린 라이벌 그룹이 있었다. '고모리족'으로 부르는 이들이었는데, 어두운 슈트에 한 손에는 서류 가방을, 다른 한 손에는 날렵한 우산을 들고 다녔다.

신문에서는 이전과 마찬가지로 강렬하게 긴자의 10대들에 대한 논설 캠페인을 진행했다. 『뉴욕 타임스』조차 "하룻밤을 보낼 이성을 찾으며 미유키 거리를 서성이는 검은색 옷을 입은 부유한 10대의 기괴한 무리…"라는 식으로 논란을 다뤘다. 1965년 4월 경찰은 거리를 청소할 새로운 라운드를 시작했다. 이번에는 조용히 빠져나갈 수 없었다. 체포된 아이비족 멤버는 『아사이 신문』에 항변했다. "멋진 옷을 입고 긴자를 돌아다니는 게 뭐가 잘못된 거죠? 우리는 이케부쿠로나 신주쿠의 무지렁이들과는 달라요." 7월이 되면서 학교는 여름 방학에 접어들고, 다시 사람들이 늘기 시작했다. 주변의 지방 도시인 사이타마, 가나가와, 지바의 젊은이들도 긴자의 즐거움에 합류하기 위해 찾아왔다.

전해와 다르게 미디어들은 젊은이들의 봉기에 대해 누구를 비난해야 할지 정확히 알고 있었다. 이시즈 겐스케였다. 그의 비서 하야시다 다케요시는 기억했다. "우리는 아이들이 VAN 재킷 매장에서 용돈을 너무 쓴다는 부모들의 불평 전화를 정말 많이 받았어요." 긴자의 매장 주인들이 이시즈가 아이비의 중심임을 알아내자 경찰에게 젊은이들의 동향에 타격을 줘 그를 무력하게 해달라고 간청했다.

경찰은 이미 이시즈를 주시하고 있었다. 구로스는 "쓰키지 경찰은 아이들이 VAN 재킷의 옷을 입고 있음을 알았고, 모든 문제의 원흉을 VAN 재킷으로 생각했죠."라고 말했다. 1965년 9월의 어느 날 구로스와 이시즈는 쓰키지 경찰서를 찾아 자신은 10대들에게 긴자 주변을 어슬렁이거나 젊은이들의 일탈을 북돋운 적이 없음을 분명히 밝혔다. 경찰과의 첫 번째 논의로 이 유해함이 가정 문제에서 비롯했다는 사실이 분명해졌다. 경찰은 '아이비'가 무슨 뜻인지 이해하지 못했다. 10대들의 부끄러운 행동에 기반을 두고 생각했을 때 경찰들은 '거지'의 최신 속어 정도로 추측하고 있었다. "그들은 이시즈와 그의 직원들이 부끄러운 줄 모르고 거지 패션을 파는 걸 이해할 수 없었죠."

이 시점에서 『테이크 아이비』 필름은 완성이 됐기 때문에 이시즈와 구로스는 아이비 패션을 설명할 가장 빠른 방법은 진짜 미국의 맥락에서 스타일을 보여주는 일로 결정했다. 그들은 수십 명의 백발이 되고 나이 들어가는 쓰키지 경찰들과 함께 영화를 관람했다. 자연스러운 환경에서의 아이비를 본 뒤 경찰의 고위 관리는 이시즈를 향해 "미국에서의 아이비는 그렇게 나쁘지 않네요!"라고 말했다.

경찰들은 긴자를 곤경에 빠트린 공모자로 이시즈를 다그치는 일을 그만두고, 대신 그를 협력자로 활용했다. 경찰들은 이시즈만이 아이비족을 최종적으로 멈추게 할 수 있는 힘이 있음을 깨달았다. 그들은 구로스에게 "우리가 아이비족에게 뭐라 해도 그들은 듣질 않아요. 여러분이 그들에게 긴자를 떠나달라고 말해줘야 해요. 왜냐하면 당신들은 그들에게 신이니까요."라며 간청했다. 아이비의 나쁜 평판을 갈아치우고 싶은 이시즈는 이 일을 돕기로 했다.

쓰키지 경찰서는 곧바로 긴자에서 '빅 아이비 만남'을 준비했다. 아이비족은 왜 이 지역 근처를 어슬렁이면 안 되는지에 대한 이시즈의 연설을 듣게 될 것이다. 경찰은 커다란 긴자 가스 홀 6층을 예약하고, 행사를 알리는 포스터 200장을 거리 곳곳에 붙였다. 공식적으로 1965년 8월 30일에 열린 행사는 청소년 문제에 대한 도쿄 추오구 위원회의 모임이었고, 위원회 역사상 처음으로 '불량 청소년들'이 자진해 참석한다. 아카사카 프린스 호텔에서 브랜드의 충성스러운 팬들에게 영화를 상영한 지 열흘 만에, VAN 재킷은 소수의 충성스러운 추종자들에게 『테이크 아이비』를 독점 상영하게 됐다.

지금까지 열린 어떤 청소년 문제 위원회 중에서도 가장 흥미진진할 듯한 만남에 2,000명에 가까운 10대가 가스 홀을 가득 채웠다. 영화가 끝난 뒤 무대에 오른 이시즈는 지혜를 전했다. "아이비는 여러분들이 좋는 찰나의 트렌드가 아닙니다. 여러분의 아버지와 할아버지로부터 내려오는 영광스러운 전통입니다. 이건 그저 옷이 아니라, 삶의 방식입니다." 그리고 중요한 점을 지적했다. "그러니 여러분은 지금처럼 도심을 어슬렁이면 안 됩니다. 제가 하는 말이 무슨 뜻인지 이해한다면 친구들에게도 전해주세요." 록밴드 미키 커티스 &

히스 뱅가드(Mickey Curtis & His Vanguards)가 공연한 뒤 아이비의 대부는 쓰키지 경찰서장과 질문과 답변을 나눴다. 프로그램은 오후 네 시에 끝났다. 참석자들은 무료로 나눠준 VAN 재킷 쇼핑백을 들고 떠나갔다.

며칠 뒤 아이비족은 긴자에서 사라졌다. 이시즈는 위기를 끝냈다는 전적인 신용을 얻고, 경찰은 베이비부머를 뒤흔든 파워풀한 패션 아이콘을 만나기 위해 찾아왔다. 구로스가 생각하기에 그야말로 시기상 운이 좋았다. "이벤트는 여름이 끝나갈 때 열렸죠. 10대들은 아무튼 어슬렁이는 걸 멈추고 학교로 돌아가야 했어요. 하지만 경찰은 우리 덕에 그들이 떠났다고 생각했죠. 우리를 정말 좋은 사람으로 봤을 거예요." 이 시기 이후 일본의 법 집행 당국은 말쑥한 미국의 젊은이 패션이 만들어내는 골칫거리에 대한 걱정을 덜었다. 사실 그들은 아이비 스타일에 매우 깊은 인상을 받았고, 이시즈에게 경찰 유니폼을 다시 디자인해달라고 요청하기도 했다.

1960년대의 나머지 후반기에도 일본의 경제는 1년에 10퍼센트씩 성장했다. 수출이 급증하면서 일본 정부는 국산품 소비를 권장했다. 경제 장관은 월급 노동자들과 부인들이 이 책임을 이끌어야 한다고 기대했다. 검소함에 익숙해져 있고, 간단히 말해 쇼핑하기에는 너무 바쁜 나이 든 세대는 여유 자금을 후손에게 넘겼다. 10대들은 그저 신이 났다. 전쟁의 궁핍함이나 전후의 가난에 대한 경험이 없는 이들은 끊임없이 확장하는 소비 시장에 뛰어들고 싶었고, 운 좋게도 부모의 현금을 받아 쥐었다.

VAN 재킷은 이 현금이 밀려드는 젊은이들 주머니의 직접적인 수혜자였다. 1954년 부유한 자본가들을 타깃으로 한 작은 회사였을 때 VAN 재킷은 4,800만 엔(2015년 기준 117만 달러)의 매출을 올렸다. 1967년 VAN 재킷은 36억 엔(2015년 기준 7,100만 달러)의 매출을 기록했고 1960년대가 끝나갈 무렵에는 69억 엔(2015년 기준 1억 1,100만 달러)이 됐다. 아이비 유행의 최정점이었던 1966년과 1967년에는 VAN 재킷의 제품 생산이 수요를 따라갈 수 없었다. 아침에 제품이 도착하면 늦은 오후에는 사라졌다. 이시즈의 비서 하야시다 다케요시는 "직원들은 아무것도 살 수 없었어요. 남는 게 전혀 없었거든요. 오사카에서 물건을 받아 오면 판매 담당 직원들이 일주일 동안 모든 가게에 팔았죠. 그러고 나면 나머지 날에는 그냥 놀았어요."라고 기억했다.

VAN 재킷이 매출을 쌓는 동안 브랜드는 또한 사회의 최상층에서 아이비 패션 팬 이상의 것들을 얻고 있었다. 천황의 조카인 미카사노미야 도모히토 친왕은 아이비 스타일을 사랑했고, 대중 앞에 하이컷 3버튼 슈트를 입고 나타났다. 1965년 『멘즈 클럽』5월호에는 미카사노미야가 최고로 차려입은 사진에 '제국의 아이비'라는 시건방진 설명을 붙인 기사가 실렸다.

마침내 VAN 재킷은 도쿄와 오사카에 걸쳐 직원이 1,000명을 넘어섰다. VAN 재킷의 황금기에 가장 중요한 직원은 사다스에 요시오였다. 지금은 일본의 성공한 의류 회사 '가마쿠라 셔츠(Kamakura Shirts)'의 창립자이자 대표 이사로 일하고 있다. 사다스에의 아버지는 히로시마에서 VAN 재킷 매장을 운영했는데, 이런 인연 덕에 VAN 재킷에서 일하게 됐다. 스물여섯의 전직 전기 기술자인 사다스에는 1966년 4월 1일에 VAN 재킷의 오사카 사무실에 취직했다. 신고 있던 반짝거리는 뾰족한 구두를 보고 VAN 재킷의 영업 사원은

VAN 재킷의 직원 시절 사다스에 요시오. 1968년.

"여러분! 여기 마법의 구두를 신은 소년이 왔습니다!"라고
외쳤다. 둘째 날 그들은 사다스에를 창고에 보냈고, 그 뒤 6년
동안 그곳에서 일한다.

하지만 회사에서 생산하는 옷을 입기 시작하면서
사다스에는 VAN 재킷 제품의 매력을 깨닫기 시작했다.
"전 마드라스 블레이저에 버뮤다 쇼츠 같은 VAN 재킷의
옷을 입고 밖에 나갔어요. 그렇게 걷고 있으면 사람들이
돌아봤죠. 돈이 100엔도 없었는데, 저는 갑자기 부자들을
위한 클럽에 들어가고, 호텔의 전용 수영장에 가게 됐어요.
제가 VAN 재킷을 입으면 부자처럼 보였죠. 이시즈의 전략이
먹혀들어가는 이유가 바로 이거라고 생각했죠."

사다스에가 오사카에서 경험한 바는 아이비가 얼마나
전국적인 유행으로 자리 잡았는지 보여준다. 이는 그저 도시의
댄디들만의 소유물이 아니었다. 사실 일본의 하드코어한
아이비 추종자는 대부분 그때나 지금이나 수도 바깥에 산다.
일본 전역에 걸친 이시즈의 매장은 대도시의 트렌드와
연결이 끊긴 젊은이들을 위한 지역 아이비 교화의 중심이
됐다. 아이비는 매스 미디어와 패션 브랜드를 위한 새로운
패러다임을 대표했고, 『멘즈 클럽』은 도쿄의 최신 패션을
설명하는 미디어의 대변인 역할을 수행했다.

1960년대 말 VAN 재킷의 성공을 상징하는 다른 신호로
복제 브랜드의 난립이 있다. 가장 가까운 라이벌인 JUN은 VAN
재킷의 아이비 아이템을 약간 더 저렴한 가격으로 선보였다.
또 다른 '세 글자 알파벳 브랜드'도 등장했다. 예컨대 ACE,
TAC, JAX, JOI 같은 게 있었고, 심지어 YAN도 있었다. 섬유
회사 도레이(Toray)는 초창기 컴퓨터를 이용해 모든 가능한 세
글자 상표를 등록해버렸다. 이시즈 쇼스케는 당시 잡지 『헤이본

펀치』에 "우리는 기니피그 같아요. 전 그저 우리를 모방하는 브랜드들이 조금 더 잘 모방하면 좋겠어요. 색과 모양을 멋대로 바꾼 형편없는 제품이 거리에 넘쳐나는 건 끔찍한 일이죠."라고 말했다. 이런 경쟁에도 다른 어떤 브랜드도 폭넓은 사회적 영향의 측면에서 VAN 재킷의 라이벌이 되지 못했다. 하세가와는 "JUN과 다른 브랜드들은 옷을 만들었지만 그뿐이었어요. 우리는 전반적인 생활 방식을 홍보하기 위해 노력했죠."라고 말했다.

경쟁자가 없는 VAN 재킷의 권위로 브랜드는 새롭고 더 많은 아메리칸 스타일을 대중화할 수 있었다. 예컨대 티셔츠가 있다. 1960년대 중반까지 일본인들은 티셔츠를 속옷으로밖에 보지 않았다. 전후 점령 기간에 일본인들은 위에 속옷만 입고 도심을 돌아다니는 미군을 보며 킥킥댔다. 1962년에 VAN 재킷은 처음으로 티셔츠를 팔려고 시도했지만 소비자들은 말을 듣지 않았다. 또한 홍보용 선물로 VAN 재킷의 스텐실 로고를 찍은 티셔츠를 만들었지만 아무도 티셔츠를 바깥에 입으려 하지 않았다.

이런 태도는 『테이크 아이비』와 함께 변했다. 구로스는 "티셔츠는 우리가 책을 낸 뒤로 팔리기 시작했어요. 사진을 보면 모든 학생들이 학교 로고가 그려진 티셔츠를 입고 있죠. 우리는 학교의 색에 맞춘 티셔츠를 만들었습니다. 흰색은 너무 속옷처럼 보였기 때문에 오렌지색은 프린스턴, 파란색은 예일, 이런 식이었죠. 이걸 '컬러 티'로 불렀어요. 모든 미국 학생들은 이걸 입는다는 사실을 보여줄 수 있었기 때문에 그 뒤 모든 사람이 갑자기 사기 시작했죠. 1966년 여름 내내 정말 미친 듯 팔렸어요."라고 기억했다.

『테이크 아이비』의 성공과 함께 VAN 재킷은 시즌마다

VAN 재킷의 캠페인. '스포츠 아메리칸'과 '케이프 코드 정신'. 1960년대 말.

CAPE COD SPIRIT

통합적인 광고 캠페인을 벌이기 시작했다. 가장 인상적인 캠페인은 1967년 봄·여름 시즌의 '케이프 코드* 정신'이었다. 이 캠페인에서 VAN 재킷은 요트에 타고 있는 존 F. 케네디의 시간을 초월한 매력을 보여주려 했다. (VAN 재킷의 누구도 지도에서 케이프 코드를 찾지는 못했지만.) 그다음 시즌은 미국 남서부의 랜치 스타일을 보여주는 '디스커버 아메리카(Discover America)'였다. 이 문구는 나중에 일본 국립 철도가 1970년에 내놓으면서 인기를 끈 국내 여행 캠페인 '디스커버 재팬'의 모티프가 됐다.

이런 광고 캠페인은 선구적이었던 이시즈의 크로스 미디어 광고 방식의 단지 하나의 예다. VAN 재킷은 구로스와 쇼스케, 하세가와가 함께 남성 패션에 대해 이야기하는 라디오 방송 「아이비 클럽」을 후원했다. 또한 이시즈는 유명한 재즈, 팝 뮤지션들이 최신 아이비 스타일 옷을 입고 히트곡을 연주하는 일요일 밤의 30분짜리 방송 「VAN 재킷 뮤직 브레이크」 같은 TV 방송도 후원했다. 한편, VAN 재킷은 운동선수와 드라이버를 홍보하는 최초의 일본 패션 브랜드였다. 이시즈는 '뱅가드(Vanguards)'라는 아마추어 풋볼팀을 조직하기도 했다. 그리고 1966년에는 긴자에 'VAN 스낵'이라는 레스토랑을 열어 근처에 맥도날드가 열리기 이미 3년 전에 햄버거를 팔았다.

VAN 재킷은 일본 비즈니스 세계에 어떻게 하면 일본인들에게 미국의 것을 팔 수 있는지 보여줬다. 너무나 성공적이라 일본에 자회사를 운영하는 다국적 기업의 주재원도 주목했다. 1963년 '펩시 제너레이션' 광고 캠페인을 만들어 광고계의 전설이 된 펩시 재팬의 CEO인 앨런 포태쉬(Alan

---

* 미국 매사추세츠주의 반도. 휴양지로 유명하다.

Pottasch)는 1968년 하세가와를 스카웃했다. 하세가와는 "앨런은 우리가 VAN 재킷에서 한 일을 좋아했어요. 그를 만나기 전까지 저는 우리가 한 일에 전문적인 시각이 없었죠."라고 기억했다. 나중에 코카콜라와 VAN 재킷이 전략상 동맹을 맺고, 1970년대에 함께 홍보용 제품을 내놨다. 한때는 VAN 재킷의 광고에 나온 것과 완전히 같은 옷을 코카콜라 TV 광고에서 볼 수 있기도 했다.

이시즈 겐스케가 기본 패션에서 아이비 스타일이 일본의 영원한 템플릿이 되기를 바랄수록 미국 동부 스타일은 결국 젊은이들 패션에서 독점력을 잃어갔다. 1966년이 시작할 무렵 VAN 재킷의 라이벌인 JUN이 콘티넨탈(또는 일본어로 '콘치')이라는 우아한 유럽의 슈트를 선보이면서 수익성 좋은 틈새시장을 만들어내 주류를 강타했다. 이시즈가 '미스터 아이비'였던 만큼 그는 영국의 패션을 좋아했는데, 카나비 거리*에서 뽑아낸 듯한 화려한 아이템 중심의 서브 라벨인 '미스터 VAN 재킷'을 시작했다. 1966년 6월 비틀스가 호화로운 모즈 슈트를 입고 부도칸에서 역사적인 콘서트를 열었기 때문에 이시즈의 미스터 VAN 재킷은 이 시대의 트렌드에 맞는 당연한 베팅처럼 보였다. 하지만 이 스타일은 너무 지나친 꾸밈이 있기 때문인지 일본에서는 모즈 패션이 자리 잡지 못했고, 미스터 VAN 재킷은 실패했다. VAN 재킷은 개의치 않고 'VAN 재킷 브라더스', 'VAN 재킷 미니', 더 어린 10대를 위한 'VAN 재킷 보이스' 등 고객층에 따른 라인을 내놓는다.

하지만 변화하는 10대의 스타일을 쫓아가려는 VAN

---

* 영국 런던의 거리. 1960년대 젊은이들 패션의 중심지로 비트족, 모드 패션의 발상지이기도 하다.

재킷의 시도는 예상과 달리 브랜드의 본래 지지층인 충성도 높은 고객을 고립하는 결과를 초래했다. 1964년 하드코어한 아이비 팬들은 버튼 다운 셔츠를 입은 긴자의 10대들을 보자 당황했고, 당황스러움은 중학생들이 아이비 셔츠를 놀이로서 자주 입기 시작하면서 커졌다. 20대 고객들은 아이비족으로 오해받을까 데이진 남성복 매장에서 구입한 제품을 VAN 재킷 로고 쇼핑백에 넣지 말라고 요구하기도 했다.

1966년 이시즈는 구로스 도시유키에게 요청해 VAN 재킷의 성인 취향 라벨인 켄트(KENT, 슬로건은 '특별한 남성을 위해')를 개선해 기존 고객을 되돌리도록 했다. 나이 든 고객들은 여전히 아메리칸 스타일을 사랑했지만, '아이비'라는 말은 오염되고 있었다. 구로스는 현명하게도 '트래드(trad)'라는 새로운 개념 아래 켄트 스타일을 재구성했다. 구로스는 2010년 블로그 「트래드(Trad)」에 "'트래디셔널'이라는 말은 원래 있었지만, 발음하기도 어렵고, 일본에서는 거의 쓰이지 않았어요. 기억하기 쉬운 짧은 단어를 찾고 있었는데, 재즈 관련 책에서 '트래드 재즈'라는 표현을 발견했죠."라고 말했다.

트래드는 일본의 아메리칸 스타일의 미래에 결정적인 영향을 미친다. 트래드는 아이비의 단명하는 유행성과 비교되는 분명한 차이를 제시했고, 미국의 헤리티지 브랜드를 넘어 그것을 포괄했다. 트래드 남성은 클래식 버버리 재킷 또는 아이리시 피셔맨 스웨터를 입을 수 있고, 그러면서도 아이비의 엄격한 '오직 아메리카' 규칙을 위배할까 염려하지 않아도 된다. 켄트는 VAN 재킷의 지속적인 영향력을 누린 적은 없지만, 트래드는 그 뒤 40여 년 동안 이어진 일본의 앵글로 아메리칸 집착의 문을 여는 데 성공했다.

VAN 재킷이 베이비부머 세대에게 커다란 영향을

줬음에도 많은 기성세대는 꾸준히 아이비에 대한 유감스러운 감정이 있었다. 타블로이드 매체들도 꾸준히 이시즈를 비난했다. 1966년 잡지 『슈칸 겐다이』는 「이시즈 겐스케의 악명: 이 나라를 폐허로 이끌 디자이너」라는 무기명 기사를 실었다. 익명의 필자는 VAN 재킷이 아이들을 호색한이 되도록 부추긴다며 스포츠 기자 데라우치 다이키치의 문장을 인용했다.

전쟁 시기에 젊은이들은 국가의 통제 시스템에 기여했다. 하지만 전쟁으로부터 20년이 지난 지금 젊은이들은 아무것도 하지 않는다. 그저 몸이 커졌고, 그 안에는 겁쟁이가 있을 뿐이다. 그 징후 중 하나가 그들의 옷이다. 그들은 영화의 엑스트라처럼 입고 다닌다. 이건 자랑스럽게 옷을 입은 주인공의 옷이 아니다. 여성들이 본능적으로 패션에 더 끌린다고 해도, VAN 재킷의 아이비 버전은 패션이라 할 수도 없다. 그저 여성을 꼬시려는 남성일 뿐이다.

이런 중상모략은 중년 남성들이 이시즈를 얼마나 싫어했는지뿐 아니라 나이 든 지지자들이 전쟁 시절의 근엄한 일본의 남성성 과시라는 이상을 얼마나 강력히 고수하는지 보여준다. 그들은 그저 VAN 재킷 같은 스타일리시한 남성복을 정욕에 미친 드라이브 속에서 여성처럼 보일 필요 때문에 나온 성도착으로 여겼다. 하지만 이런 불평은 승산이 없는 최후의 울부짖음에 불과했다. VAN 재킷은 젊은이들에게 소비 세대에 더 들어맞는 패션에 대한 새로운 사고방식을 제공했다.

오늘날 베이비부머들은 대부분 그들에게 스타일과

미국스러운 생활 방식을 소개해준 브랜드로 VAN 재킷을 흐뭇하게 기억한다. 종합적인 아이비 생활 방식을 가르치는 과정에서 VAN 재킷의 직원들은 젊은이들이 옷을 넘어 음악, 취미, 자동차, 음식 등에 대한 열망과 꿈을 고취할 수 있도록 만들었다. 제2차 세계대전에서 패배하면서 일본의 전통문화에 대한 존경심은 땅에 떨어지고, 젊은이들은 새로운 가치를 열망했다. 당시 VAN 재킷은 이상적인 미국식 삶을 제공했다. 이시즈는 재능 있는 디자이너이자 경영자였지만, 부는 문화의 차익 거래로 만들어냈다. 구로스는 "VAN 재킷의 모든 일은 일본에는 없지만 미국에는 있는 걸 만드는 거였죠. 우리는 그저 카피를 했지만, 아무도 우리가 뭘 하는지 정확하게 깨닫지는 못했죠."라고 말했다.

VAN 재킷은 진짜 미국인들이 도쿄에서 사라지면서 이득을 얻었다. 1960년대 중반 미군들은 거의 남지 않았고, 대개 외딴 곳의 기지에 한정돼 있었다. 대신 도쿄의 젊은이들은 VAN 재킷과 『멘즈 클럽』, 미국 영화로 미국과 미국인에 관해 배웠다. 그들은 미국을 전쟁 시기의 적군이나 전후의 점령자가 아닌 재즈, 팬시한 대학교, 버튼 다운 칼라 셔츠, 금발 미녀의 고향으로 생각했다.

일본 패션의 역사에서 아이비는 남성이 옷을 차려입기 시작한 1960년대의 중요한 순간을 보여주지만, 그보다 더 중요한 점은 그 뒤 50여 년 동안 아메리칸 스타일을 어떻게 수입해 소비하고, 변형하는지에 대한 방식을 설정했다는 데 있다. 아이비 이후 일본은 최신 아메리칸 스타일을 만들어내 퍼뜨릴 수 있는 기반 구조를 갖췄다. 이는 그저 말끔한 뉴잉글랜드 청년의 옷뿐 아니라 더욱 반문화적인 거친 옷에도 해당하는 이야기다.

4. 청바지 혁명

고지마는 인구가 7만 5,000명 정도인 작은 도시로 오카야마의 가장 아래쪽인 세토 내해에 있다. 소금기를 머금은 토양과 낮은 강우량 때문에 쌀 농사에는 맞지 않지만, 면이 자라는 데는 잘 맞고, 직물 직조나 인디고 염색 같은 보조 산업에도 매력적인 곳이다. 20세기에 고지마는 일본에서 세일 클로스*나 일본의 전통 버선인 다비의 바닥에 사용하는 코튼 드릴 같은 튼튼한 섬유 생산으로 유명했다. 1921년 고지마의 사업가가 재봉틀 스무 대를 기부하고, 이때부터 학생 교복 생산이라는 새로운 영역의 선봉에 섰다. 사업이 눈덩이처럼 커지면서 1937년에는 일본의 학생 약 90퍼센트가 오카야마에서 만든 교복을 입는다.

고지마의 교복 산업 지배는 전쟁이 끝난 뒤에도 이어졌지만, 수출 확대 정책으로 면 섬유 대부분이 해외로 나가면서 지역 업체들은 가볍고 비바람도 잘 막는 합성 섬유인 비닐론으로 교복을 만들기 시작했다. 이는 1958년 테토론이라는 훨씬 우수한 폴리에스테르가 출시될 때까지는 잘 돌아갔다. 도레이와 데이진은 이 경탄스러운 섬유에 대한 광범위한 마케팅 캠페인을 시작했고, 곧 전국의 학교들도 테토론으로 제작한 교복을 요구하게 됐다. 하지만 도레이와 데이진은 자신들의 폐쇄적인 생산 커뮤니티 바깥의 누구에게도 섬유를 공급하지 않았고, 이에 따라 고지마의 우수한 기업들이 떨어져 나가기 시작했다.

도시의 정상급 교복 제작사인 마루오 클로싱(Maruo Clothing)의 노동자들은 아무도 원하지 않아 창고에 잔뜩

---

* 범포, 배의 돛에 쓰는 천.

쌓인 비닐론 옷을 비통하게 바라보고 있었다. 창립자 오자키 고타로에게는 대책이 필요했다. 1964년 가을, 그는 회사의 운명을 결정하기 위해 두 명의 톱 세일즈맨 가시노 시즈오와 오시마 도시오를 본사로 호출했다. 매일 밤 9세기의 학자이자 시인인 스가와라노 미치자네가 등장하는 기묘한 꿈을 꾼 뒤 그는 즉흥적으로 두 사람과 함께 미치자네를 모시는 큐슈 신사가 있는 다자이후 천만궁에 밤샘 참배를 가기로 결정한다. 참배가 효과가 있던 모양인지 그들은 근처의 온천 리조트에서 신성한 영감을 받는다. 오자키는 마루오가 살아남기 위해서는 어떤 옷을 만들어야 하는지 물었다. 가시노와 오시마는 망설임 없이 '지팡(G-pan)'이라 답했다. 영어로 'G.I. 팬츠', 즉 미국인들이 '청바지'로 부르는 옷이었다.

가시노는 도쿄 아메요코의 마루세루에서 처음으로 지팡을 알게 됐다. 이제 암시장은 아니었지만, 1950년대 후반에도 여전히 무질서했다. 채소 절임과 생선, 빼돌린 호텔 비품, 밀수품, 반합법적인 병행 수입품과 PX들에서 비합법적으로 구한 고급 제품을 파는 좌판 매장 수백 곳이 있고, 사람들이 돌아다니며 이를 살펴보고 있었다. 마루세루의 주인인 히야마 겐이치는 미군의 군용 물자를 다시 판매하면서 이와 함께 마루오 같은 제조사에서 내놓은 아메리칸 스타일의 신제품 워크 코트와 바지를 판매하는 수익성 좋은 틈새시장을 찾아냈다.

미군들은 팡팡 걸스에게 현금 대신 헌 옷을 주기도 했는데, 그걸 받으면 곧장 마루세루 같은 아메요코의 매장에 팔았다. 히야마는 이 중 많은 여성이 빛바랜 어두운 파란색 워크 팬츠를 입고 온다는 사실을 알아챘다. 이 바지는 미군 죄수복 바지라는 소문이 있었다. 미군 부대를 방문해본 사람이라면 누구나 미군들이 일과 시간이 끝나면 이런 바지를 입는다는 걸 알았다. 적당한 표현이 없던 터라 히야마는 이 바지에 'G.I. 팬츠', 줄여서 '지팡'이라는 별명을 붙였고, 주위에서 널리 쓰이는 용어가 됐다.

1950년 지팡은 마루세루 전체 매출의 반을 넘어섰다. 히야마의 부인인 치요노는 1970년 『주간 아사히』에 이렇게 말했다. "우리는 그걸 300~500엔 정도에 구입해 3,200엔에 팔아요. 매장에 들여놓으면 가격표를 붙이기도 전에 팔려버리죠." 당시 남성들은 대부분 울로 만든 바지를 입었지만, 코튼으로 만든 지팡이 일본의 기후에 훨씬 잘 맞았다. 파란색은 전쟁 시기의 시민복과 미군복의 카키색 바다 속에서 유독 눈에 잘 띄었다. 작가 기타모토 마사타케의 말에 따르면, 청바지는 "승리의 파란색"처럼 빛났다.

더 많은 지팡을 구하기 위해 알아보다 히야마는 미국에서 일본에 주둔하는 미군의 가족들에게 오는 상자를 포장하는 데 가끔 찢어진 청바지가 사용된다는 사실을 알아냈다. 그들은 이런 옷을 사들였고, 바지에 뚫린 구멍을 막아줄 회사를 찾았다. 결과물은 망가진 바지를 모아 맞지도 않는 색을 이어 붙인 '프랑켄슈타인'이었지만, 이마저 금세 팔려 나갔다.

1950년대 초반이 되자 아메요코의 매장에서는 중고 지팡을 사고파는 거래가 활발했지만, 일본의 누구도 새 청바지를 살 수는 없었다. 여기에는 예외적인 유명 인사가 있었다. 엘리트 외교관 시라스 지로였다. 케임브리지에서 교육받은 사업가이자 외교관인 이 사람은 1930년대 샌프란시스코에서 지낼 때 처음으로 청바지를 알았다. 전쟁이 끝난 뒤 그는 일본과 미국 정부의 관계를 개선하는 데 중요한 역할을 했고, 더글러스 맥아더 장군의 총사령부와의

친밀함 덕에 PX에서 빳빳한 리바이스 501 새 제품을
구입할 수 있었다. 시라스는 명목상으로는 자동차를 손볼
때 입을 청바지가 필요하다고 했지만, 그는 결국 이것을
입고 살게 된다. 1951년 미국과 평화 협정을 체결하기 위해
샌프란시스코로 향하는 비행기에서 그는 곧바로 슈트를
벗어버리고 나머지 시간을 리바이스 청바지를 입고 휴식을
취했다. 1951년에 찍힌 자신이 좋아하는 편안한 옷을 입은
노신사의 사진 덕에 모든 사람들이 그의 청바지 사랑을 알게
됐다.

시라스가 입은 빳빳한 새 청바지는 마루세루에서 팔리는
다 해지고 터진 곳을 꿰맨 바지와는 전혀 달랐다. 이렇듯
일본에서는 청바지가 구하기 어려운 고가의 옷이자 블랙마켓의
지저분함을 담은 두 가지 정체성을 지니게 됐다. 이런 이중성은
1950년대 초 한국전쟁에서 도쿄의 휴식지로 미군이 밀어닥칠
때까지 지속됐다. 미군들은 군복에 국한하지 않고, 해진 청바지,
CPO 셔츠, 원색의 램스울 V넥 스웨터에 흰색 양말, 로퍼를
신고 도쿄를 돌아다녔다. 그들은 스타일리시하게 보였지만,
도시의 수상쩍은 장소를 어슬렁이는 미군들의 성향은 청바지의
평판을 더욱 복잡하게 만들 뿐이었다.

도쿄의 미국인들과 극장 영화 속 말론 브란도와 제임스
딘 사이에서 청바지는 1950년대 중반의 감각적인 일본
젊은이들의 새로운 문화적 특징이 된다. 아메요코에는
청바지나 군용품을 판매하는 '아메리카야'나 '런던' 같은 상점이
들어섰다. 미국의 청바지는 불행히도 일본인의 몸에 잘 맞지
않았다. 이 바지는 다리가 긴 미국인들에게 맞게 두꺼웠다.
청바지에 관심이 생겨 마루세루에 온 손님들은 자신과
몸집이 같은 미국인이 오래 입어 낡은 청바지와 헤어지기로

결심했기를 바랄 수밖에 없었다. 사이즈 문제를 해결하기 위해 아메요코의 매장들은 중고 청바지를 고지마의 마루오 클로싱 같은 업체에 보내 일본인의 몸에 맞게 고치기 시작했다.

1957년 일본 정부는 의류 수입에 대한 보호 무역 규제를 완화하고, 해외에서 수입하는 중고 옷에 대한 무역의 문을 열었다. 뉴스가 나오자마자 도쿄의 군용품점인 에이코 쇼지의 다카하시 시게토시는 즉시 비행기에 올라 태평양을 건너, 시애틀 교외의 세탁 업체에서 중고 청바지 2만 벌을 구매했다. 미국 청바지를 수입하는 데 이 정도 규모는 처음이었다. 다카하시가 청바지를 가지고 돌아온 직후에 새 옷 수입에 대한 규제도 느슨해졌다. 그는 곧바로 다시 비행기를 타고 미국에 가 새 리(Lee) 청바지 8만 벌에 대한 수입 계약을 체결하고, 라이벌 업체인 오이시 트레이딩은 리바이스와 매달 3만 벌의 청바지를 수입하는 계약을 맺었다.

이 계약 두 건으로 일본에는 진짜 미국 데님이 넘쳐나기 시작했다. 군용품점에서는 고객들이 진짜 미국 청바지를 덥석덥석 사가기를 기대했다. 하지만 일본의 소비자들이 깊은 인상을 받은 듯하지는 않았다. 그들은 부드러우면서 페이딩이 복잡한 물 빠진 청바지를 좋아했다. 새 청바지는 단단하고, 뻣뻣하고, 진하고, 무엇보다 불편했다. 누군가는 미국인들이 이 고문 도구로 자기들를 정복하려는 게 아닐까 의심을 품었다.

『멘즈 클럽』의 일러스트레이터 고바야시 야스히코는 당시 새로운 청바지를 구입한 일본 최초의 고객 중 하나였다. 그는 할리우드 서부영화를 보며 청바지에 강한 열망을 품었지만, 아메요코에서 살 수 있다는 사실을 알기까지는 몇 년이 걸렸다. 리바이스 청바지 한 벌을 발견한 그는 한 달 동안 사용할 미술용품을 구매하는 데 필요한 3,800엔을 몽땅 써버렸다. 단,

색이 너무 진하다고 생각했기 때문에 옆집의 부유한 부인에게
세탁기에서 가장 장시간 모드로 몇 번 돌려달라고 부탁했다.
그렇게 청바지는 색이 더 밝아졌고, 해진 모습을 흉내 내기
위해 밤새 주방용 수세미로 문질렀다. 이 일은 가치가 있었다.
고바야시는 영화에서 막 튀어나온 듯한 청바지를 입고,
1950년대 말에 신주쿠 거리를 돌아다니는 극소수의 젊은이 중
하나가 됐다.

　　초창기의 청바지는 가격이 너무 비쌌기 때문에 젊은
배우, 헌신적인 예술 전공 학생, 부유한 집안의 반항적인
10대 정도나 입을 수 있었다. 1870년대에 금광에서 거친
작업을 견디기 위해 만들어진 리바이스 청바지는 전후의
일본에서 육체 노동자들이 입기에는 너무나 비쌌다. 게다가
해외 수입품이라는 점이 청바지가 '구제 불능의 인간들'과
연관된 사실을 상쇄하지 못했다. 패션 평론가 이즈이시 쇼죠는
중학생이던 1950년대부터 청바지를 입어왔다. "청바지를
입으면 악당처럼 보였기 때문에 다들 입고 싶어했죠. 전 나쁜
일을 한 적이 없지만, 다들 절 보면 불량한 소년이 지나간다고
말했어요."

　　아메요코에 있는 마루세루의 히야마 부부는 높은 가격과
낮은 공급 때문에 청바지 장사가 제대로 돌아가지 않는다고
느꼈다. 많은 상가가 인디고 염색을 하고 가벼운 면 혼방에
5포켓 스타일로 만들어진 저렴한 복제품을 팔았지만, 히야마는
누군가 미국의 오리지널과 비슷한 느낌이 나면서 가격이
적당한 국산품을 만들어주기를 기대했다. 마루오 클로싱의
가시노가 수선을 마친 중고 청바지를 가지고 올 때마다
히야마 부부는 일본 최초의 진짜 청바지를 만들어보라고
말했다. 1964년 말 온천의 호텔에서 마루오 팀은 오자키에게

『멘즈 클럽』에 실린 미국산 청바지. 1963년 봄.

다시 요청했지만, 이제는 확신이 생길 때까지 기다릴 수가 없었다. 마루오 클로싱은 일본 최고의 청바지를 만드는 방법을 알아내야 한다. 그것만이 회사를 살릴 수 있다.

1964년 말, 청바지 생산에 뛰어들기로 결정한 뒤 마루오 클로싱의 가시노 시즈오는 마루세루로 돌아가 분해와 분석을 위해 미국 청바지를 하나 구해왔다. 분석하는 동안 가시노는 이 섬유의 낯선 디테일에 머리를 쥐어짰다. 파란색 면사가 모두 염색이 돼 있지 않았다. 다른 염료와 비교하면 인디고는 면 속까지 쉽게 스미지 못한다. 따라서 산업용 인디고 염색은 실의 속 부분은 하얗게 남겨 둔 채 표면에만 빙 둘러 파란색 고리 형태를 만드는 경향이 있다. 이 결함이 청바지 특유의 아름다움을 만드는 게 분명했다. 열심히 입고 다니다 보면 인디고에 흠이 나고, 염색되지 않은 부분이 위로 올라오면서 풍부하고 미묘한 탈색 층이 만들어졌다.

7세기부터 일본의 장인들은 인디고 염색을 해왔지만, 발효된 천연 염색약을 통에 넣고 반복적으로 실을 담근 다음 색을 산화하기 위해 실을 뒤트는 전통적인 방식은 면 섬유를 속까지 완전히 염색되게 해버렸다. 당시 일본에서는 누구도 미국산 청바지처럼 실 가운데는 하얗게 남겨두는 염색은 할 수 없었다. 가시노는 샴브레이 같은 가벼운 천으로 청바지를 만들려 했지만 히야마가 호통을 쳤다. "안 돼요. 조금 더 신중하게 연구해서 어떻게 하면 미국인들이 만드는 청바지와 똑같은 걸 만들 수 있는지 알아내봐요." 다른 선택지가 없었다. 미국에서 원단을 수입해야 했다.

관료들과 연결된 채널 덕에 가시노는 한때 리바이스의 수입사였던 오이시 트레이딩이 이제 막 미국의 데님을 수입할 독점적 권리를 획득했다는 소식을 들었다. 오이시 데츠오

사장은 노스 캐롤라이나주에서 리바이스에 원단을 공급하는 콘 밀스(Cone Mills)의 데님을 들여오는 데는 실패했지만, 호의적인 무역 파트너인 조지아주의 칸톤 밀스(Canton Mills)를 찾아냈다. 1964년 오이시 트레이딩은 '칸톤'이라는 브랜드로 일본 시장용 청바지를 생산하기 위해 도쿄에 봉제 공장을 만들었는데, 마루오에게는 운이 좋게도 데님이 남아 있었다. 마루오 클로싱은 오이시와 계약을 맺어 일본 관서 지역에서 칸톤 청바지를 생산하고 판매하기로 했다. 계약서에 서명하고 현금 뭉치를 전달한 뒤인 1965년 2월, 3,000야드의 뻣뻣한 14.5온스 데님이 고지마의 마루오 클로싱 공장에 도착했다.

하지만 마루오의 열성적인 재봉사들이 데님에 재봉질을 하려 했지만, 미쓰비시(Mitsubishi)와 주키(Juki) 재봉틀은 이 단단한 섬유에 싱글 스티치를 박을 수도 없었다. 마루오의 사장은 재봉틀의 바늘을 바꾸고 다른 방식을 시도했다. 하지만 어떤 방법으로도 이 뻣뻣한 칸톤 데님을 뚫을 수 없었다. 조사 끝에 오자키는 유니언 스페셜 재봉틀 세트를 미국에 주문했다. 하지만 또 다른 특별함이 필요하다는 사실을 깨달았다. 오렌지색 스티치용 실, 청바지의 내구성에 가장 중요한 요소인 구리 리벳, 금속제 지퍼 같은 것 말이다. 그들은 칸톤 밀스로 되돌아가 더 많은 실을, 탈론(Talon)에 지퍼를, 스코빌(Scovill)에 리벳을 주문했다. 결국 일본에서 아메리칸 스타일의 청바지를 만들기 위해 마루오 클로싱은 재봉틀을 포함한 모든 자재를 미국에서 들여왔다.

1965년 중반 마루오는 '칸톤'이라는 브랜드명이 붙은 최초의 청바지를 생산했다. 가시노와 오시마는 예하의 소매점을 돌았지만, 전 세대의 수입업자들이 만난 것과 같은 저항과 마주했다. 일본의 소비자들은 로 데님(Raw Denim)의 느낌을 싫어한다. 미국에서 수입된 중고 청바지는 1,400엔이었고, 새 청바지는 800엔이었지만, 중고 청바지가 열 배쯤 많이 팔렸다.

확실한 방법은 청바지를 한 번 세탁기에 돌려 부드럽게 만들고 색을 빼는 것이었다. 하지만 일주일 내내 열심히 돌리고 나면 모든 세탁기가 고장이 나버렸다. 가시노는 이 작업을 고지마 인근의 세탁업체에 위탁하려 했고, 보통의 두 배 가격을 지불했지만, 세탁기들은 대부분 망가져버렸다. 분노한 업체 주인을 달래기 위해 마루오 클로싱은 세탁기를 모두 새로 구입해 건물의 모든 빈 구석에 설치했다. 이제 봉제 공장에서는 세척 작업보다 두 배의 일을 처리하고 있었다. 세탁기들이 증가하는 부하를 처리하지 못하자 직원들은 물로 채워진 뒷마당의 도랑에 청바지를 던져 넣은 다음 바위와 기둥에 걸어 건조했다.

칸톤의 '원 워시' 청바지는 판매율이 높았지만, 초창기부터 분투하던 교복 사업을 대체하지는 못했다. 회사는 '지팡'이라는 열성적인 틈새시장을 대량 소비 트렌드로 바꿔놓을 필요가 있었다. 오카야마 동향이자 또래인 이시즈 겐스케의 성공은 VAN 재킷이 그랬던 것처럼 젊은이들을 직접 대상으로 잡아야 한다는 영감을 줬다. 마루오의 오시마 도시오는 아이비가 중요한 시장을 남겨뒀다고 믿었다. "미국인들은 캠퍼스에서 치노 팬츠보다 청바지를 더 많이 입는데, VAN 재킷은 치노 팬츠만 팔았죠." 이시즈는 먼저 도쿄의 스타일을 결정하는 신주쿠의 백화점 이세탄을 설득해야 한다고 말했다.

하지만 이세탄과의 만남은 재앙이었다. 바이어들은 마루오의 원 워시 청바지를 보자마자 혁했다. "잠깐, 바지를 세탁한 건가요? 우리는 새 제품만 팝니다. 대체 무슨 생각을 하시는 거예요?" 회의가 끝날 무렵 바이어는 경멸에 가득 찬 얼굴로 바지를 바닥에 던져버렸다. 이세탄에서 쫓겨난 가시노는 라이벌 백화점인 세이부를 찾았지만, 한 번 세탁한 바지를 판매한다는 점에 같은 우려를 표했다. 칙칙한 미군용품점에나 있는 제품을 백화점에 들인다는 점 또한 망설였다.

같은 시기에 마루오 클로싱은 전통 소매업자들에게 저격을 당하고 있었다. 새로운 경쟁자는 도쿄에서 온 '에드윈(Edwin)'이라는 청바지 브랜드였다. 설립자인 쓰네미 요네하치는 미국에서 중고 청바지를 수입하는 미군용품점을 운영하고 있었다. 마루오가 칸톤과 일을 시작하자 쓰네미는 에드윈으로 일본산 청바지를 만들려는 계획에 박차를 가했다. 쓰네미는 에드윈이 '데님'의 'M'을 위아래로 뒤집어(또는 당시 미국 대사였던 에드윈 라이샤워의 이름에서 유래했을 가능성도 있다.) 몇 가지 단어를 섞었다고 주장했지만, 마루오 클로싱은 이 이름에 브랜드를 과시하려는 공격적인 욕망이 있다고 여겼다. 즉, 에도는 도쿄의 옛날 이름이고, 여기에 'win'을 붙여 일본 관서 지역 시장에서 승리하겠다는 뜻을 넣었다는 것이다.

백화점들을 만족시키고 에드윈에 대한 우위를 유지하기 위해 마루오 클로싱은 오리지널 청바지 브랜드를 만들기로 한다. 그들은 노스 캐롤라이나의 콘 밀스에 폐기된 것, 길이가 짧은 것, 2등급 제품 등 뭐든 보내달라고 설득했다. 일단 공급선이 확보되자 기억하기 쉬운 이름을 고민하기 시작했다. 당시 가시노에게는 니산, 브리지스톤, 기린같이 훌륭한 브랜드명은 'n' 소리로 끝난다는 믿음이 있었다. 또한 당시 일본의 브랜드들은 창립자의 이름을 이국적으로 들리게

하는 식으로 브랜드명을 만들었는데, 예컨대 위스키 브랜드 산토리(Suntory)는 창립자 토리이 신지로의 '토리이상'에서 나왔다. 이런 기법을 활용해 오시마와 가시노는 오자키의 성인 '고타로'를 다양하게 변화시키며 연구했다. '코(고)'라는 소리가 일본어에서는 작은 캐릭터를 묘사하는 데 많이 쓰이고, 타로와 비슷한 느낌의 영어가 '존'이었기 때문에 '리틀 존' 청바지라는 이름을 만들었다. 하지만 사장의 키가 149센티미터였고, 이 점을 놀리고 싶지는 않았기 때문에 결국 '빅존(Big John)'으로 결정했다. 진짜 미국 청바지 브랜드처럼 들렸고 '빅 존' 케네디(존 F. 케네디) 또한 연상됐다.

1967년 마루오 클로싱은 스트레이트 핏에 방축 가공*한 청바지인 '빅존 M1002'을 출시한다. 바지에 붙은 종이 태그에는 '진짜 웨스턴 청바지'라는 약속과 로데오를 마치고 황소에서 내린 남성의 모습이 드러난다. 적어도 여기서 일본의 젊은이 대부분에게 빅존 청바지는 미국의 서부에서 밀수입된 것처럼 보였다. 출시하자마자 활발히 판매되기 시작했고, 세이부는 일본에서 청바지를 판매하는 최초의 백화점이 됐다. 한때 잘난 척하던 이세탄은 몇 달 뒤에 무안해하며 프리 워시한 제품을 주문할 수 있는지 요청해왔다.

적당한 가격 덕에 젊은이들은 빅존 청바지를 쉽게 구입할 수 있었다. 하지만 1967년 패셔너블한 도쿄의 10대들은 대부분 아메리칸 아이비와 유러피안 콘티넨탈이라는 두 시대의 룩을

---

* 프리슈렁크(Preshrunk). 처음 세탁한 후 줄어들지 않게 처리한 청바지. '샌포라이즈드(Sanforized) 데님'으로 부르기도 한다. 이와 대비되는 슈링크투핏(Shrink-To-Fit) 또는 언샌포라이즈드(Unsanforized)는 방축 가공 처리를 하지 않아 최초 세탁시 10퍼센트 정도까지도 줄어든다.

고수했다. 청바지가 VAN 재킷처럼 영향력을 발휘하려면
마루오 클로싱에는 새로운 브랜드명보다 더 큰 사건이
필요했다. 즉, 혁명이었다.

VAN 재킷이 『테이크 아이비』에서 미국 동부 지역 캠퍼스를
기록하고 몇 달 뒤 영화 속 미국의 캠퍼스들은 급진적 문화
실험과 반전 시위의 온상으로 변해 있었다. 학생들의 버튼
다운 칼라 셔츠와 주름 없는 카키색 바지, 매끄러운 비탈리스
헤어스타일 등 깔끔한 차림은 정치적 슬로건이 적힌 티셔츠와
해진 청바지, 헝클어진 머리로 흐트러지기 시작했다. 고립된
캠퍼스의 사고뭉치들은 좌파와 평화주의자 운동, 환각 물질을
지지하고 비물질적인 삶으로 돌아가자는 보헤미안 등의
총체적이고 전국적인 반체제 문화에 쓸려 들어갔다.
    일본의 젊은이들은 그즈음 비슷하면서도 훨씬 덜한
심리적 변화를 겪고 있었다. 헌법에 따라 전쟁을 포기한다는
조항 덕에 일본인들은 베트남에서 미국을 돕기 위해 징집을
당하지 않았다. 아주 극소수의 사람들만이 오락용 마약을
구할 수 있었고, 이 나라의 소비 사회는 반물질주의의 역풍이
정당화되기에는 너무 초기였다. 하지만 불복종의 분위기는
흘렀다. 급진적인 젊은이들은 일에 사로잡힌 일본의 생활
방식에 등을 돌렸고, 우익이 중심이 된 현재의 상황에
도전했다. 하위문화들은 서로 다른 목표를 추구했지만, 모두
반항적인 옷을 좋아했다. 청바지였다.
    당시 일본에서 가장 커다란 반체제 문화는 마르크스주의
학생운동이었다. 청년운동은 1960년 미일 안전 보장 조약에
반대하는 수십만 명이 국회의사당 앞에 결집하면서 처음
폭발했다. 1960년대가 흐르며 엘리트 대학 캠퍼스에서는 많은

신주쿠역 철로 학생 시위. 1968년 10월.

좌파 학생 조직들이 형성돼 일본 공산당보다 더 좌파적인 방향을 잡았다. 마르크스주의 종파들은 경찰과의 전투를 위해 '게바보'라는 긴 나무봉으로 무장하고, 때때로 화염병을 들고 거리로 나갔다. 학생 혁명은 초창기의 몇 번의 충돌 이후, 1967년 8월 베트남전쟁을 추가로 지원하겠다는 약속을 하기 위해 미국에 가려는 사토 수상에 반대해 하네다 공항에서 시위가 벌어지면서 총력전이 됐다. 정치 운동은 등록금 인상 반대 시위와 결합돼 있었기 때문에 1년 내내 지속된 전공투의 유명한 도쿄 대학 야스다 강당 점거를 비롯해 학생운동은 일본 전역에서 대학 건물을 점령하기 시작했다.

마르크스주의자 학생들 또한 도심에서도 무장투쟁을 벌였다. 신주쿠는 토요일 밤이 되면 정치적 시위의 현장이 됐고, 필연적으로 폭동을 진압하려는 경찰과 싸움이 벌어졌다. 최루탄 가스가 가득 찬 충돌은 퇴폐로 유명한 지역의 명성을 더할 뿐이었다. 신주쿠는 오랫동안 밤을 밝히는 유흥의 최종 목적지로 긴자와 라이벌 관계를 유지했다. 긴자가 서유럽이자 놀랍도록 눈부셨다면, 신주쿠는 흐릿한 러시아풍 분위기의 어둠 속에 있었다. 1950년대 신주쿠의 술집에 일본의 비트족과 실존주의자가 모여 있었다면, 1960년대 중반에는 뒷골목에 모던 재즈와 고고 클럽이 가득했다. 외국에서 '사이키델릭 운동'이라는 말이 들어오면서 'LSD'나 '언더그라운드 팝' 같은 이름을 붙인 수많은 지하 술집이 등장했다.

1967년에는 새로운 10대들이 나타나 신주쿠역 동쪽을 점령했다. '배거본드족' 또는 '후텐족'으로 부르는 노숙자 청년들이었다. 동료 마르크스주의자들과는 달리 배거본드족은 정치적 투쟁에 참여하지 않았다. 그들은 단순히 낙오했다. '그린 하우스'로 부르는 관목 숲 주변에 모여 앉아 친구들에게 담배를 엇거나 덤불 속에서 연인과 밀회를 즐겼다. 돈이 필요하면 가끔 일용직 일을 했다. 일본에는 LSD가 없고, 마리화나도 거의 없었기 때문에 의사의 처방전이 필요한 수면제, 진정제, 생리통 완화제 등을 섞어 복용했다. 비닐봉지에 시너를 넣고 들이마시는 고약한 습성도 있었다. 『뉴욕 타임스』는 여기에 한 가지를 덧붙였다. "후텐족은 모두 고고 댄스 전문가라고 한다."

배거본드족을 '히피에 대한 일본의 화답'으로 부른다면 간단할 수도 있다. 하지만 '히피족'이라는 또 다른 무리가 있었다. 후줄근하고, 고립돼 있고, 재즈를 좋아하는 후텐족과 달리 일본의 히피족은 보헤미안의 정체성을 미국에서 직접 들여왔다. 히피족은 미국 록을 듣고, 교외의 집단농장으로 이주하기를 꿈꿨다. 하지만 후텐족은 신주쿠 바깥 어디로든 갈 계획이 없었다.

두 그룹의 전성기에는 매일 밤 신주쿠역 근처에 덥수룩한 10대 2,000여 명이 모여들었다. 하드코어한 히피족은 이들 중 20퍼센트 정도였지만, 주말마다 츠텐(신주쿠역에서만 누더기 옷으로 갈아입는 후텐족을 뜻하는 말장난)과 합류했다. 일러스트레이터이자 젊은이의 문화를 기록하는 고바야시 야스히코는 "일본의 히피족은 대부분 사회적 관습에 순응해야 하는 처지였어요. 많은 사람이 특정 지역에서만 한정되는 히피가 됐죠. 친구들과 있을 때는 히피족이지만, 거기에 도착하기 전까진 아주 평범했어요."라고 설명했다.

주변부에 머물렀음에도 신주쿠의 반체제 문화는 지역의 스타일에 큰 영향을 미쳤다. 가장 큰 관심을 받은 청바지는 불평 많은 무리의 공통 요소였다. 패션 비평가 우라베 마코토는 "청바지는 젊은이들의 힘을 과시하는 난폭함을 표현하면서 입기에 딱 들어맞는 옷이었습니다."라고 회상했다. 후텐족과

히피족은 미국의 비슷한 문화에서 티셔츠, 더러운 청바지, 샌들 등 기본적인 착장을 빌려왔다. 급진적인 좌파들은 여기에 튼튼한 신발, 경찰의 카메라와 최루탄으로부터 얼굴을 가릴 수건, 소속을 표시하는 로고와 색칠한 안전모 등 조금 더 '전투'에 적합한 액세서리를 더했다.

일본의 반체제 문화는 미국처럼 불어나지는 않았다. 하지만 문화적 선두에서의 역할에서는 신주쿠의 젊은이들을 말끔히 다려진 치노 팬츠에서 임시변통을 위한 옷이라는 어떤 지점으로 이동시켰다. 1965년 VAN 재킷 매장을 들르던 트렌디한 소비자들은 이제 미군용품점에서 청바지를 샀다. 정치적이고 문화적인 반란은 청바지 시장을 넓혔다. 1966년에는 200만 벌이 팔리던 청바지가 1969년에는 700만 벌이 팔린다.

반체제 문화의 성장은 일본의 급진파에 사상적으로 공격받던 아이비에도 영향을 미친다. 불안해하는 혁명적 마르크스주의자들은 미국을 가장 큰 적으로 보고, 베트남전쟁을 설계한 미국의 엘리트들이 버튼 다운 셔츠를 입고 있다는 점에 주목했다. 언더그라운드 극장에서는 정치로 충만한 시대에 무의미한 비정치적 기업으로 VAN 재킷을 혹평했다. 반문화 극작가 데라야마 슈지의 연극 「책을 버려라, 거리로 뛰어나가라!」에 등장하는 인물은 이렇게 선언했다. "우리는 VAN 재킷의 옷을 스포츠카 시트 너머로 던져놓고, 이시즈 겐스케의 『남성 스타일을 위한 현실적 가이드』를 주머니에 숨긴, 부유한 가정에서 나온 타락한 아이들을 증오한다."

게다가 아이비는 당시의 혼란과 달리 고루해 보였다. 아이비가 반항을 상징하던 시절은 지나갔고, 이제는 전통적인 패션을 대표하게 됐다. 사다스에 요시오는 "아이비는 마침내 '교사와 학부모가 안심하는 패션'이 됐죠. 입고 있으면 아버지와 어머니가 가장 안심하는 옷이었거든요."라고 말했다. 아이비를 들여온 사람들조차 다른 스타일과의 연계를 다시 생각하게 됐다. 구로스 도시유키 또한 마찬가지였다. "제가 아이비를 입을 때 이건 반체제의 상징이었어요. 하지만 아이비의 모델인 미국이 타락해버렸죠. 저로선 실망감을 감출 수가 없었어요."

마루오 클로싱은 미국의 문화를 받아들인 10대들이 치노 팬츠를 입듯 청바지를 입기를 바랐다. 하지만 1960년대 말 10대들은 청바지를 아이비 스타일에 대한 가장 강력한 해결책으로 삼았다. 미국의 주도권에 대한 일본 젊은이들의 반항에는, 역설적이지만, 역사상 가장 상징적인 미국산 옷을 입는 일이 포함됐다. 이런 위선에도 아무도 일본의 전통적인 의복으로 되돌아갈 생각은 하지 않았고, 패션 산업은 미국 동부보다 훨씬 더 우아하고 부르주아적인 유럽에 초점을 맞췄다. 1960년대 말 젊은이들의 패션에는 아이비와 히피라는 극단적인 지점이 있었는데, 모두 클래식한 미국의 아이템을 구체화한 결과였다.

일본의 청바지 브랜드 빅존, 칸톤, 에드윈, 빅스톤(Big Stone)은 카우보이와 미국의 서부를 연결 고리로 삼았다. 하지만 1960년대가 끝날 무렵 반문화적인 캘리포니아의 햇빛과 즐거움이 떠오르는 광고를 선보였다. 건강한 얼굴의 서퍼 분위기로 시작하는 광고는 미국 서부의 캠퍼스에서 유치한 색의 진을 입고 장난치는 모습을 보여준 뒤 진짜 히피 모델을 기용해 샌프란시스코 깊숙한 반문화를 소개했다.

소도시 고지마에서 히피들은 완벽히 외계인처럼 보였겠지만, 문화적 격차에도 빅존은 젊은이들의 반란을 미국의 실제 히피를 기용한 빅존의 광고. 1960년대 말.

포용하며 성공적인 비즈니스 전략을 구사했다. 1970년에는 일본의 브랜드가 미국 수입품보다 네 배를 더 팔고, 한때 추락하던 오자키의 교복 회사는 1위 자리를 차지한다. 마루오 클로싱은 반문화 덕에 살아났지만 걱정거리가 있었다. 과연 청바지는 급진파를 넘어 성장할 수 있을까.

히피와 좌파가 일본의 청바지 시장에서 중요한 시작을 만들었지만, 진짜 주류에서 성공하려면 청바지에 열광적인 그룹에서 독립할 정체성이 필요했다. 빅존과 다른 브랜드들에는 운 좋게도 일본의 청년 반란이 1970년대 초반에 극적으로 소멸됐다.

이는 경찰의 진압이 증가했기 때문이기도 하다. 가장 상징적인 사건은 1970년 2월 록 뮤지컬 「헤어(Hair)」의 일본인 배우들이 마리화나 소지 혐의로 경찰에 체포된 일이다. 그 뒤 경찰은 신주쿠의 그린 하우스를 쓸어버리고, 남은 하드코어 히피족은 도쿄를 떠나 버려진 섬에서 공동체를 조직했다.

그다음 목표는 학생운동이었다. 1970년 3월 31일, 일본 신좌파의 전투적인 분파인 적군파(赤軍派) 단원들이 도쿄에서 후쿠오카로 떠나는 비행기를 납치했다. 사무라이 칼, 권총, 다이너마이트로 무장한 그들은 마르크스주의 '동맹'인 북한으로 가자고 요구했다.

이 사건은 학생운동의 폭력에서 새로운 국면이 됐는데, 사상자들은 대부분 라이벌 좌파 파벌과의 다툼에서 발생했다. 이런 균열로 이미 망가져가던 정당성 문제와 함께 학생운동은 서서히 사라졌다. 좌파에 대한 대중의 지지는 1972년 2월 '연합 적군'으로 부르는 조직이 아사마 산장에 몸을 숨기고 경찰과 교전을 벌인 사건에서 완전히 무너졌다. 전국에 생중계된

이 사건에서 급진주의자들은 시민 한 명과 경찰관 두 명을 살해했다. 사람들은 충격에 빠졌지만, 정말 소름 끼치는 소식은 아직이었다. 사건에 대한 조사에서 조직의 리더는 사건 일주일 전 사상 교육이 제대로 되지 않았다는 이유로 멤버 중 열네 명을 살해했다는 사실을 인정했다. 아사마 산장 사건 이후인 1972년 5월에 발생한 이스라엘 로드 공항 사건에서는 스물여섯 명이 죽었다. 학생 그룹은 그들이 반대해오던 보수 세력보다 훨씬 사악해 보였다. 하룻밤 사이에 젊은이들의 정치적 열망은 사라져버렸다.

극단적인 정치적·문화적 요소가 사라져버리자 대중에게는 간편하고 견실한 옷, 기본으로의 회귀 등 더 온건한 1960년대의 미학이 받아들여진다. 여기서 청바지는 가장 큰 혜택을 받았다. 1971년에 1,500만 벌이라는 놀라운 수치가 팔렸는데, 1973년에는 4,500만 벌로 세 배가 된다. 여기에 사용된 데님을 이으면 달까지 아흔 번이나 왕복할 수 있는 양이다. 성공의 열쇠는 나팔바지였다. 남성에게는 스트레이트와 슬림 컷이 어울렸지만, 플레어 바지는 남녀 모두에게 잘 어울렸다. 청바지 시장은 두 배로 성장했다.

마루오 클로싱의 빅존이 만들어낸 성공은 고지마의 다른 업체로도 퍼져나갔다. 1970년대 초에 마루오 클로싱의 매출은 콘 밀스에 깊은 인상을 줬고, 고급 데님의 안정된 공급을 약속받는다. 1971년 마루오의 사장 오자키 고타로는 야마오 클로싱 인더스트리(Yamao Clothing Industry)에서 일하던 동생을 불러 저가 청바지 라인인 봅슨(Bobson)을 론칭한다. 에드윈의 청바지를 재봉하던 가네와 클로싱(Kanewa Clothing)은 2년 뒤 청바지 브랜드 존불(John Bull)을 내놓는다. 한때 교복 생산으로 유명하던 이 도시는 이제 일본의 거의 모든 청바지를 만들게 됐다. 하지만 이런 경쟁에도 브랜드들의 제품은 거의 비슷했다. 존불의 직원이었다가 캐피탈(Capital)을 설립한 히라타 도시키요는 "브랜드를 구별하는 방법은 뒷주머니의 스티치 디자인을 보는 것밖에 없었어요."라고 불평했다.

고지마는 일본에서 재봉한 청바지 생산을 늘려갔지만, 데님 의류를 만들기 위한 미국의 공급 루트가 고갈되기 시작했다. 미국 남부의 공장에서 시작된 노동 분쟁 때문에 선적은 미뤄지거나 부족했고, 일본의 청바지 제조사가 주문을 놓치는 원인이 됐다. 오카야마와 근처 히로시마의 후쿠야마에는 직조 공장과 인디고 염색 공장이 많았고, 이들은 분명히 직물을 공급하는 대안이 될 수 있을 듯했지만, 일본의 어떤 회사도 여전히 청바지 데님을 만드는 방법을 몰랐다.

일본의 직조 공장과 염색 공장은 1960년대 내내 저렴하지만 품질이 좋은 원단을 세계 시장에 팔았다. 하지만 1970년 닉슨 행정부가 일본에 미국 남부 섬유 공장들의 상처가 회복될 때까지 수출 속도를 늦춰달라고 요청하면서 이런 구조는 갑자기 끝나버렸다. 닉슨은 금본위제를 폐기했고, 이에 따라 인위적으로 달러당 306엔에 맞춰진 엔화는 달러당 360엔으로 치솟는다. 미국이 문을 닫고 제품가가 올라가자 일본의 직물 공장들은 사업의 95퍼센트를 차지하던 수출에 기댈 수 없게 됐다. 이제 고지마에서 데님은 반드시 개척해야만 하는 내수 시장이 됐다.

닉슨 쇼크 즈음 빅존은 근처의 직물 공장인 구라보(Kurabo, 구라시키 보세키, 구라시키 방적)와 일본산 데님을 만들기 위해 협업을 시작했다. 이들은 리바이스의 스트레이트 레그 지퍼 청바지 505를 만들 때 사용하는 콘

밀스의 14.5온스 프리슈렁크 데님인 '686'에 대항할 제품을
만들고 싶었다. 처음에 구라보는 일본에는 알려지지 않은
두꺼운 면 실을 방적하기 위해 기계 설비를 교체해야 했다.
그리고 미국의 데님처럼 가운데를 하얗게 남긴 인디고 염색을
할 수 있는 회사를 물색했다.

　　결국 구라보는 제국주의 시대부터 공인된 염색 기술자이자
1893년부터 전통적 기모노에 사용되는 직물인 가스리를
짜온 히로시마의 후쿠야에 있는 가이하라(Kaihara)에 도움을
요청한다. 가이하라는 전쟁이 끝난 뒤 이슬람 국가에 인디고
염색을 한 사롱*을 수출하는 틈새시장을 찾아냈다. 하지만
1967년 영국이 예멘을 떠나면서 아덴의 수입업자와의
거래가 틀어진 참이었다. 콘 밀스가 '로프 염색'이라는 방식을
사용한다는 이야기를 별생각 없이 듣고 난 뒤 사장의 아들인
가이하라 요시하루는 회사의 장인들과 함께 인디고를 담은
통에 실을 넣었다 뺐다 하며 움직이는 기계를 디자인했다.

　　가이하라가 만들어낸 색은 오리지널처럼 보였고, 구라보의
신제품 데님 KD-8은 콘 밀스와 같아 보였다. 수입한 부자재로
만든 칸톤 청바지를 내놓은 지 8년 만에 마루오는 빅존
브랜드로 모든 재료를 지역에서 수급하는 일본산 청바지를
만들 수 있게 됐다. YKK는 지퍼를 공급하고, 미쓰비시와
주키는 두꺼운 데님을 다룰 수 있도록 재봉틀을 개조했다.
구라보는 KD-8을 리바이스의 밥 하스 주니어(Bob Haas,
Jr.)에게 선보이고, 결과물을 칭찬한 그는 극동 지역 영업에
사용할 원단 50만 야드를 구입했다.

　　청바지의 시조인 리바이스가 수입 상황을 주시하며

　　* 남녀 구분 없이 허리에 둘러 입는 천.

일본에서 사업을 확장하지 않는 사이, 미국의 라이벌들은 조금씩 움직이기 시작했다. 오랫동안 데님을 수입해온 호리코시(Horikoshi)는 1972년 리 재팬을, VAN 재킷은 섬유 제조업체 도요보(Toyobo)와 무역 회사 미쓰비시와 파트너 계약을 맺으면서 1972년 랭글러(Wrangler) 재팬을 만들었다. 1970년대 중반 일본의 소비자들은 빅존, 봅슨, 베티 스미스(Betty Smith), 비존(Bison), 존불, 에드윈 같은 일본산 미국풍 청바지부터 리바이스, 리, 랭글러 같은 미국의 진짜 헤리티지 브랜드까지 다양한 청바지를 구입할 수 있게 됐다. 1950년부터 1975년까지 25년 동안 일본의 청바지 시장은 미군이 입던 더러운 청바지 같은 형편없는 쓰레기에서 어디서든 구할 수 있고 경쟁력 있는 소매 네트워크로 탈바꿈했다. 1973년 초, 구로스 도시유키는 이렇게 말했다. "청바지는 '스타일이 됐다.' 또는 '널리 입는다.' 같은 영역을 벗어났습니다. 사람들이 '청바지 세대'로 부를 만큼 우리의 현대 문화에 완전히 뿌리내렸죠." 빅존은 시장을 선점한 이득을 다시 투자해 오랫동안 리더의 자리를 지켰다. 1976년에 150억 엔(2015년 기준 2억 1,000만 달러) 가까이 청바지를 판매했는데, 같은 해에 에드윈은 65억 엔(2015년 기준 9,000만 달러), 리바이스 재팬은 56억 엔(2015년 기준 7,800만 달러)을 판매했다.

1970년대에 청바지가 남아돌면서 일본의 젊은이들은 더 이상 청바지 한 벌을 사기 위해 월급을 몽땅 써버릴 필요가 없었다. 이제 10대들은 청바지 대여섯 벌 정도는 살 수 있었다. 작은 도시를 포함해 일본 전역에 청바지 전문점과 데님 수선집이 생겨났다. 데님에 대한 꾸준한 수요는 오카야마와 히로시마에 커다란 이익을 안겼고, 인디고 염색 공장, 면 제조 공장, 봉제 공장에 새로운 생명을 불어넣었다. 스물두 살 아래의 모든 사람에게는 청바지가 필요했고, 이제 일본은 청바지를 자급할 수 있게 됐다. 청바지 시장이 다양해지면서 해진 모습의 청바지 수요도 늘었다. 이에 따라 고지마 주변에는 로 데님에 워싱, 표백, 긁힌 자국을 만드는 새로운 산업이 만들어졌다.

일본에 청바지가 완전히 받아들여지는 마지막 장벽은 모순적이게도 미국이었다. 1977년 5월, 쉰여섯의 오사카 대학의 부교수 필립 칼 페다(Philip Karl Pehda)는 청바지를 입고 강의실에 들어온 여학생을 향해 소리쳤다. "청바지 입은 여성은 여기서 나가세요!" 학업에 부적절한 옷을 입었다는 게 이유였다. 학생은 행정실에 성질 고약한 교수에 대한 공식적인 불만을 제기했다. "왜 여자는 캠퍼스에서 청바지를 입으면 안 되나요? 남자들은 입잖아요." '청바지 논란'으로 부르는 이 사건은 몇 주 동안 일본을 점령했다. 안티 청바지 입장을 조금도 굽히지 않던 페다 교수는 『재팬 타임스』에 이렇게 말했다. "여성은 일류 여성이 돼야 합니다. 수업 시간에 청바지를 입은 여성은 이류입니다." 이 미국인은 홀로 이런 입장에 서 있었다. 다른 교육자들은 대부분 청바지를 입은 젊은 여성의 편에 섰고, 전국의 학교는 여성들도 청바지를 입을 수 있도록 교칙을 수정했다. 청바지가 처음으로 수입된 지 20년이 지나고, 빅존의 첫 청바지에서 10년이 지난 뒤 미국에서 들어온 파란색 바지는 공식적으로 국가의 의복으로 문서화됐다.

5. 미국 카탈로그

1969년 8월, 우드스탁 음악 페스티벌이 끝난 이튿날
일러스트레이터 고바야시 야스히코와 『헤이본 펀치』의 편집자
이시카와 지로는 뉴욕의 더블데이 서점에 들어갔다. 한쪽
벽면은 한 잡지로 가득했다. 잡지의 표지는 검은 우주 공간에
달과 함께 떠 있는 '푸른 구슬' 지구의 사진이었다. 제호는 『홀
어스 카탈로그: 도구를 향한 접근(Whole Earth Catalog:
Access to Tools)』이었다. 처음에는 둘 다 몰랐지만, 이 잡지는
1970년대 일본 패션의 형태를 만들었을 뿐 아니라 모든 일본
잡지의 모습을 영원히 바꿔놓는다.

　『홀 어스 카탈로그』는 미국의 예술가이자 운동가 스튜어트
브랜드(Stewart Brand)가 쓰고 편집한 자급 커뮤니티를 위해
필요한 도구에 대한 안내 책자였다. 브랜드는 사람들이 잡지로
'자기 자신을 교육하고, 자신만의 영감을 찾고, 자신의 환경을
조성하고, 관심을 보이는 사람들에게 자신의 모험을 공유해'
개인의 능력이 발전하기를 바랐다. 고바야시와 이시카와는
내용을 훑어봤지만 도무지 이해할 수 없었다. 왜 이렇게 질
나쁜 종이에 인쇄했을까? 왜 일본의 싸구려 만화책처럼
흑백으로만 돼 있을까? 왜 다른 카탈로그에 있는 걸 그대로
가져다 다시 인쇄한 부분이 있을까? 고바야시는 책을 다시
책장에 올려둘 수밖에 없었다.

　이 잡지는 해외의 문화와 패션을 일본의 미디어에서
실시간으로 다루기 위해 최초로 시도한 고바야시의
칼럼 「삽화를 넣은 르포」 취재 여행에서 본 것 중 가장
혼란스러운 물건이었다. 고바야시는 외국의 사진을 찍는
대신 일러스트레이션을 그리고 짧은 에세이를 덧붙였다.

첫 번째 미국 여행 중 고바야시 야스히코. 1967년.

두 사람은 1967년 9월, 일본이 아직 다루지 않은 반문화의 미국을 관통하며 칼럼을 시작했다. 그들은 샌프란시스코의 하이트 애시베리 지역에서 히피를 만나고, 맨해튼의 이스트 빌리지에서 사이키델릭 혁명을 경험하고, 할렘에서 흑인 민족주의자와 밥을 먹었다. 이 기사로 일본의 젊은이들뿐 아니라 필자 자신들조차 외국의 또래가 지닌 자유분방한 취향을 따르게 된다. 1967년이 끝날 무렵 고바야시와 이시카와는 아이비의 버튼 다운 드레스 셔츠를 벗어버리고, 머리가 아무렇게나 자라도록 내버려두기 시작했다.

이듬해 고바야시와 이시카와는 유럽으로 여행을 떠났다. 일본 젊은이들 사이에서 콘티넨털 스타일에 대한 관심이 증가했기 때문이다. 런던에서 그들은 긴 머리에 창백한 피부, 어두운 선글라스에 퀴퀴한 냄새가 나는 오래된 옷을 입은 유령 같은 히피들을 목격했다. 파리에서는 독자들에게 생제르맹데르페 주변을 서성이는 더블 브레스트의 감색 블레이저를 입은 프레피 룩의 학생들을 소개했다.

1969년 고바야시와 이시카와는 칼럼을 위해 미국으로 돌아가보는 게 적절한 일인지를 두고 의논했다. 일본에서는 마르크스주의 학생운동이 만개했고, 베트남전쟁은 정치에 관심이 없는 사람들 사이에서도 미국의 이미지를 훼손하고 있었다. 1968년 NHK 여론 조사에 따르면 일본인 31퍼센트만이 미국을 좋아한다고 답했다. 전후 1964년에 가장 높았던 49퍼센트에 비하면 크게 떨어졌다. 같은 조사에서 응답자의 13퍼센트만 미국으로 여행을 가고 싶다고 대답했고, 30퍼센트는 유럽으로 여행을 가고 싶어했다.

고바야시는 미국에 대한 적개심을 이해할 수 있었다. 그는 재즈와 하와이안 뮤직 같은 미국 문화를 사랑했고, 많은 주말을 요코스카의 해군 기지 근처에서 미군들과 맥주를 마시며 보냈다. 그는 동시에 아시아에 미군이 주둔한다는 사실을 경멸했다. "낮에는 '집으로 돌아가라, 미국놈들아!'라고 외치고, 밤이 되면 미군들과 파티를 벌였죠. 완전히 모순된 삶이었어요."

하지만 고바야시의 1967년 첫 번째 미국 여행에서 그도 동의하던 정치적, 문화적 변화를 요구하는 수많은 젊은 미국인들을 확인했다. 고바야시와 이시카와는 결국 1969년 여름 몇 주 동안 뉴욕에서도 가장 급진주의를 밀어붙이는 곳으로 돌아가보기로 결정했다. 이런 변화에 대한 자료를 검토하다가 고바야시는 미스터리한 『홀 어스 카탈로그』에 단서가 있을지 모른다는 생각을 하게 되었다. 제대로 이해하지는 못했지만, 잡지가 새로운 미국을 위한 청사진 같은 게 아닐까 추측했다. 그는 여행 마지막 날 더블데이 서점으로 돌아가 잡지를 구입했다.

『홀 어스 카탈로그』의 형태가 고바야시를 혼란스럽게 했다면 내용은 더 이해가 되지 않았다. 초기의 일본 대중문화 개척자들은 재즈, 로큰롤, 아이비 스타일 옷, 식당 음식, 스포츠카, 전자기기 등 소비주의를 찬양했다. 하지만 스튜어트 브랜드는 미국의 젊은이들에게 무의미하고 순식간에 지나가는 대량 소비문화의 트렌드를 잊고, 자기 손으로 직접 문명을 만들라 요구했다. 일본인들은 히피를 미국 음악과 패션의 최신 트렌드로 이해했지만, 『홀 어스 카탈로그』는 완전히 다른 지점으로 나아갔다. 잡지는 혁명적인 가치관, 생각, 사회의 가장 근본적인 부분을 변화시키려는 실천을 격려했다. 일본으로 돌아간 뒤 고바야시는 친구들에게 잡지를 보여줬지만, 누구도 이해하지 못했다.

1970년 고바야시와 이시카와는 「삽화를 넣은 르포」
취재를 위해 다시 뉴욕으로 돌아갔다. 그제야 브랜드의 비전이
선견지명처럼 보였다. 고바야시는 칼럼에 "1년이 지나 뉴욕에
돌아갔을 때 제가 가장 강력하게 느낀 건 '자연으로 돌아가자'는
젊은 미국인들의 태도였다."라고 적었다. 고바야시는
오랫동안 미국을 '자동차의 왕국'으로 생각해왔지만, 이번에는
'조깅'이라는 새로운 형태의 운동을 하며 센트럴파크를
일부러 뛰는 사람들을 보게 됐다. 확 트인 공원의 녹지에서는
10대들이 '프리스비'로 부르는 이상하게 생긴 플라스틱 원반을
주고받았다. 시골의 도로에는 수염을 기른 젊은이가 자신의
모든 걸 커다란 데이백에 담아 짊어지고 히치하이크를 하면서
여행하고 있었다. 미국은 더 이상 햄버거와 핫도그의 나라가
아니었다. 뉴욕과 샌프란시스코의 협동조합에서는 긴 머리의
히피 후원자들에게 다양한 유기농과 건강 음식을 제공했다.
고바야시는 칼럼에서 『마더 어스 뉴스(Mother Earth
News)』의 D.I.Y 농업에 관해 조사하고, 하와이에서는 『헤이본
펀치』의 동료와 함께 옷을 벗고 나체주의자들을 인터뷰했다.

마약이나 급진주의 정치학과 비교해 소박함으로
돌아가자는 건 고바야시도 이해했다. "전 미국의 새로운 생활
방식을 환영했어요. 이미 아웃도어 스포츠에 관심을 두고
있었기 때문이죠. 모든 운동은 제 삶과 아주 친밀했어요.
히피보다 실행하기 쉬운 방법을 찾아낸 거죠." 1970년대 초반
고바야시는 모든 아이비 제품을 치워버리고 청바지, 티셔츠,
느슨한 스웨터 같은 아웃도어 친화적 룩으로 전환했다. 그는
생태 관광의 지지자로 알래스카와 히말라야를 여행하고, 마치
『홀 어스 카탈로그』 운동의 비공식 대사 같은 사람이 돼갔다.

『헤이본 펀치』에 있는 그의 동료는 개혁을 겪는 미국에

대한 그의 칼럼에 회의적이었다. 편집자들은 여전히 반미국에 머물러 있었고, 문화의 본보기로 영국을 들여다보고 있었다. 일본의 편집숍 유나이티드 애로스(United Arrows)의 공동 설립자 구리노 히로후미(栗野宏文)는 "1970년대 초반엔 모든 게 런던의 팝과 글램록에 대한 것이었죠. 보수적인 옷을 입던 사람들은 진짜 팝의 옷을 입거나, 약간 더 과감히 여성스러운 복장을 입기 시작했어요."라고 기억했다. 프랑스의 엘레강스 또한 중대한 영향을 미쳤다. 일본의 대형 의류 브랜드인 리노운은 1971년 새로운 더번(D'urban) 라인을 홍보하기 위해 프랑스 배우 알랭 들롱을 기용한 광고로 비즈니스 슈트 시장을 단번에 사로잡았다.

청바지 제조업체도 브랜드의 이미지를 전환하기 위해 유럽을 바라보고 있었다. 빅존은 이 시기의 광고에서 유럽식으로 청바지를 표현했다. "영국과 프랑스 사람들은 미국인을 흉내 내는 걸 좋아하지 않죠. 하지만 코카콜라와 빅존은 유럽인들 사이에서도 유명해요." 그 사이 랭글러 재팬은 리비에라에서 신제품에 관한 아이디어를 찾았다. 1973년 여름 이시즈 유스케(이시즈 겐스케의 둘째 아들)는 생트로페에서 많은 프랑스 여성들이 물이 완전히 빠진 청바지를 입은 모습을 본다. 몇 달 뒤 랭글러 재팬은 자체 제품인 타이트한 '아이스 워시' 청바지를 내놓는다.

표면적으로 일본의 대중문화는 점점 더 많은 부분에서 유럽의 트렌드와 이어졌다. 하지만 조금 더 깊게 들여다보면 미국의 '자연으로 돌아가자'는 운동이 불 지핀 현대 사회에서의 영혼 탐색과 같은 지점을 지나가고 있었다. 경제 성장 시기의 산업 팽창과 도시 개발은 일본의 자연 환경에 커다란 피해를 줬다. 도쿄의 공기는 광화학 스모그로 가득 찼다. 눈이 따갑고

기침을 유발했다. 1970년 7월 18일, 오염된 공기 때문에 교외의 학교 운동장에서 여자 아이 넷이 쓰러지는 사건이 있었다. 공해 반대 운동이 중산층 투표권자 사이에서 일기 시작했다. 일본은 자유세계에서 세계 2위의 규모였던 서독을 앞질렀지만, 사람들은 산업 생산이라는 단일 목표만 추진하는 정부를 멈추기를 원했다. 사회주의자였던 도쿄의 도지사 미노베 료키치는 '도쿄에 파란 하늘을 돌려놓자!'는 슬로건으로 1971년 재선 캠페인을 성공적으로 치렀다.

1973년, 일본에는 '오일쇼크'로 알려진 OPEC의 석유 금수 조치가 내려지고, 전후 최초의 대형 경제 위기가 찾아온다. 소비자들은 지출을 줄이고, 소비는 생필품에 집중했다. 물자 부족 사태가 올 수 있다는 불안감에 중년의 여성들은 식료품 가게를 털고, 화장실용 휴지를 비축했다. 긴자는 네온사인을 끄고, 의류 판매율은 곤두박질쳤다.

일본 경제는 결국 예상보다 빨리 오일쇼크를 견뎌냈지만, 그 후 몇 년 동안 절약은 소비자들의 마음속에 자리 잡고, 예술에도 영향을 미친다. 1974년 반물질주의 우화 『갈매기의 꿈』은 베스트셀러가 됐다. 도시적 모더니티 또한 유행이 지나갔다. 여성지 『앙앙』과 『논노』의 젊은 여성 독자를 지칭하는 안논족은 민속풍에서 영감받은 옷을 입고, 주말이면 기차를 타고 '디스커버 재팬'을 위해 시골로 떠났다.

일본의 젊은이들이 도쿄에서 등을 돌리자 오만하던 편집자들도 미국에 새롭게 생겨나는 것을 배워야 한다는, 한때 이단적으로 들리던 고바야시의 의견으로 마음을 돌렸다. 고바야시는 복음을 설파할 준비가 돼 있었지만, 그에게는 이를 퍼뜨리기 위한 미디어가 필요했다.

미국 메사추세츠 메인의 L.L. 빈 본사 앞에서 고바야시 야스히코.

1970년대 일본의 집단적인 물질주의 탈피는 『헤이본 펀치』의 문제점을 가중시켰다. 성공적이었던 1960년대를 지난 뒤 이해하기 어려운 아방가르드한 내용과 『플레이보이(Playboy)』 같은 라이벌과의 경쟁의 증가로 이슈당 100만 부 정도였던 판매량은 30만 부로 곤두박질쳤다. 대책으로 『헤이본 펀치』는 내용을 지나치게 단순화하고, 편집을 잘못 이끈 책임자를 모두 내쫓아버렸다. 여기에는 「삽화를 넣은 르포」의 이시카와 지로도 포함됐다. 『헤이본 펀치』의 전 편집장인 기나메리 요시히사도 이와는 관련 없는 문제로 같은 시기 회사를 그만두고, '헤이본 플래닝 센터'라는 작은 자회사로 자리를 옮겼다.

헤이본 플래닝 센터의 핵심 사업은 참신한 놀이용 카드를 만드는 일이었지만, 기나메리가 들어왔을 때는 매출이 멈추고 있었다. 추가적인 수입이 필요한 상황이었기 때문에 그는 프리랜서로 기사를 쓸 곳을 찾았다. 요미우리 신문사가 어려움을 겪던 스키 가이드 『스키 도쿠슈』를 다시 살려달라고 요청했다. 이 잡지는 이익만 생각하며 스키 장비 제조 업체에게 광고를 수주하고, 딱딱한 기술적 도표나 나이 든 스키 마스터에게 받아온 쓸데없는 지혜로 채워져 있었다. 새로운 편집의 초점을 만들기 위해 헤이본 플래닝 센터의 수장은 이시카와를 비롯해 고바야시 야스히코, '언제나 최고의 프리랜서'인 데라사키 히사시로 팀을 구성했다.

누구도 스키에 관해 아는 게 없었지만, 고바야시는 이 잡지가 아메리칸 아웃도어 붐을 전달할 완벽한 수단이 될 수 있음을 알아차렸다. 이 시점까지 일본의 스키 세계는 유럽의 영향을 받고 있었기 때문에 최고의 장비는 프랑스와 독일 제품이었고, 사람들의 꿈은 알프스에서 스키를 타는 일이었다. 고바야시의 지도에 따라 헤이본 플래닝 센터 팀은 대안으로

『스키 라이프』 창간호.

알래스카의 슬로프를 다룬다. 앵커리지에서 고바야시는 자신의 장기인 보도용 일러스트레이션을 스케치하고, 사진가는 근사하게 수염을 기른 미국인들이 집업 다운재킷을 입고 눈 덮인 슬로프 위에 있는 모습을 스트리트 사진처럼 찍었다. 여기에 완전히 마음이 사로잡힌 편집자는 스키라는 운동 자체보다 스키를 둘러싼 자유분방한 생활 방식에 집중했다.

잡지는 1974년 10월 『스키 라이프』라는 이름으로 등장했다. 부제는 '스키를 타는 일에 관해 다시 생각해보는 책'이었다. 요미우리는 일본에서 스키를 타는 일에 대한 기초적인 가이드를 의뢰했지만, 결국 받게 된 건 스키를 타지 않는 사람들이 만들어낸 겨울 패션지였다. 분명히 10대들이 원하는 것이었다. 잡지는 기록적으로 짧은 시간에 모두 팔려버린다.

『스키 라이프』가 성공하면서 기네마리는 요미우리 신문사에 또 다른 일이 없을지 물었다. 이번에는 남성용 하이엔드 제품에 관한 무크지였다. 고바야시는 곧바로 『홀 어스 카탈로그』를 떠올렸고, 이 책의 일본 버전을 만들자고 제안했다. 그는 철학적 선언 같은 부분 대신 옷, 신발, 아웃도어 제품, 전자기기, 악기, 공구, 가구 등 미국의 제품이 실린 우편 주문 카탈로그를 흉내 낸 잡지를 만들고 싶었다.

헤이본 플래닝 센터의 사람들은 버려진 미국의 우편 주문 카탈로그를 집어삼킬 듯 읽으며 자라왔다. 그들은 이 카탈로그가 미국의 삶을 완벽하게 묘사한 매체로 믿었다. 고바야시는 "당신은 시어스 로벅의 카탈로그로 미국인의 삶을 완벽하게 이해할 수 있습니다."라고 설명했다. 그들은 벽난로 주변에 바짝 붙어 모인 미국 가정의 모습을 상상했고, 장을 넘기며 더 멋진 삶을 꿈꿨다. 일본에는 우편 주문 문화가 없었기 때문에 이런 카탈로그를 만드는 건 마치 미국인이 우키요에 판화 프린트 책을 만드는 일처럼 마법 같고, 이국적이었다.

멤버들은 콜로라도, 뉴욕, 로스앤젤레스, 샌프란시스코로 떠나 미국인 삶의 모든 부분을 아우르는 물건 3,000여 개의 사진을 찍었다. 예컨대 매디슨 애비뉴의 렙 타이, 카우보이들이 입는 펜들턴(Pendleton)의 과장된 카디건, 제프 호(Jeff Ho)의 제피르(Zephyr) 프로덕션*에서 나온 서프보드, 다양한 종류의 삽, 갈퀴, 쟁기, 스크루드라이버, 교외의 차고에 놓여 있는 펜치 같은 것들이었다. 인디안 모카신 열여섯 가지, 케즈 운동화의 스물세 가지 스타일, 카우보이 부츠 서른네 가지, 컬럼비아 대학교에서 찍은 작은 골동품 마흔 개, NFL 헬멧 열여덟 가지, 어쿠스틱 기타 스물아홉 가지, 아버크롬비 & 피치에서 나온 사파리 프린트 가방 열세 가지, 터키석 주얼리 300여 개가 실린 274쪽짜리 카탈로그는 독자를 익사시킬 정도였다. 뒷부분에는 1974년에서 1975년까지 허드슨 캠핑(Hudson's Camping)에서 보낸 다양한 텐트, 화덕, 슬리핑 백 등이 실린 우편물 발송용 봉투를 56쪽에 걸쳐 실었다. 이시카와는 자신이 입은 재킷 속의 태그에 적힌 슬로건에 주목해 완벽한 책 제목인 『메이드 인 USA』를 제안했다.

표지에 버튼 플라이 리바이스 501, 망치, 나무 난로, 어쿠스틱 기타, 레드윙(Red Wing) 워크 부츠, 콜로니얼 스타일 서랍장 등을 실은 『메이드 인 USA』는 1975년 6월에 서점 매대에 깔렸다. 소개문에서는 이 책이 단순히 하이엔드 제품에 관한 무크지가 아니라 '새로운 시대를 사진으로 보여주는

* 캘리포니아의 산타 모니카에 있는 서핑 보드 제조 시설이자 서핑 상점. 1973년에 문을 연 뒤 1976년에 문을 닫았다. 건물은 2007년 도시의 랜드마크로 지정됐다.

선언문'이라는 점을 분명히 했다.

　　미국에는 'catalog joy'나 'catalog freak'이라는 말이
있는데, 유명한 카탈로그를 보는 걸 좋아하고 수집하는
사람들을 일컫는다. 지금 당신이 읽는 잡지는 미국의
젊은이들이 선호하는 미국 제조 생활 방식 장비를
준수한다. 우리는 미국 젊은이들 사이에서 새로운
삶의 방식을 발견했다. 이들은 이 문화를 '도구들'로
표현한다. 우리는 카탈로그 형식이 이런 '새로운 생활
방식'을 일본의 젊은이들에게 소개해줄 수 있으리라
생각한다. 이 잡지는 1970년대 젊은이들의 문화를
담은 타임캡슐이다. 이는 1970년대 말, 지구 전체의
모습을 이해하는 데 귀중한 자원이 될 것이다.

'카탈로그 즐거움(Catalog Joy)'이라는 말이 정확한 영어
표현은 아니겠지만, 소개문에서 편집자들은 『홀 어스
카탈로그』에서 영향을 받은 그들만의 임무, 즉 미래 세대들을
위해 물질주의 문화에 대한 기록을 남기겠다는 목표를 여실히
보여준다. 『메이드 인 USA』에는 주일 미국 대사관의 경제·통상
담당자였던 존 R. 말로트(John R. Malott)가 남긴 축복에 찬
서명이 들어 있다. "저는 『메이드 인 USA』가 다양한 측면에서
일본의 젊은이들에게 미국의 현재 삶의 방식을 소개해주리라
믿습니다."

　　『스키 라이프』와 마찬가지로 『메이드 인 USA』는 곧바로
인기를 끌면서 15만 부 이상이 판매됐다. 명목상으로는
미국인의 모든 것에 대한 카탈로그지만, 앞부분의 많은
지면이 리바이스, 레드윙, J. 프레스(J. Press), 펜들턴, 에디
바우어(Eddie Bauer), 노스페이스(The North Face), 헌팅

월드(Hunting World) 등 의류 브랜드에 초점을 맞추고
있었다. 책의 성공으로 아메리칸 스타일이 다시 각광받고,
완전히 새로운 세대의 젊은이들이 아메리칸 스타일을 원하게
됐다. 1968년 이래 일본의 미학은 미국의 세계 문화에 대한
독점적 지배를 거부했지만, 클래식하고 본질적인 미국의 것이
돌아왔다. 미국 동부 캠퍼스의 옷을 대신해 들어온 새로운
트렌드는 클래식 레귤러 핏의 리바이스 501이나 워크 부츠,
어깨에 매는 견고한 백팩 등 거칠지만 튼튼한 아웃도어
제품이었다.

　　이런 브랜드를 일본에 최초로 소개하는 일 외에도
『메이드 인 USA』는 오늘날에도 일본의 패션 미디어들이
사용하는 '카탈로그 매거진' 형식 또한 제시했다. 그 전에는
잡지에 방대하게 제품 사진을 나열하는 기사가 실린 적이
없었다. 『멘즈 클럽』과 『헤이본 펀치』가 영감을 주는
사진들이나 에세이, 트렌드에 관한 토론 등 다양한 콘텐츠를
제공했지만, 『메이드 인 USA』는 그야말로 날것의 정보에 대한
진열장이었다. 10대들은 미국 제품의 끝없는 목록을 훑어보는
일을 사랑했다.

　　고바야시를 비롯한 다른 편집자들은 이 포맷이 미국인의
생활 방식에 필요한 '도구'를 소개하는 데 도움이 되리라
의도했지만, 독자들은 이 카탈로그를 그저 오일쇼크 전
물질주의로 돌아가는 상세한 지도로 활용했다. 편집자
데라사키 히사시는 수년이 지난 뒤 "『홀 어스 카탈로그』에서
초기 아이디어를 얻었지만, 우리는 의도적으로 철학적인
부분을 피하고 오직 제품에 집중했어요. 새로운 생활 방식을
열망한 젊은이들은 주로 제품에 신경을 썼죠."라고 썼다.
고바야시가 생각하기에 아웃도어인을 위한 카탈로그는, 패션

세계에서 옷을 입는 데 무의미한 산업 트렌드를 따르거나
의도적으로 나온 제품을 구식으로 만드는 일 대신 조금 더
합리적이고, 사회적으로 정당화되는 기능성을 강조하는
방향으로 영향을 주리라 생각했다. 하지만 이는 '스펙'으로
부르는 기술적 사양에 대한 강박으로 빠르게 전환됐다.
젊은이들은 이제 '아메리칸 청바지'나 '레인 재킷' 대신 '14온스
데님'과 '60퍼센트 코튼 / 40퍼센트 나일론 혼방 파카'를
원하게 됐다.

　『메이드 인 USA』로 젊은이들은 미국산 옷에 다시
흥분했지만, 책에 실린 옷들은 거의 손에 넣을 수 없었다.
카탈로그에는 약간 조롱하듯 달러로 가격을 표시했는데, 이는
마치 "이게 얼마든 넌 살 수 없을 거야."라고 말하는 듯했다.
제품을 살 수 있는 거의 유일한 장소는 도쿄의 악명 높은 쇼핑
거리인 아메요코였다. 쓸 만한 게 있는지 열심히 들여다보는
많은 사람과 제품이 마구 쌓인 가판대에서는 용기와 인내
두 가지가 모두 필요했다. 빈티지 전문가 겸 의류 산업의
베테랑 오츠보 요스케는 "아메요코에 아메리칸 스타일 제품을
파는 매장이 몇 군데 있었는데, 옷은 언제나 무더기로 쌓여
있었죠. 점원은 어딘가 무서운 사람들이었고, 손님이 되려면
그들에게 인정을 받아야 했어요."라고 기억했다. 그러는 사이
도쿄 바깥의 10대들은 미군에게 아르바이트를 하게 해달라고
간청해 기지의 PX에서 수입품을 구입할 수 있었다.

　스타일 가이드로서 『메이드 인 USA』는 거칠고 전통적인
미국산 옷과 기능적인 아웃도어 장비를 지지했다. 하지만
이런 모습에는 당시까지 이름이 없었다. 1975년 가을,
고바야시는 『멘즈 클럽』에 새로운 칼럼인 「'진짜'를 찾는
여정」을 연재했는데, 러버 솔의 운동화, 앞치마, 칼을 만드는

일본의 전통 장인을 찾아가 기록했다. 칼럼에는 이 시리즈가 '헤비듀티'한 물건에 대한 보고가 되리라는 부제를 붙였다. 고바야시는 일본이 지나치게 '약하고' 패션에만 초점을 맞추고 있다고 생각했기 때문에, L.L. 빈(L.L. Bean) 같은 느낌의 조금 더 걸걸한 시골 노동자의 제품들을 소개하고 싶었다. "저는 카탈로그에서 '헤비듀티'라는 말에 주목하기 시작했습니다. 모든 걸 '헤비듀티'한 무엇이거나 아닌 것으로 묘사했죠."라고 설명했다. 의도한 대로, 고바야시가 '헤비듀티'라는 단어를 사용하면서 몇 달 안에 이 개념은 미국에서 영향을 받은 새로운 아웃도어 룩을 일컫는 명칭이 됐다.

　　소박하고 미국적인 헤비듀티는 1960년대 일본 아이비 붐 시절의 세련된 미국적인 제품과 퍽 달라 보였지만, 고바야시는 헤비듀티와 아이비는 동전의 양면 같다고 믿었다. 모두 시간, 장소, 상황에 따라 입는 전통적 의상의 세트라는 의복의 '체계'다. 아이비 체계 안에서 학생들은 강의실에 갈 때 블레이저를 입고, 겨울에는 더플코트를 입고, 결혼식에는 3버튼 슈트를 입고, 파티에는 턱시도를 입고, 미식축구 경기장에는 학교 스카프를 두른다. 헤비듀티 체계 안에서는 나쁜 날씨에 L.L. 빈의 덕 부츠를 신고, 하이킹을 할 땐 마운틴 부츠를 신고, 카누를 탈 땐 플란넬 셔츠를 입고, 봄에는 대학의 나일론 윈드브레이커를 입고, 가을에는 럭비 셔츠를 입고, 기차를 탈 땐 카고 반바지를 입는다. 단행본으로 발매된 『헤비듀티』의 서두에서 고바야시는 "헤비듀티를 옷차림 시스템으로 보면 놀랄 만큼 아이비 트래디셔널과 비슷하다. 헤비듀티의 전통 부문은 아이비 트래디셔널의 아웃도어나 컨트리 부문이고, 아이비 트래디셔널의 아웃도어 부문은 헤비듀티다."라고 적었다.

그 뒤 고바야시는 아이비와 헤비듀티의 연결을
공식화하면서 1976년 9월 『멘즈 클럽』에 「헤비아이당
선언」이라는 제목을 붙였다. 그는 새로운 하이브리드 룩을
'헤비아이(헤비듀티 아이비)'로 불렀다. 첫 일러스트레이션에는
마운틴 파카, 리바이스 501, 클라이밍 부츠를 신고 있는
젊은 남성이 등장한다. 독자들은 아웃도어 제품을 장비로
대하기보다 조금 더 패셔너블하게 헤비듀티 옷을 입는
가이드로 기사를 활용했다. 고바야시는 농담 비슷하게
스타일을 발명했지만, 그의 가설은 근본적으로 옳았다. 미국의
학생들은, 특히 다트머스 대학교나 콜로라도 대학교처럼
시골에서는 아웃도어 제품과 클래식 아이비 스타일이 매끄럽게
공존했다. 그들은 이제 블레이저에 렙 타이를 매지 않는 대신,
버튼 다운 셔츠에 다운재킷, 청바지, 스니커즈를 신었다.

『메이드 인 USA』에서 헤비듀티 트렌드가 출발했지만,
「헤비아이당 선언」은 이 스타일을 외출복으로 광범위하게
대중화했다. 1976년 말, 일본 전역의 아이들은 「헤비아이당
선언」에 고바야시가 그린 캐릭터가 입고 있는 구스 다운
베스트, 하이킹 부츠, 60/40 파카와 완전히 똑같게 입고
다녔다. 당시 다운 베스트는 일본에 전혀 알려지지 않은
옷이었다. 1974년 헤이본 플래닝 센터의 편집자들이
알래스카에서 돌아올 때 입고 있었는데, 지나가던 사람들은
요트를 탄 뒤 깜빡하고 구명 조끼 차림으로 그냥 와버린 게
아닌지 물어봤다. 헤비듀티 붐이 일자 긴자는 구조 및 구난
노동자들의 주말 컨벤션처럼 보이기 시작했다.

일본의 브랜드들도 헤비듀티 붐을 이용하기 시작했다.
청바지 시장은 나팔바지, 아이스 워시, 세일러 바지에서
리바이스 501의 스트레이트 레그 복제품으로 돌아갔다. 빅존은

튼튼한 청바지, 재킷, 오버올스를 내놓는 '월드 워커스(World Workers)'라는 새로운 라인을 론칭하면서 빈티지를 흉내 내 희끗희끗한 머리의 중년 백인이 시골에서 낡은 자동차 앞에 서 있는 광고를 선보였다. VAN 재킷도 '굿 올드 아메리칸 재킷', '라이드 온, 트위드 재킷' 같은 광고 캠페인을 시작하고, 1975년 가을에는 3,000명의 운 좋은 고객들에게 '마이 우드 컨트리' 캠페인의 일부로 풀 카펜터 키트를 선물했다. 1976년에 VAN 재킷은 '신(Scene)'이라는 자체 헤비듀티 브랜드를 론칭한다.

헤비듀티는 1970년대 후반 일본의 남성 의류 시장도 점령했다. 고바야시의 '자연으로 돌아가자'는 선견지명은 적어도 겉모습에서는 현실이 됐다. 『홀 어스 카탈로그』에서 영감을 받은 고바야시와 헤이본 플래닝 센터의 팀은 일본의 초창기 젊은이들의 문화를 극심한 반미의 순간에서 다시 미국 기원으로 돌렸다. 스타일은 미국 동부에서 서부로 이동했지만, 무엇보다 미국이 다시 지도 위로 돌아왔다.

하지만 1960년대와 달리 문화의 개척자는 의류 브랜드를 만드는 사람들이 아니라 잡지의 프리랜스 편집자 무리였다. 젊은이들은 새로운 스타일을 찾기 위해 잡지의 반짝이는 지면을 넘겼고, 편집자들은 독자들에게 자신만의 독특한 취향을 밀어붙였다. 헤이본 플래닝 센터의 멤버들이 헤비듀티에 따분함을 느끼기 시작하면서 독자들을 새로운 장소로 이끌 준비를 시작했다. 조금 더 화창한 곳으로 말이다.

『메이드 인 USA』가 성공하면서 기나메리 요시히사와 이시카와 지로는 1976년 원하는 새 잡지를 발간할 수 있다는 조건으로 헤이본 출판사로 돌아간다. 두 편집자는 자기들이 만들어낼 잡지가 믿을 만하다고 증명된 카탈로그 형식이 되리라는 건 알았지만, 헤비듀티와는 다른 새로운 콘셉트를

찾아내는 데 어려움을 겪었다. 필사적으로 아이디어를 찾다가 기나메리와 이시카와는 고바야시의 집에 찾아갔다. 브레인스토밍을 위해서였다. 고바야시는 새로운 잡지의 문화적 환경을 정의할 두 단어를 제시했다. 폴로셔츠였다. 이는 약간 이상하게 들렸다. 일본에서 폴로셔츠를 입는 사람은 오직 중년의 골퍼뿐이었다. 고바야시는 UCLA와 USC의 학생들이 가장 좋아하는 옷이라며 반박했고, 기나메리와 이시카와를 설득하는 데 성공했다. 이들은 새로운 잡지가 미국 서부 지역 10대들의 운동 중심 생활 방식에 초점을 맞춰야 한다는 점에 동감했다. 이시카와는 팀원 여섯 명과 로스앤젤레스로 떠나 50일 동안 창간호를 위한 자료를 모았다.

이시카와는 새 잡지의 제목으로 '시티 보이스(City Boys)'를 고려했는데, 라이벌 하위문화 잡지인 『다카라지마』가 이미 '시티보이스를 위한 매뉴얼'이라는 말을 사용하고 있었다. 기나메리는 몇 주 전 만화 캐릭터인 뽀빠이의 영어 이름을 처음 봤는데, 이것이 '팝(pop)'과 '아이(eye)'라는 단어로 나뉜다는 사실을 깨달았다. '팝'에 '아이'를 붙이는 건 잡지명으로는 최고였다. 뽀빠이는 1950년대 말부터 일본의 젊은이들에게 널리 알려졌는데, 이 만화의 선원 캐릭터는 기나메리 세대에게 어릴 적 기억을 선명하게 되살렸다. 조금 더 어린 세대인 이시카와는 그가 만약 로스앤젤레스에서 전화 통화를 한다면 '안녕하세요. 저는 『뽀빠이』 매거진의... 아니야, 이건 만화책이 아니라고...' 같은 상황을 상상하며 아주 싫어했다. 기네마리는 후배들의 반대를 무시했고, 『뽀빠이』 캐릭터의 일본 대변인인 킹 피처 신디케이트(King Feature Syndicate)와 몇 주간 저작권과 관련해 협상했다.

1976년 6월 '시티 보이스를 위한 잡지'라는 부제를

『뽀빠이』 창간호. 1976년 여름.

달고, 파이프를 문 뽀빠이 에어브러시 일러스트레이션을
앞세운 『뽀빠이』 첫 호가 출간된다. 커버스토리인
「캘리포니아로부터」에서는 행글라이딩, 스케이트보드, 조깅,
스니커즈를 다뤘다. 고바야시의 일러스트레이션이 실린
르포에서는 UCLA 캠퍼스의 자세한 쇼핑 지도를 소개했다.

　『뽀빠이』 팀은 대부분 『메이드 인 USA』 팀 그대로였지만,
잡지의 미학은 헤비듀티 트렌드와는 차이가 있었다. 아웃도어
붐에서 플란넬 셔츠와 하이킹 부츠에서는 잿빛 가을의 흐릿한
바위산이 떠오른다. 본질적으로 노스탤지어풍 자연과 예전의
삶의 방식으로 돌아가자는 스타일이다. 이와 달리 『뽀빠이』
세계는 햇빛이 가득하고, 젊은이들이 남은 문명의 미래를
만들어가는 캘리포니아의 삶이다. 미국 서부의 10대들은
새로운 스포츠를 개발하고, 새로운 형태의 옷을 입고, 새로운
건강한 가치를 만들고 있었다. 로스앤젤레스 젊은이들의
문화는 베트남과 워터게이트 사건 같은 여전히 어두운 미국
속에서 빛처럼 느껴졌다.

　기네마리는 「편집장 노트」에서 일본은 '표류 상태'에
있고, 젊은이들에게 조금 더 건강을 의식하는 생활 방식을
소개하고 싶다고 적으며 스포츠를 일본의 미래를 위한
정신적 지주로 제안했다. "우리는 운동하는 삶이 당신의
건강뿐 아니라 현대인의 생존에 매우 중요하다고 생각합니다.
운동을 즐긴다는 생각은 미국인 또래들이 보내는 아주 멋진
메시지입니다. 우리는 아무리 사소하더라도 남는 시간을 모두
운동에 할애해야 합니다."

　모든 일본인은 야구나 스모 같은 운동 경기를 관람하는
일을 좋아했지만, 고등학교를 졸업한 뒤에는 극소수만 운동을
했다. 도쿄는 빽빽하고 마구잡이로 뻗어 있었고, 공원이나

운동장을 만들기에는 남은 공간이 심각할 만큼 제한돼 있었다. 골프는 비싼 그린피를 법인 카드로 지불할 수 있는 화이트칼라의 중역이나 할 수 있었다. 『뽀빠이』의 편집자들은 도시 한가운데서 운동을 하고 아웃도어를 즐기는 UCLA의 학생들에서 아이디어를 찾았다. 특히 특별한 시설이나 사람을 조직할 필요가 없는 프리스비, 스케이트보드, 롤러스케이트는 일본에서도 잘 통할 듯했다.

창간호에서 『뽀빠이』 편집자들은 젊은 독자들이 접근하기 쉬운 스케이트보드에 초점을 맞췄다. 잡지에서 다룬 캘리포니아 기반 스케이트보드 운동은 일본에 처음 소개됐을 뿐 아니라 시기상으로 미국에서도 평범하지 않았다. 『뽀빠이』 창간호가 나오기 불과 1년 전에야 잡지 『스케이트보더(Skateboarder)』가 재출간되고, 전설적인 제피르 프로덕션의 'Z-보이스' 팀이 산타모니카에서 결성되고, 델 마르 페어그라운드*에서는 1960년대 최초의 메이저 스케이트보드 토너먼트가 열렸다. 『뽀빠이』는 창간호에 제프 호의 제피르 매장을 다루고, 서른한 가지 스케이트보드 사진을 두 쪽에 실었다. 홍보의 일환으로 마흔여섯의 편집장 기나메리 요시히사는 늦은 밤에 캘리포니아 스타일 반바지 차림으로 스케이트보드를 타고 롯폰기 일대를 돌아다녔다. 스포츠는 놀라울 만큼 빠르게 인기를 끌기 시작했다. 『뽀빠이』는 일본에 진짜 스케이트보드 문화가 자리 잡는 데 도움을 줬다. 오늘날 일본의 모든 스케이트보드 단체들은 이 잡지의 창간이 일본 스케이트보드의 역사에서 중요한 시점이었다는 사실을 인식한다.

* 캘리포니아의 델 마르에 있는 대형 행사장.

캘리포니아에 초점을 맞춘 『뽀빠이』는 일본의 서핑 부흥도 이끌었다. 일본에는 괜찮은 해변이 꽤 많지만, 전쟁이 끝난 뒤 미국인들이 지바와 쇼난 해변에 오기 전까지 아무도 파도를 탈 생각은 하지 않았다. 1971년 일본의 서핑 클럽에는 5만 명 정도의 공식 회원이 있었지만, 『뽀빠이』가 서핑에 관심을 돌린 뒤 일본의 서핑 인구는 세계에서 3위의 규모가 됐다. 1977년 서퍼 패션은 해변을 떠나 도시로 들어왔다. 인공 선탠을 하고, 탱크 톱을 입고, 짧은 반바지를 입고, 베드 벨트(Bead Belt)*를 메고, 레인보(Rainbow)의 플립플롭을 신은 수많은 10대들이 도쿄의 시부야와 롯폰기 주변 거리를 채웠다. 젊은 여성들은 '서퍼 컷'으로 부르는 길고 헐렁한 파라 포셋**풍 헤어스타일을 했다. 해변의 서퍼 마니아들은 도시에 사는 사람들을 '언덕 위의 서퍼'로 부르며 조롱했지만, 스포츠와 패션의 통합은 도시나 해변의 10대 모두에게 서핑을 영원히 대중문화의 일부가 되도록 만들어냈다.

『뽀빠이』의 편집자들은 적어도 스케이트보드와 서핑에서 '스포츠 붐'을 일본에 가져오는 데 성공했다. 하지만 『메이드 인 USA』와 마찬가지로 잡지는 여전히 어린 독자 대부분이 아웃도어 활동의 패션 측면에 주의를 기울이도록 초점을 맞췄다. 『뽀빠이』 창간호에서는 스니커즈를 조깅을 위해 발을 받쳐준다는 맥락 대신 트렌디한 패션 아이템으로 다뤘다. 『메이드 인 USA』는 카탈로그 겸 잡지 형태의 기원이 됐지만, 정기적으로 출간되는 『뽀빠이』는 패션 미디어가 독자들과 소통하는 방식을 영원히 바꿔놓은 최종적인 '카탈로그 잡지'가

---

* 작은 나무 구슬을 꿰어 만든 벨트.
** 파라 포셋(Farrah Fawcett)은 미국의 배우다. 「미녀 삼총사」에서 탐정 '질 먼로' 역을 맡으며 유명해졌다.

됐다. 『뽀빠이』의 각 이슈에서는 편집자들이 수백 가지 제품을 선별한 뒤 카테고리로 묶고, 정확한 가격과 함께 독자들이 연락할 수 있도록 일본의 보증된 소매점 등의 매장의 주소와 전화번호를 제공했다. 그렇게 10대들은 매장에 발을 들여놓기 전에 쇼핑을 할 수 있게 됐다.

이 형식은 널리 성공을 거두지만 역풍을 만난다. 1970년대 말 캘리포니아는 뉴에이지 정신, 명상, 음모 이론, 레저용 마약, 전신 타투 등으로 가득했다. 비평가들은 『뽀빠이』가 그저 '가격표가 달린 제품'에만 관심이 있다고 지적했다. 당시 일본 남성지에는 '세 가지 S'가 필요하다는 말이 돌았다. 섹스(sex), 슈트(suit), 사회주의(socialism)였다. 『뽀빠이』에는 아무것도 없었고, 대신 물질적인 과시에 초점을 맞추고 있었다. 사람들은 『뽀빠이』의 건전함이 '뽀빠이'라는 이름을 쓰는 데 맺은 라이선스 계약의 일부거나 '건강한' 생활 방식의 반영으로 생각했다. 하지만 실은 그저 편집자들이 이성보다 제품을 더 좋아했을 뿐이었다.

물질주의의 흔적은 헤이본 출판사의 비즈니스 전략이 직접적으로 반영된 결과이기도 하다. 광고주들은 기사와 광고의 경계를 흐릿하게 만드는 카탈로그 포맷을 좋아했다. 헤이본 출판사도 잡지 판매보다 대형 브랜드의 광고로 벌어들이는 돈을 더 좋아했다. 비평가들은 『메이드 인 USA』와 『뽀빠이』가 '편집광(monomaniacs)' 세대를 만들어냈다고 불평했다. 여기서 '모노'는 일본어로 제품을 뜻하기도 한다. 1960년대의 아이비 붐과 비교해 1970년대 일본의 젊은이들은 새로운 패션에 큰 관심이 없었고, 물질적 소유의 컬렉션으로 옷을 소유했다. 젊은이들은 더 이상 재즈를 듣기 위한 LP 플레이어, 여성에게 깊은 인상을 주기 위한 슈트, 하이킹을 위한 마운틴 파카처럼 새로운 경험을 위한 방법으로 제품을 사지 않았다. 젊은이들은 제품 자체에 집착했다.

『뽀빠이』가 UCLA 티셔츠, 스케이트보드, 서핑, 스니커즈 등 많은 새로운 트렌드를 선보였지만, 처음 몇 해 동안 잡지 자체는 별로 팔리지 않았다. 헤이본 출판사는 창간호를 16만 부가량 인쇄했지만 절반이 반품됐다. 하지만 『뽀빠이』는 해외여행을 할 수 있는 부유한 10대 독자들에 정성을 쏟았다. 창간호 이후 일본의 젊은이들은 끊임없이 UCLA의 학생 자치회에 들이닥쳐 스몰과 미디엄 사이즈 티셔츠를 대량으로 모두 사들였다. 투어 버스는 미국의 스포츠 센터 앞에 일본인들을 내려주고, 그들은 직원에게 『뽀빠이』에 실린 제품을 가리키며 자신에게 맞는 사이즈를 찾았다.

『메이드 인 USA』에 이어 『뽀빠이』가 미국에 대해 재개된 관심을 더 높은 차원에서 확인시켜준 건 요행이 아니다. 10대들은 다시 미국 제품을 사랑하게 됐다. 이런 전환이 일본 반문화에 남은 잔재들에게는 납득되지 않았기 때문에 이들은 미국의 어둠의 세력이 대중의 의식을 조작하기 위해 뒤에서 공모하고 있다고 의심했다. 가장 불리한 증거는 『뽀빠이』 창간호에 적힌 "미국에 관한 기사는 주일 미국 대사관으로부터 지원받았다."라는 문장이다. 이 문장은 『뽀빠이』가 CIA나 미국 정부의 다른 기관으로부터 자금을 받았는지에 관한 소문으로 이어졌다. 이는 『뽀빠이』 팀에도 마찬가지였다. 이 음모론은 1960년대 말, 일본의 학생 중 열렬한 혁명적 마르크스주의자 노선에서 생겨났는데, CIA가 일본의 젊은이들에게 심리전 기술로 자기편으로 끌어들이는 작전을 펼친다고 확신했다. 즉, 위장 첩보원들이 나이키 스니커즈와 파타고니아 럭비 셔츠로 잡지를 채우려는 출판사에 자금을 지원했다는 것이다.

『멘즈 클럽』18호. 이시즈 겐스케가 찍은 프린스턴 학생 사진. 1960년 4월.

PROFILE
OF
PRINCETON UNIV.

アイビー・ルックのメッカ
プリンストン大学校庭にて

VAN 재킷 포스터에 실린 호즈미 가즈오의 첫 번째 '아이비 보이'. 1963년.

『멘즈 클럽』의 「거리의 아이비리거들」에 소개된 미유키족. 1964년 여름.

긴자의 아이비족. 1965년.

리바이스 청바지를 입은 시라스 지로. 1951년.

신주쿠의 일본 히피들. 1969년.

『메이드 인 USA』 표지와 레드윙 부츠 지면.

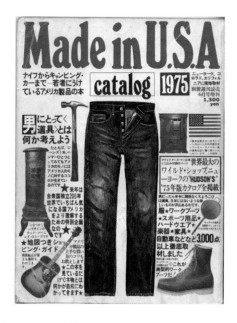

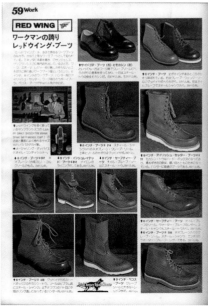

HEAVY-DUTY IVY

ヘビアイ党宣言

いまここに確立された新しい世代の風俗体系
ヘビーデューティー・アイビー・ルックの全貌を発表！

構成／イラストレーション＝小林泰彦

ヘビアイ・ナンバーワンと自他ともにみとめるのがこれ　マウンテン・パーカなり　生地は言わずと知れた誇り高き60／40なわちヘビーデューティーのシンボル　機能的にもこれ以上は望めようのない決定版であるからして古典＝アイビーたるゆえんならばこそフードのドローコードエンドのレザーやデルリンジッパーのつけ方まで気にかかってあたりまえ　501ジーンズにクライミングブーツ　いやなんといってもヘビアイ青年は読書家です　デイパックの中にヘミングウエイやフォークナーは欠かせません

요코스카 맘보 스타일의 젊은이. 1967년.

오모테산도 보행자 천국의 츳파리 10대들. 1977년 6월.

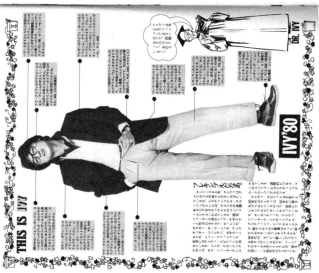

『핫도그 프레스』에 실린 1960년대와 1980년대 아이비 룩. 1980년 5월.

「사토리얼리스트」에 실린 『뽀빠이』의 전 편집장 기노시타 다카히로.

이시카와와 기메나리는 오랫동안 미국 정부의 자금 지원을 부인했지만,「삽화를 넣은 르포」시절부터 헤이본 출판사의 필자들이 주일 미국 대사관으로부터 지원받은 사실은 널리 알려져 있었다. 1980년대까지 일본의 편집자들이 미국을 여행하려면 잠은 어디서 자고, 무엇을 어떻게 해야 하는지에 대한 정보가 필요했다. 도쿄에서 관련 정보를 얻기에는 주일 미국 대사관만 한 곳이 없었다. 『뽀빠이』의 주요 재원은 확실한 사업적 관심이 있는 기업에서 왔다. 비용을 부담하는 데 동의한 항공사와 무역 회사 들은 잡지의 해외 기사가 해외여행을 떠나는 젊은이와 수입 제품 구매를 늘리리라 기대했다.

음모와 무관하게 CIA는 『뽀빠이』가 만들어낸 결과를 분명히 좋아했을 테다. 미국은 일본에서 다시 밝고, 꿈과 희망으로 가득한 빛나고, 가지고 싶은 패션 제품이 가득한 쿨한 곳이 됐다. 고바야시는 농담을 하기도 했다. "미국 정부는 주일 미국 대사관 앞에 『헤이본 펀치』와 『뽀빠이』기념비를 세워야 합니다." 미국을 좋아하는 사람들의 비율이 18퍼센트밖에 되지 않았던 1974년을 지나 1976년 NHK 여론 조사에서는 27퍼센트, 그 뒤 1980년대에는 39퍼센트를 기록할 때까지 매년 올라갔다.

하지만 『뽀빠이』의 편집자들은 미국에 회의적이었다. 마츠야마 다카시는 "전 미국에 특별한 관심은 없어요. 아마 제가 가장 싫어하는 나라일 겁니다."라고 인정했다. 이 세대 사람들은 종종 자신이 '미국 문화'는 좋아하지만, '미국'은 싫다고 말한다. VAN 재킷의 하세가와는 이에 관해 자세히 설명했다. "당시 우리는 '미국 정부'와 '미국'은 서로 다르다는 생각을 유지했습니다. 코카콜라, 메이저리그, 할리우드는 모두 미국이지만, 이걸 미국 정부와 분리했죠."

1970년대 말, 베트남전쟁이 끝나고, 미군 점령기는 마치 고대사처럼 느껴졌다. 일본 신세대 젊은이들은 반미국의 뿌리를 이해하지 못했다. 기나메리와 이시카와는 미국을 사랑했다. 새롭고 건강한 캘리포니아의 생활 방식이 학생운동이 붕괴된 뒤 일본에 존재한 실존주의적 구멍을 채워주리라 믿었다. 기나메리는 "일본에는 뭔가 결핍돼 있었어요. 이시카와는 툭하면 말했죠. '모두 미국인이 되자!' 일본은 그저 멋지거나 흥미롭지 않았어요."라고 설명했다.

그럼에도 『뽀빠이』 팀은 임무를 달성하기 위해 계속 나아갔다. 미국을 오간 편집자들은 호텔에서 전화번호부를 펼쳐놓고, 새로 방문할 장소를 탐색했다. 일본으로 돌아오면 독자들을 위해 기사를 썼다. 챙겨 간 특대형 더플백에는 리뷰용 아이템을 가득 채워 돌아왔다. 이런 시스템에서 편집자, 작가, 사진가로 이뤄진 『뽀빠이』 팀은 VAN 재킷이 일군 미국 문화와 일본 문화 사이의 정보망을 거의 실시간으로 다룰 수 있도록 업데이트했다.

『뽀빠이』가 미국 서부 유행을 이끌자 1960년대에 동부 유행을 만들어낸 창시자들은 암울해 보였다. 1978년 4월 6일, 이시즈 겐스케와 VAN 재킷 경영진은 파산을 발표했다. 의류 회사 중에서는 당시까지 가장 큰 규모이자 전후 일본 회사 중 다섯 번째 규모의 파산이었다. 이전의 사례처럼 이시즈가 자살을 시도하지 않을까 염려한 경찰은 기자회견이 끝나고 집까지 경호했다.

뭐가 잘못된 걸까? 이시즈는 창의적인 사상가이자 마케터, 세일즈맨이었지만 하세가와에게는 조금 달랐다. "그는 회계 장부상의 균형을 유지하는 방법을 몰랐어요.

임원들은 모두 노련한 장사꾼이었지만, VAN 재킷 정도로
큰 회사를 운영하는 건 조금 다른 일이었죠." 무역 파트너인
마루베니(Marubeni)의 영향으로 VAN 재킷은 모든 영역으로
확장해가며 더 높은 매출을 얻으려 했다. 자체 의류 브랜드가
스물네 곳을 넘어서고, 스폴딩 골프(Spalding Golf)나
간트(Gant) 같은 해외 라인의 라이선스도 체결했다. 인테리어
제품 매장 오렌지 하우스(Orange House), 꽃 매장 그린
하우스(Green House), 'VAN 재킷 99 홀'이라는 극장도 열었다.

VAN 재킷의 매출은 부풀어올랐다. 1971년에는 98억
엔(2015년 기준 1억 5,900만 달러)에서 1975년에는 452억
엔(2015년 기준 6억 6,200만 달러)으로 정점에 오른다. 하지만
브랜드의 개성이 점점 사라졌다. 10대가 몇 년 동안 돈을
모아야 살 수 있는 제품을 만들던 브랜드는 이제 튜브 삭스를
신은 교외의 어머니들이 할인 제품을 찾는 슈퍼마켓에서
팔렸다. 창고에 옷이 쌓여 있었기 때문에 VAN 재킷은 대규모
할인 행사를 시작했고, 브랜드의 가치는 더욱 떨어졌다.
『메이드 인 USA』와 『뽀빠이』의 시대에는 복제품보다 수입된
진짜 제품을 추구하는 일을 적극적으로 홍보했기 때문에 VAN
재킷은 상대가 될 수 없었다. 하세가와는 말했다. "리바이스와
레드윙은 진짜고, 진품입니다. VAN 재킷은 리바이스가 될 수
없어요. VAN 재킷은 혁신적인 모방의 창작자였지 '진짜'는
아니었죠."

1976년 무렵 판매율은 복구할 수 없을 만큼 급락하고,
1978년에는 파산이 유일한 선택지로 남았다. 이시즈는 부채를
해결할 때까지 개인 자금을 매달 10만엔씩 내겠다고 나섰지만,
그의 회계사는 그런 식으로는 400년이 넘게 걸린다고
지적했다. VAN 재킷이 파산한 뒤 이시즈는 의류 업계를

VAN 재킷의 유산을 다룬 『뽀빠이』.
호즈미 가즈오의 일러스트레이션. 1978년 6월 10일.

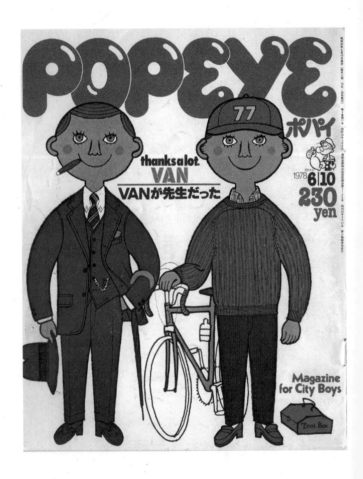

떠났다. 1980년 이시즈는 잡지 『스튜디오 보이스(Studio Voice)』에 "전 지금 옷에는 전혀 관심이 없습니다."라고 말했다.

VAN 재킷의 파산은 1970년대 중반 VAN 재킷의 홍보 담당자로 일한 『뽀빠이』의 작가 우치사카 쓰네오에게 커다란 충격이었다. 이에 대한 반응으로 우치사카는 편집장 기나메리에게 VAN 재킷의 유산을 커버스토리로 다루자고 제안한다. 처음에 기나메리는 얼마 전에 파산한 회사에 대해 칭송을 담은 기사는 적절하지 못하다고 생각했다. 하지만 이튿날 우치사카의 제안을 수락했다. 『뽀빠이』는 아이비의 정수인 호즈미 가즈오에게 일러스트레이션을 부탁하고, VAN 재킷의 예전 직원과 친구들을 인터뷰했다. 'VAN 재킷은 회사가 아니다. 학교였다.' 이런 믿음으로 우치사카는 대학교 졸업논문을 쓰듯 기사를 작성했다. 여기서 전설적인 문구가 등장한다. "VAN 재킷은 우리의 선생님이었다." 기사는 이렇게 시작한다.

이제 우리는 미국에 관해 많은 걸 알고 있다. 우리에게 미국을 알려준 최초의 사람들은 코카콜라와 VAN 재킷이었다. 우리는 VAN 재킷의 옷에서 미국의 대학 생활을 배우고, VAN 재킷의 광고 캠페인에서 미국의 스포츠에 관해 알게 됐다. 이제 마지막으로 말할 시간이다. 감사합니다, VAN 재킷.

『뽀빠이』는 창간한 뒤 2년 동안은 문화적 리더라는 위치에 걸맞는 매출을 만들어내지 못했다. 하지만 1978년 6월 10일에 출간된 VAN 재킷을 다룬 호는 21만 7,000부가 팔려 당시까지 가장 많이 팔린 호가 된다.

1960년대 아이비와 함께 자란 사람들이 향수를 다룬 잡지를 집어들었겠지만, VAN 재킷 특집으로 젊은 독자들은 클래식한 미국 동부의 패션에 흥미를 두게 됐다. 2년 전, 고바야시 야스히코는 아이비의 대안으로 헤비듀티를 제시했지만, 이제 『뽀빠이』의 독자들에게는 아이비 자체에 관한 더 많은 정보가 필요했다. 10년 동안 일본은 아이비에서 히피, 거기서 아웃도어 헤비듀티, 헤비듀티 아이비, 캘리포니아 캠퍼스 스타일, 다시 미국 동부 스타일로 아메리칸 룩을 순례하는 순환 고리를 만들어냈다. VAN 재킷이 사라지는 침통한 사건 속에서 아이비 스타일은 잿더미에서 살아 돌아왔다.

하지만 아메리칸 룩에 관한 장황한 설명은 사실 일본의 부유하고 교육을 받은 젊은이들에게 한정되는 이야기였다. 1970년대의 젊은 노동자들 또한 아메리칸 스타일로 몰렸지만, 그들은 서퍼가 아니라 조금 더 거친 남성성을 원했다.

6. 망할 양키들

1982년 술집 주인 겸 패션 감독인 야마자키 마사유키
(山崎眞行)는 젊음의 패션 거리 하라주쿠와 시부야 사이의
'핑크 드래곤(Pink Dragon)'이라는 5층 짜리 파스텔
컬러의 아르데코풍 매장의 공간 작업을 끝냈다. 1층과
지하는 야마자키의 1950년대풍 브랜드 크림 소다(Cream
Soda)의 옷과 액세서리를 판매한다. 위로 올라가면 '드래곤
카페(Dragon Cafe)'라는 아메리칸 스타일 식당이 있는데,
호피무늬 비닐을 덮은 긴 의자와 빈티지 주크박스가 완비돼
있다. 야마자키는 꼭대기 층의 호화로운 아파트에서 살았고,
지하 2층에는 그가 후원하는 로커빌리 밴드 블랙 캣츠(Black
Cats)의 연습실을 만들었다. 옥상 수영장은 불필요할 만큼
호화롭게 만들어 수영을 못 할 정도였다.

이 사치스러운 복합건물은 10대들에게 로큰롤 옷을
판매하는 야먀자키의 사업이 성공한 기념물이었다. 28억
엔(2015년 기준 3,300만 달러)을 벌어들인 뒤 그는 자주
하라주쿠를 미개발된 금광으로 비유했다. 하지만 야마자키의
부는 1970년대 말 아이비와 헤비듀티를 잇는 새로운 패션
트렌드로 쌓은 게 아니었다. 그는 이전까지 무시받은 10대가
관심을 둘 만한 스타일을 제시하여 자신만의 길을 개척했다.
고등학교 중퇴자와 불량 청소년 들이었다.

1970년대 말까지 패셔너블한 일본 10대 대부분은 배경
좋은 허위의 아이비리거, 위크엔드 히피, 시크한 백패커, UCLA
그루피 중 하나였다. 브랜드와 잡지는 고객들을 계속 오르는
연봉과 늘어나는 가처분 소득을 가진 화이트칼라 직장인으로
상정했다. 『헤이본 펀치』는 회사라는 사다리를 올라 사무실의

하라주쿠의 핑크 드래곤. 1995년경.

일꾼이 될 수 있도록 준비했고, 『뽀빠이』는 독자들에게 대학의 테니스 클럽에서 여학생들에게 가장 깊은 인상을 줄 수입 제품이 무엇인지 안내했다.

실제로는 일본 젊은이들 중 극소수만이 이런 부유한 생활 방식에 대한 경험이 있었다. 1970년대까지 남성 중 20퍼센트 이하만이 대학교에 갔고, 여성은 더 낮았다. 특히 대도시 바깥의 10대들은 대부분 중학교나 고등학교를 마친 뒤에는 블루칼라 일자리를 잡았다. 하지만 1970년대 경제가 튼튼해지면서 육체 노동을 하는 10대도 옷을 사고, 친구들과 술을 마시고, 자동차를 유지할 수 있었다.

이렇게 소비자로 등장한 노동 계층의 10대들은 사회 경제적 우위에 있는 이들을 흉내 내지 않고 새로운 스타일로 나아갔다. 인류학자 사토 이쿠야는 블루칼라 10대들은 대학을 나온 사람들이 연약하고 꾸미기를 좋아한다고 생각하고, 자신들은 의도적으로 상스럽게 보이고 노골적인 쇼맨십을 드러내는 옷을 원한다는 사실을 발견했다. 야마자키와 다른 미디어의 영향으로 이런 10대들은 과거의 두려움 없는 반항아들로부터 영감을 찾았다. 특히 전후 일본이나 미국의 1950년대 불량배들이다. 패션의 두 흐름은 결국 '양키(Yankii)'라는 하위문화로 통합됐다. 이 단어는 원래 '양키(Yankee)' 미군을 일컫는 말이었지만 나중에 일본의 고유한 표현으로 진화했다.

야마자키 마사유키는 그의 성인 핑크 드래곤에서 이 나라의 톱 패션 디자이너, 모델, 스타일리스트, 연예인들과 흥청망청 뛰어다녔다. 하지만 마음은 오랫동안 소도시의 불량배들과 함께했다. 그의 명성이 가장 높았던 1977년 야마자키는 "전 범법자가 되고 싶어요. 살짝 건방진 펑크도

201

괜찮죠."라고 적었다. 야마자키는 인습 타파적인 스타일을
좋아한 젊은 시절의 패션에서 노선을 바꿔 조용히 다수를
차지한 노동 계층의 10대들이 아웃사이더인 자신의 위치를
자랑스러워할 만한 스타일을 만들고 싶었다. 그는 일본이 조금
더 로큰롤이 되길 바랐고, 이것이 바로 정확히 그가 얻어낸
것이었다.

1945년 생인 야마자키 마사유키는 홋카이도의 광산촌인
아카비라에서 자랐다. 야마자키의 아버지는 광산에서 일했고,
어머니는 중역의 맨션에서 파트타임 청소부로 일했다. 조잡한
연립 주택에 살면서 야마자키는 그가 찾아낼 수 있는 화려함을
찾았다. 그는 일본의 톱스타가 실린 연예 잡지의 사진을
연구했지만, 아카비라에서 옷을 가장 잘 입는 사람들은 근처의
불량배들이었다. 어릴 적부터 야마자키는 이렇게 생각했다.
'모든 쿨한 패션은 불량배 패션이다.'
　　특히 이 말은 전후 10년 동안 진실이었다. 빈곤한 대중이
누더기 천을 입는 동안 '구렌타이'로 부르는 젊은 갱들은
스리피스 슈트를 입고 시내를 활보했다. 이들은 옷에 돈을 썼을
뿐 아니라 팡팡 걸스의 도움으로 미군 PX에서 옷감을 구하기
위해 미군들에게 뇌물을 주는 방법도 알고 있었다.
　　그 다음에는 아푸레가 등장했다. 이들은 캐주얼 시크를
완벽하게 보여줬는데, 주름을 편 하와이안 알로하 셔츠에
나일론 벨트, 러버 솔 운동화, 맥아더 스타일의 비행사
선글라스를 썼다. 아푸레는 리젠트 헤어스타일로 악명이
높았는데, 앞부분은 올백으로 높이 세우고 옆 부분은 포마드로
뒤까지 붙였다. 흔한 군대풍 헤어스타일에 반항한 전후의
젊은이들은 1930년대에 유행한 의도된 반역의 룩을 되살렸다.

부모들은 리젠트 헤어스타일이 내포한 생활에 대한 모욕이자 집에 있는 돈을 블랙마켓에서 포마드를 사는 데 써버린다는 이유로 싫어했다. 재즈 뮤지션과 낮은 지위의 불량배들이 지닌 외모에 대한 사랑은 화류계와 동의어가 됐다.

중학교 시절 야마자키는 검은색 테이퍼드 핏으로 서스펜더(멜빵)로 고정하는 하이 웨이스트 바지인 '맘보바지'로 불량배 패션에 첫발을 내딛었다. 이 옷의 이름은 젊은 커플이 땀 냄새 가득한 클럽에서 밤새 라틴 리듬에 맞춰 춤을 추던 1955년의 유행인 맘보 음악에서 나왔다. 맘보맨은 거대한 어깨의 1버튼 재킷에 튀는 셔츠를 입고, 스키니한 넥타이에 앞에서 말한 바지를 입었다. 맘보 붐은 금세 사라졌지만 이 특별한 패션과 클럽의 수상한 고객들은 '맘보'라는 말을 '어린 녀석'의 속어로 쓰게 된다. 그 뒤 맘보바지는 반항적 10대들이 가장 좋아하는 스타일로 살아남았다.

리젠트 헤어스타일은 1958년 미디어가 미키 커티스, 히라오 마사키, 야마시타 게이지로 등의 로커빌리 가수에 열광하면서 더욱 인기를 끌게 된다. 일본의 엘비스 프레슬리 클론들은 기름지고 컬을 넣어 세운 올백 앞머리에 맘보바지, 웨스턴 스타일의 컨트리 재킷을 입었다. 그들은 니치게키 극장의 '웨스턴 카니발'에서 와일드한 퍼포먼스를 선보이며 한 주에 4만 5,000여 명을 끌어들였고, 여성들은 무대에 속옷을 날려 보냈다. 로커빌리의 유행은 아주 잠깐이었지만, 일본의 불량한 소년들 사이에 리젠트 헤어스타일이 자리 잡기에는 충분했다. 열세 살의 야마자키도 아카비라에서 TV로 이 장관을 봤고 '강한 충격과 거대한 영향력'으로 기억했다.

산간벽지에 틀어박힌 10대들은 리젠트 헤어스타일, 맘보, 로커빌리를 좋아했지만 부유한 도쿄의 10대들은 이런 룩을 비웃었다. 고바야시 야스히코는 "학생이라면 누구나 하와이안 셔츠, 리젠트 헤어스타일, 맘보 룩을 싫어했어요. 전부 나쁜 놈들처럼 보였죠."라고 설명했다. 특히 올백에 높이 세운 앞머리는 뚜렷하게 교양이라고는 없는 화려함을 뜻했다. 해변의 부유한 무리인 태양족은 짧고 활동성 있는 헤어스타일을 좋아했는데, 1960년대 초반에 인기를 끈 깔끔한 아이비 패션이 리젠트 헤어스타일을 구식 패션의 유산으로 더 깊게 묻어버렸다.

야마자키는 고등학교를 마친 뒤 여자 친구를 따라 도쿄로 가는데, 한 달도 되지 않아 여자 친구는 인테리어 디자이너에게 떠나버렸다. 야마자키는 새로운 여성을 만나고자 스타일리시한 직업을 찾기로 마음먹는다. 도쿄를 지배하던 미유키족 스타일로 바꾸기 위해 크롭 팬츠와 VAN 재킷의 슈트를 입고, 케네디 스타일로 머리를 깎고 투박한 드레스 슈즈를 자랑스럽게 신었다. 그는 이 옷 덕에 신주쿠의 정통 남성복 매장인 '미츠미네'에서 일하게 됐고, 여기서 소매점의 비밀을 배우고 『헤이본 펀치』에 아이비 룩의 전형으로서 모델이 되기도 한다.

그러던 어느 날 동료 직원이 검은색 가죽 재킷에 검은색 셔츠, 검은색 슬림 진에 포마드를 바른 리젠트 헤어스타일로 등장한 모습을 봤고, 하루아침에 모든 게 변한다. 이 직원은 도쿄에서 한 시간 정도 거리의 해안 도시인 요코스카 출신이었는데, 그곳은 스카만(요코스카 맘보)이라는 노동자 계층 패션 운동의 본고장이었다. 10대 스카만은 요코스카의 미군 기지 근처를 들락거리며 멋지고 당당한 아프리카계 미군뿐 아니라 거친 사병들에게서 스타일에 관한 힌트를 익혔다. 이들은 슬림한 3버튼 아이비 스타일 옷을 입지 않았고,

스카잔 두 벌. 새틴 기념품 재킷.

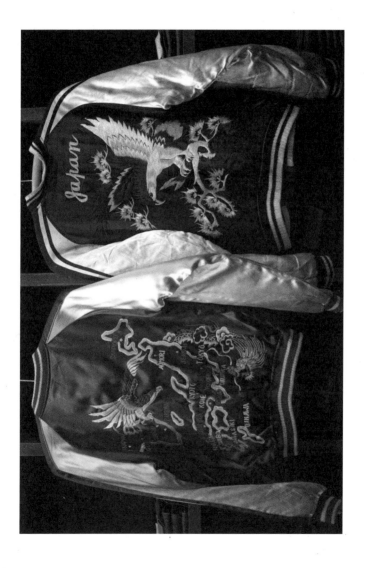

그래서 스카만은 이들을 따라 기지 근처의 양복점에서 광택이
나는 소재로 만든 1버튼의 '현대적' 슈트를 맞췄다. 10대 스카만
중 일부는 짧게 깎은 미군 병사의 머리를 따라 하기도 했지만
가장 흔한 건 리젠트였다.

스카만 10대들은 클래식 아메리칸 레터맨 베이스볼 재킷을
레이온 새틴으로 만들어 등에 동양풍 독수리나 호랑이, 용을
자수로 새겨 넣은 '기념 재킷'을 좋아했다. 일본의 10대들은
이것을 스카잔(요코스카 점퍼)으로 불렀는데, 상륙한 미국
선원들이 떠날 때 찾아가는 기념품 매장에서 이 점퍼를
구입했다. 최초로 재킷에 식민지풍의 시크함을 넣은 사람은
요코스카의 10대들이었지만, 이 옷이 전국적으로 알려진
건 1961년 영화 「돼지와 군함(Pigs And Battleships)」*의
주인공이 입은 뒤였다.

고바야시는 요코스카 맘보 같은 술집에 자주 들렀다.
"요코하마에는 외국인을 위한 멋진 레스토랑과 호화로운
바가 많았어요. 하지만 요코스카와 요코타에는 미군 녀석들로
가득했죠. 대부분 미국의 부랑자 같은 놈들이었어요. 청바지
같은 불량배 스타일의 옷을 입고, 휘파람을 불고, 욕을 해댔죠."
요코스카의 트렌드를 다룬 『헤이본 펀치』 딜럭스의 고바야시의
일러스트레이션이 들어간 르포에서 그들의 외모를 묘사하는
데 매우 구체적인 용어를 사용했다. 그것이 바로 '양키
스타일'이다. "우리는 미국의 불량배 패션을 '양키'로 부르기
시작했죠. 아이들은 대부분 제대로 된 슈트를 입은 나이 든
미국인을 흉내 낼 돈이 없었지만, 미국의 불량배처럼 입는 건

---

* 이마무라 쇼헤이가 감독한 영화. 야쿠자들이 미군 기지에서 나오는
잔반으로 돼지를 길러 일확천금을 노린다는 설정의 희극이다.

·간단했어요.”

스카만 룩의 요코스카 친구를 본 다음 날 야마자키
마사유키는 아이비를 버리고, 머리를 리젠트로 번드르르하게
밀어 올렸다. 1966년 여름, 그는 미츠미네를 그만두고
스카만의 영향력에서 가까운 잘 알려지지 않은 해변의 마을
하야마에서 직업을 구했다. 야마자키가 빈 호텔 업무를
담당하는 동안 그는 아이비 스타일의 엘리트 대학생들이 더
좋은 시설을 물려받고, 기타로 포크송을 연주하는 모습을
목격했다. 그는 나중에 “나는 여자들에게 구애하는 저런
녀석들을 볼 때마다 매번 너무나 화가 났다.”라고 썼다.
야마자키는 아이비를 적군의 표시로 보기 시작했다. 그는
‘여기에 적힌 것과 완전히 반대로 하기 위해’ 매달 『멘즈
클럽』을 읽었다.

1967년 도심 주변의 노동자 계층에서 생겨난 비슷한
젊은이들의 운동과 섞이며 스카만 스타일은 도쿄에도 퍼진다.
스카만들은 제임스 브라운(James Brown) 같은 아프리카계
아메리칸 솔 가수를 사랑했다. 곱슬곱슬하고 솜털처럼 푹신해
보이는 제임스 브라운의 올백 머리는 리젠트 헤어스타일의 또
다른 지표가 됐다. 10대들은 여자 친구와 신주쿠의 클럽에서
솔 음악에 맞춰 춤추는 걸 꿈꿨지만, 도쿄의 고고바는 리젠트
헤어스타일을 하거나 선글라스를 쓴 사람들의 출입을 확실하게
막았다.

흐름이 도쿄로 되돌아가면서 야마자키는 그의 전
고용주에게 신주쿠에 작은 술집 두 곳만 열 수 있도록
도와달라고 간청했다. 운이 나쁘게도 두 술집 모두 사람들의
마음을 끌지 못했고, 1년이 지난 뒤 소유주는 둘 다 팔라고
요구했다. 야마자키는 힘겹게 돈을 긁어모아 덜 좋은 장소를

야마자키 마사유키(맨 오른쪽)와 가이진 20 멘소에서 함께 일하는 사람들.

사들였다. 1969년 4층까지 걸어 올라가야 하는 낡은 건물에 리듬 앤드 블루스 바 '가이진 20 멘소(怪人二十面相, 얼굴이 스무 개인 악마)'를 연다. 그는 벽을 검게 칠하고, 천장에는 아마추어 예술가 친구에게 엘비스 프레슬리와 마릴린 먼로의 초상화를 대충 그려달라고 부탁했다. 가이진 20 멘소에서는 밤이 새도록 가장 큰 볼륨으로 솔 음악을 틀고, 직원들은 가죽 재킷, 청바지에 올백으로 치장했다. 급진적인 학생 시위대와 긴 머리의 히피들로 잘 알려진 신주쿠의 어두운 구석에서, 야마자키는 오일로 머리를 올려붙인 불량배들이 자신들만의 장소라 여길 만한 곳을 만들었다.

1970년대 초반까지 야마자키는 도쿄를 통틀어 자신과 직원들만이 양키 폭주족처럼 옷을 입은 유일한 어른으로 생각했다. 하지만 『플레이보이』를 훑어보던 어느 날, 그는 록 밴드 캐럴(Carol)의 솔메이트 네 명을 찾아냈다. 베이시스트 겸 싱어인 야자와 에이키치(矢沢永吉)는 원자폭탄이 떨어진 뒤 히로시마의 폐허에서 자랐다. 어머니는 그를 포기했고, 그 뒤 아버지가 방사능으로 사망하면서 고아가 됐다. 유일한 즐거움은 매일 라디오로 미국 음악을 듣는 일이었다. 고등학교를 졸업한 뒤 요코스카의 버려진 지역에 자리 잡고 잡역부로 일하며 데모를 녹음하고 거절당하기를 반복했다.

1972년 8월 15일, 스물일곱 번째 제2차 세계대전 종전 기념일에 야자와는 캐럴을 결성했다. 비틀스의 '팹 포 데이'* 이전 함부르크 빈민가 리퍼반의 클럽에서 마라톤 연주를

---

* 1962년 비틀스의 첫 번째 히트 싱글 「러브 미 두(Love Me Do)」를 발매한 후 비틀마니아가 성장하면서 '팹 포(Fab Four)'라는 별명을 얻게 됐다. 팹 포 데이는 그 이전 시절을 말하는데, 드러머 링고 스타가 없었고, 리버풀과 함부르크의 클럽을 돌아다니며 공연했다.

록 밴드 캐럴의 야자와 에이키치(오른쪽에서 두 번째).

하던 시절의 로큰롤을 다시 만들어보자는 생각이었다. 캐럴의
기타리스트 오쿠라 자니는 밴드에 유니폼이 필요하다고
생각했고, 당시 런던에서 유행하는 스타일이었던 레트로한
1950년대 '록시' 스타일로 결정했다. 그들은 머리를 올백으로
넘기고 위협적인 가죽 재킷과 가죽 바지를 입고, 두 다리를
벌리고 대형 오토바이를 타는 자세를 취했다. 이 룩을 과거
미국 불량배의 캐리커처로 여긴 『플레이보이』는 '양키
스타일'로 불렀다.

공영방송인 NHK는 몇 년 동안 방송에서 캐럴을
금지했는데, 그들의 바이커 룩을 낮은 교육의 특징으로
생각했기 때문이다. 대도시의 콘서트홀에서도 싸움이나
폭동, 재산의 파괴 같은 불상사가 벌어질까 캐럴의 콘서트를
거부했다. 하지만 그룹이 전국 방송 TV 쇼인 「긴자 나우」로
뜨고 나면서 양키 룩은 시골의 10대들에게까지 퍼져나갔다.
작가 하야미즈 겐로는 이 그룹의 매력에 관해 "선글라스,
가죽 재킷, 반항적인 느낌, 모터사이클의 야자와 에이키치는
젊은이들이 학교 당국과 전투를 벌이는 이 시대의 영웅처럼
보였다. 야자와는 아메리칸 로커 스타일을 청소년범죄 문화
속에 퍼뜨렸다."라고 설명했다.

한편, 도쿄의 패션 신에서는 캐럴의 리젠트와 클래식
로큰롤을 브리티시 글램록 운동에서 생겨난 1950년대
재유행의 일본식 버전으로 여겼다. 패션지 『앙앙』은 유행 중
하나로 가이진 20 멘소에 관한 짧은 기사를 실었다. 취향이
비슷한 사람들이 이 술집으로 찾아왔다. 패션 디자이너
야마모토 간사이와 캐럴의 멤버들이 정기적으로 들르고,
최전성기에는 매일 밤 100여 명이 넘는 사람이 들어찼다.
사람들은 계단을 따라 건물 앞까지 구불구불 줄을 섰다.

가이진 20 멘소는 미국의 불량 청소년을 흉내 내는
패션 엘리트뿐 아니라 진짜 불량 청소년들에게도 매력적인
장소가 됐다. 이들은 튀는 하와이안 셔츠에 가죽 재킷을 입고,
리젠트 헤어스타일을 했다. 밤마다 싸움이 벌어졌기 때문에
야마자키와 부하들은 옥상에서 자기 방어를 훈련해야 했다.
하지만 맨손으로는 가끔씩 술집에 나타나는 새롭게 등장한
위험한 불량배, 즉 보소족(暴走族, '보소'는 '통제 불능'이라는
뜻)에게 맞설 수 없었다. 이 10대 범죄자 오토바이 갱들은 그룹
라이딩, 영역을 두고 벌이는 전투, 과격한 스타일의 의상으로
명성을 떨쳤다.

　　1970년대 중반부터 보소족 라이더들이 일본 지방
도시에서 악명을 떨치기 시작했다. 그들은 완전히 개조하고
머플러를 뗀 오토바이를 타고 토요일 밤 주요 도로를
가로질렀다. 이들은 빈 주스 캔에 시너를 넣어 흡입했고,
초창기에는 라이벌 그룹들과 죽을 때까지 싸웠다. 하지만
보소족은 리젠트와 가죽이라는 캐럴의 '양키 스타일'에서
주로 영향받은 패션 센스로 가장 악명이 높았을 것이다.
겉모습만 본다면 VAN 재킷의 팬들이 아이비리그 학생들을
흉내 냈듯 이 라이더들은 미국의 '그리저(Greaser)'*를 흉내
냈다. 하지만 보소족 10대들은 미국에서 기원한 스타일에
관해서는 별생각이 없었고, 사실 그저 야자와 에이키치를 따라
한 것이었다. 그들에게 이 스타일의 정통성은 외국에서 온 게
아니라 일본 국내에서 왔다.

* 1950년대 미국에서 등장한 노동자, 저소득층 10대와 청년으로 구성된
폭주족. '그리저'라는 말은 기름때가 묻은 가난한 노동자에서 나왔는데,
이들의 특징인 기름을 발라 넘긴 머리(greased-back hair)를 뜻하기도
한다.

도쿄의 거리에서 그룹 라이딩을 하는 보소족 바이커들.

캐럴의 영향력이 가장 컸고, 보소족은 거기에 평범한 사회에 겁을 줄 수 있는 건 뭐든 가져다 붙였다. 학생 나이대의 멤버들은 신분을 감추기 위해 수술용 마스크를 썼다. 안전 헬멧 대신 머리를 뒤로 젖혀 붙이기 위해 헤드밴드를 했다. 박박 깎은 머리도 흔했지만, 보소족은 대부분 타이트한 '펀치 파마' 또는 아프로처럼 꾸민 '니그로' 파마를 했다. 그러고 나서 사이드에 약간의 그리스를 발라 머리를 위로 올렸다. 엘비스 프레슬리보다는 제임스 브라운의 변종에 가까운 모습이었지만 보소족은 이를 계속 '리젠트'로 불렀다.

야마자키 마사유키는 멀리 떨어진 영국풍 리젠트 헤어스타일을 제대로 재현한 트렌디한 패셔니스타들보다 진짜 젊은 갱들을 좋아했다. 하지만 신주쿠의 와일드한 사람들에 대한 그의 연민은 어느 날 일이 끝난 뒤 불량배들이 그를 습격하면서 끝났다. 범죄자들은 그의 목에 칼을 댔고, 훔치려는 반지가 손에서 빠지지 않자 손가락을 잘라버리려 했다. 이 사건과 계속 늘어나는 술집 안의 싸움으로 야마자키는 가게를 옮길 때가 됐다고 결심한다.

신주쿠의 어두운 면에 대한 야마자키의 분노는 1970년대 초반 반문화의 큰 변화를 보여준다. 학생운동은 붕괴하고, 경찰은 남은 히피들을 덤불 속에서 끌어내 쫓아냈다. 경찰이 1970년 8월부터 일요일마다 도로를 막고 '보행자 천국'을 만들면서 드래그 레이싱을 하는 라이더들도 오지 못하게 됐다. 신주쿠가 정화되면서 남은 언더그라운드 청년들은 새로운 장소를 찾기 시작했다. 가장 강력한 후보지는 지하철로 몇 정거장 거리의 조용한 주거지 하라주쿠였다.

하라주쿠는 통근자들의 부산한 허브인 시부야에서 조금만

걸어가면 나오는 동네로, 요요기 공원과 메이지 신궁의 녹지가 경계를 만들고 있다. 점령기 동안에는 미군 장교들이 살았고, 1964년에는 근처에 올림픽 주경기장이 들어섰다. 하지만 짧은 전성기를 지난 뒤 하라주쿠는 휴면기에 접어 들었다. 작가 모리나가 히로시는 "하라주쿠는 남태평양의 작은 섬처럼 하찮고, 밤이고 낮이고 조용하다."라고 표현했다.

활동지는 메이지 거리와 나무가 늘어선 오모테산도 교차로의 센트럴 아파트 주변이었다. 안에는 떠오르고 있는 신인 패션 디자이너들이 맨션을 빌려 소량으로 예술적인 옷을 만들고 있었다. 이 '맨션 메이커'들이 초창기의 창조적 부류를 형성했고, 한가한 시간이 되면 1층의 카페 '레옹(Leon)'에서 긴 머리에 수염을 기른 친구들과 이야기를 나눴다.

가이진 20 멘소를 찾아오는 스타일리시한 고객들은 센트럴 아파트에서 일하거나 그 주변 사람들이었기 때문에 야마자키는 다음 술집 장소로 하라주쿠가 완벽하다고 생각했다. 1974년 그는 이전 술집에 보증금으로 지불한 회사의 연금으로 250만 엔의 대출금을 인출해달라고 아버지에게 부탁했다. 새로운 장소의 이름은 '킹콩'이었다. 모든 벽을 호피 프린트로 덮은 다음 열대의 해변을 바라보는 카리브해 여인의 벽화를 그렸다. 손님들은 빈 맥주 상자 위에 앉았다.

처음 몇 달 동안 이 초라한 장소에는 고객이 거의 없었는데 그중 어떤 손님이 야마자키의 인생을 영원히 바꿔놓는다. 영국에서 태어난 하프 일본인 모델 비비언 린(Vivienne Lynn)이었다. 부족한 일본어로 몇 시간 동안 대화를 나눈 뒤 둘은 친해지고, 몇 주가 지난 뒤 열아홉의 시세이도 광고 모델과 스물아홉의 광부의 아들은 연인이 된다. 그 뒤 야마자키는 몇 달 동안 린의 제트족 생활 방식을 쫓아가느라

회사의 은행 잔고를 몽땅 써버렸다. 하지만 뮤즈로서 린의
역할은 결국 수익성이 좋았다. 동남아시아에서의 잊히지
않을 린과의 만남 이후 야마자키는 1975년 5월에 '싱가포르
나이트'라는 키치한 1950년대풍 트로피컬 술집을 열었다. 이
술집은 연예인과 라이더 모두에 즉각 히트를 친다.

    린은 또한 야마자키의 취향을 정제하고 분명하게 구축하는
데 도움을 줬다. 야마자키는 야마모토 간사이의 패션쇼를 보기
위해 파리에 갔다가 보게 된 조지 루카스의 영화 「아메리칸
그래피티」*에 사로잡혔다. 그는 자서전에 "이 영화를 보는 건
제 고향인 아카비라를 떠올리게 했어요. 고등학생 시절 저는
목적지도 없이 친구들과 자전거를 타고 밤새 동네 주변을
돌았죠. 쇼핑가의 스피커에서는 팝 뮤직이 나오고, 여자들에게
수작을 걸고, 댄스 파티에 가고, 싸움을 했죠."라고 적었다.
유럽에 머물던 야마자키는 페리로 영국에 가는데, 말콤
맥라렌과 비비안 웨스트우드의 로커빌리 부티크 '렛 잇 록(Let
it Rock)'을 찾아갔다. 이 방문으로 그는 사랑하는 미국의
소년 범죄자의 이미지가 대중문화 주변을 맴도는 모습을 보게
됐지만, 그럼에도 자신의 레트로한 관심이 그저 별난 면에
지나지 않는다고 여기고 있었다.

    1975년 말, 마침내 린은 네오 테디 보이 신을 직접
보여주기 위해 야마자키를 런던에 다시 데려온다. 브라이튼
마켓에서 야마자키는 빈티지 옷을 파는 가판을 발견했고,
볼링 셔츠와 하와이안 셔츠 한 상자와, 러버 솔 브로델
크리퍼스, 박시 슈트, 어깨 패드가 들어 있는 재킷을 구입했다.
린의 어머니는 "야마 짱, 당신은 확실히 1950년대를

---

* 한국 제목은 '청춘 낙서'.

하라주쿠에 있던 크림 소다의 초창기 외관.

좋아하네요."라고 말한다. 야마자키는 이런 말을 들어본
적이 없었지만 그 말이 모든 걸 설명해주는 듯했다. 그는
'1950년대'를 좋아한다!

런던에서 산 빈티지 옷을 판매할 장소를 찾다가,
야마자키는 처음으로 순전히 제품만 판매하는 첫 번째 매장
크림 소다를 하라주쿠에 열었다. 이곳은 이 주변에서 처음으로
연 빈티지 옷 가게일 것이다. 야먀자키는 매장 앞에 맥라렌의
매장 렛잇록의 새 이름인 '살기엔 너무 타락했고, 죽기엔
너무 이르다. (Too fast to live, too young to die.)'라는
문구를 적어둔다. 몇 주 만에 크림 소다는 야마자키의 가장 큰
성공작이 됐다. 런던에서 지불한 가격의 여섯 배를 책정하면서
엔화가 밀려들었고, 한때 가난한 술집 주인이었던 이 사람은
넘쳐나는 현금을 만끽한다. 하지만 의류 산업에 종사하는
이들이 몇 주 만에 오리지널 빈티지 제품을 다 사버렸고,
야마자키는 저가의 크림 소다 오리지널 제품을 만들어야만
했다. 10대들은 이쪽을 훨씬 더 좋아했고, 브랜드의 호피무늬와
셔벗 톤의 요란한 셔츠와 스커트를 줄을 서서 사갔다.

야마자키는 수요를 따라가기 위해 더 많은 제품이
필요해졌다. 캘리포니아의 저렴한 중고 제품에 대한 소문을
들은 뒤 그는 1976년 샌프란시스코로 갔다. 하지만 어떤
중고 옷 가게에도 그가 찾는 1950년대풍 스타일 비슷한 것도
없었다. 포기하려 할 때쯤 미스터리한 영국 히피 한 명이 그의
집에 감춰둔 옷 더미가 있다며 접근해왔다. 야마자키는 그를
따라 하이트애시베리 지역으로 갔고, 막대한 양의 빈티지
컬렉션을 샅샅이 살펴보며 하루를 보낸다. 그는 200만 엔
어치의 제품을 구입해 하라주쿠로 보냈고, 다 팔리고 난 뒤
추가적으로 30피트의 선적 컨테이너를 가득 채울 퀴퀴한

냄새가 나는 옷을 추가로 1,000만 엔 어치 사들였다. 이 투자는 도쿄의 거리에서 소매로 1억 엔(2015년 기준 140만 달러)어치로 팔렸다.

크림 소다는 레트로한 미국산 옷을 일본의 젊은이들에게 판매해 실질적으로 돈을 찍어내다시피 했다. 야마자키의 성공에 자극을 받아 페퍼민트(Peppermint)나 초퍼(Chopper) 같은 비슷한 브랜드가 근처에서 영업을 시작했다. 약삭빠른 구매자들은 크림 소다에서 산 제품을 거리로 들고 나가 두 배에 되팔았다. 일본의 정상급 의류 회사와 백화점들이 야마자키의 문을 두드렸지만 그는 '메이저'가 되기를 거부했다. 그의 작은 회사 '1950 컴퍼니'를 중심으로 사업을 키워갔고, 소매 사업에만 집중하기 위해 술집도 닫는다.

야마자키의 한 시절 판타지였던 일본에서의 1950년대 패션 리바이벌은 1977년 하라주쿠의 거리에서 실현됐다. 10대들은 테디 보이들이 좋아한 브로델 크리퍼 슈즈(러버 솔)와 길고 컬러풀한 재킷, 클래식한 미국 10대 소녀들의 아이템인 빨간색 레터맨 카디건, 야구 재킷, 새들 슈즈와 타이트한 리바이스 501을 입었다. 전환점은 소니의 휴대용 카세트플레이어인 질밥(ZILBA'P)의 프린트 광고에 빈티지 자동차에 기댄 백인 청년이 마치 영화 「아메리칸 그래피티」의 세트장에서 막 걸어나온 듯한 옷을 입으면서였다. (그들이 입은 옷은 물론 크림 소다에서 가져왔다.) 주말마다 전국에서 덕테일의 소년들과 포니테일의 소녀들이 미국의 과거 스타일을 입는 일본의 최신 유행에 합류하려는 열망을 안고 하라주쿠를 찾아왔다.

1950년대 패션 열풍의 시기에 어떤 10대들은 미군들처럼 입기 시작했다. 이들은 반팔의 클래식 카키색이나 올리브색

『멘즈 클럽』에 실린 G.I. 스타일의 두 가지 보기. 1970년대 중반.

111 112

유니폼에 군인처럼 넥타이를 넣고, 맥아더 같은 선글라스에 뾰족한 개리슨 모자를 썼다. 이런 옷을 입은 10대가 다들 미군을 찬양하려는 건 아니었지만, 확실히 지난 10여 년 동안의 반전 시위에 대해 거의 신경을 쓰지 않는 건 분명했다. 군복은 점령기와 제국주의의 상징이 아니라 이제는 향수를 담은 시크한 부분이 됐다.

1978년 뮤지컬「그리스(Grease)」가 로큰롤 붐을 더 크게 확장했고, 크림 소다의 오리지널 제품은 하루에 30만 엔(2015년 기준 5,000달러)어치씩 팔렸다. 일본 전역의 10대는 단지 야마자키의 핑크와 네온 옐로의 호피 프린트 지갑을 사기 위해 도쿄로의 여행을 꿈꿨다. 5년 전만 해도 일본인 중 거의 누구도 '로큰롤'이라는 말을 들어본 적이 없었지만, 이제 크림 소다는 전 세계에서 록 의류를 가장 많이 판매하는 매장이 됐다.

새로운 매장 개리지 파라다이스(Garage Paradise)에 들여놓을 저렴한 미국 제품이 더 필요했기 때문에 야마자키는 그의 스태프 전부를 데리고 한국으로 출장을 간다. 미군 부대 바깥의 지저분한 시장에서는 레더 봄버 재킷을 쌓아놓고 5천 엔(2015년 기준 87달러)에 팔고 있었는데, 아메요코의 시장에서 일본의 로커가 같은 물건을 살 때 지불하는 가격의 몇 분의 1밖에 되지 않았다. 야마자키는 200벌을 구매했고 더 많은 제품을 일본으로 보내달라고 요청했다. 이 옷은 하루밤 사이에 히트했고, 야마자키의 재산을 늘려주면서 가죽옷을 입은 젊은이들의 인구도 늘렸다.

크림 소다와 개리지 파라다이스는 하라주쿠를 조용한 거주지에서 젊은이들 패션의 국가적 중심지로 바꿨다. 1970년대 내내 일본의 대중문화는 도쿄 바깥에서 영감을 찾았는데, 안온족은 작은 시골 도시에서, 헤비듀티 키즈들은 위대한 아웃도어에서, 서퍼들은 쇼난 해변에서 여름을 보냈다. 1950년대 붐은 이런 스포트라이트를 다시 도쿄로 확고히 돌렸다. 1970년대가 끝나갈 무렵 100킬로미터 떨어진 곳에 사는 10대들도 일요일 아침 일찍 일어나 도쿄행 기차를 탔고, 하루종일 오모테산도와 다케시타 거리를 오갔다.

아이비 시대와 마찬가지로 젊은이들의 패션이란 아메리칸 스타일을 뜻했다. 하지만 야마자키의 1950년대 스타일은 불량 청소년과 자극에 너무 깊게 연결돼 있었기 때문에 패션 시장은 소비자를 완전히 통제할 수 없었다. 불량 청소년들은 확실히 자신의 스타일을 직접 결정하고 싶어했다.

1970년대 중반 지방의 보소족 그룹들은 주말마다 도쿄로 찾아왔고, 천천히 오토바이를 몰며 하라주쿠 주변을 돌았다. 신주쿠와 마찬가지로, 시에서는 매주 일요일 나무가 늘어선 오모테산도 애비뉴의 길을 막아 보행자 천국으로 만들어 갱들이 찾아오지 못하게 하려 노력했다. 한 가지 형태의 범죄는 막을 수 있었지만, 대신 다른 게 등장했다. 크림 소다에서 구입한 로큰롤 옷을 입은 전 보소족 멤버들이 하라주쿠에 모여 소니의 질밥 스테레오로 1950년대 미국 히트곡들을 틀어놓고 춤을 추기 시작한 것이다. 남성들은 검은색 가죽 재킷에 팔을 말아 올린 흰색 포켓 티셔츠, 낡은 스트레이트 청바지에 오토바이 부츠를 신고, 기름을 잔뜩 발라 번들거리고 높이 세운 올백 머리를 했다. 여성 동료들은 푸들 스커트를 입고, 커다란 리본을 묶어 포니테일 머리를 하고, 프릴이 달린 짧은 흰색 양말에 새들 슈즈를 신고, 흰색 레이스의 칵테일 장갑을 끼고 주변을 빙빙 돌았다.

소년과 소녀 들은 트위스트와 지르박을 응용한 꽤 어렵고 일요일에 하라주쿠에서 춤을 추는 롤러족. 1982년.

다양한 춤을 췄다. 하지만 높은 남녀 분리의 사회에서 다들 이렇게 함께하던 건 아니다. 소년들은 중앙에 한데 모였고, 소녀들은 근처에 모여 몸을 흔들었다. 10대들은 결국은 공식적인 그룹으로 조직이 돼 매주 일요일 모여 하루 종일 함께 춤을 추게 됐다. 미디어에서는 이들을 '롤러스'로 불렀는데, '로큰롤러들'에서 나온 말이다.

경찰은 롤러족을 오모테산도에서 밀어내기 시작했고, 근처의 비슷한 보행자 천국인 요요기 공원으로 몰아넣었다. 하라주쿠역 바깥의 작은 아스팔트 공원은 매주 일요일 아침 10시부터 어두워질 때까지 그들만의 새로운 약속의 땅이 된다. 엄격하고 딱딱한 일본 사회와는 다르게 하라주쿠에는 주말 페스티벌이 열리게 됐고, 10대들은 부모와 선생의 감독 없이 잘 차려입고 나와 즐겁게 춤을 추는 장소가 된다. 요요기 롤러스의 인기는 밝은색 쿵푸 복장을 입고 디스코를 추는 비슷한 하위문화인 다케노코족(竹の子族)*의 등장으로 이어졌다.

롤러족이나 다케노코족에 참여한 10대들은 대부분 무기력한 블루칼라 노동자였다. 1980년 6월 방영된 NHK의 다큐멘터리 「영 플라자: 하라주쿠의 24시간」은 언제나 부모와 국가에 '예!'라고 답하며 인형처럼 살아가는 데 불만을 품은 열다섯 살의 다케노코족 여성 멤버 야오이를 따라간다. 일요일은 그가 진정한 자기 자신으로서 자신의 의견을 표현할 수 있는 날이다. NHK의 다큐멘터리는 인기 있는 롤러족 그룹 미드나이트 앤젤스의 리더인 겐도 보여줬다. 겐은 아키타 지역에서 중학교를 그만두고 도쿄로 왔다. 그는

---

* '다케노코'는 대나무 죽순을 뜻한다. 이름은 1978년 개업한 다케노코 부티크에서 특유의 의상을 구입한 데서 유래했다고 알려진다.

평일에는 파트타임 근무를 하며 제임스 딘과 오토바이 갱단, 캐럴의 야자와 에이키치 포스터로 꾸민 비좁고 창문도 없는 아파트에서 산다. NHK가 그룹을 찍던 날 겐은 집의 농장에서 일하기 위해 아키타로 돌아가야 한다고 방송에서 알렸다.

다큐멘터리에서는 롤러족 대부분이 이 시기 10대 범죄자를 뜻하는 츳파리(つっぱり)임을 보여준다. 안무는 딱딱 맞아떨어지는 것처럼 보이지만, 그룹은 대부분 거칠고 문제 많은 중퇴자들로 구성돼 있었다. 그룹의 리더들은 무모하게 오토바이를 타는 이들과 시너를 흡입하는 이들을 원하지 않는다고 자주 말했다. 1980년엔 매주 일요일, 40여 개의 롤러족과 다케노코족 소속 800여 명의 댄서들이 나왔다. 1년이 지난 뒤 롤러족은 전국에 걸쳐 120여 개 그룹으로 커졌다. 롤러족과 보소족을 구분하지 않는 경찰은 주말마다 미성년 흡연, 음주 등으로 댄서 10여 명을 체포했다.

크림 소다는 하라주쿠에서 복고풍의 터프함을 활용해 지방 출신의 범죄자들과 패션 피플 사이의 불안한 동맹을 구축했다. 하지만 갈등은 불가피했다. 『앙앙』 1978년 2월호에서는 대학 카디건을 입은 열여섯의 여성과 거리에서 인터뷰를 했다. "우리는 츳파리 남자애들이 싫어요. 귀여운 사람들이 좋죠." 야마자키도 자신의 스타일이 츳파리 청년들의 주된 룩이 됐다는 데 복잡한 감정을 느끼고 있었다. 그는 학교에서 선생이 크림 소다 제품을 '보소족 용품'이라면서 압수하는 걸 불쾌하게 생각했다. 야마자키는 자신의 책에 "전 범죄와 1950년대가 서로 어떤 관련도 없다고 생각합니다. 1950년대 패션은 츳파리 패션과 달라요."라고 역설했다. 하지만 결국 1950년대 패션 운동은 크림 소다와 야마자키보다 훨씬 커지고, 전국 불량배 스타일의 중심이 됐다.

10대 중학생들이 노동 계층의 10대와 1950년대 유행을 함께하는 걸 싫어했다면, 노동 계층 10대는 가죽 재킷, 하와이안 셔츠와 청바지로 터프함을 드러내는 패션의 집합체를 진심으로 미워했다. 오토바이 갱들은 조금 더 겁을 줄 수 있는 룩을 원했다. 1970년대 중반부터 그들은 점차 '우요쿠(右翼)'로 부르는 폭력단과 관계된 우익 집단으로 패션 감각이 이동했다. 이 극단적 국수주의자들은 시위에서 임시변통으로 감색 집업 청소 유니폼을 불법 무장 단체의 제복으로 입고 등장했다. 보소족은 파란색 점프 슈트를 모방하고 '가미카제 옷(특공복)'으로 바꿔 불렀다. 10대 라이더들은 옷에 금색 자수로 우익 슬로건을 넣어 장식했다. 또한 보소족은 영어로 된 갱단명을 평범한 가타카나나 영문자 대신 옛날 중국 한자로 써넣어 제국주의 시대로 돌리기를 바랐다. 그들은 단체 라이딩을 하면서 일본의 제국주의 시대 전투 깃발을 날리고, 헤드밴드에 스와스티카(卍)를 그려넣었다. 두 폭주족은 나치와 히틀러에서 이름을 가져왔다.

이런 파시스트 패전트에도 보소족은 사실 우익의 주장에 큰 관심이 없었다. 인류학자 사토 이쿠야는 교토에서 폭주족을 연구했는데, 그들이 국가주의 이데올로기에 관심이 없고 대체적으로 우익 조직에 부정적임을 발견했다. 폭주족은 대부분 금기로 여겨진 전쟁 시절의 이미지가 사람들을 놀라게 만드는 힘을 즐겼다.

1980년 보소족 스타일은 제2차 세계대전 주축군과 연합군의 영향을 함께 받아 우익 가미카제와 아메리칸 그리저의 혼합물을 만들어냈다. 보소족 멤버들은 1980년대 초반부터 폭발하기 시작해 1982년 알려진 그룹만 712개에 4만 3,000명이 넘는 멤버로 정점에 이른다. 보소족의 룩은 헐렁한 리젠트 헤어를 그룹의 이름을 새긴 헤드밴드로 고정하고, 파란색 점프슈트, 가는 콧수염, 밀어버린 눈썹, 45도 각도로 구부린 선글라스의 한 가지 형태로 결국 합쳐졌다. 학교에서는 반항적 10대들이 전통적인 검은색 울 교복의 바지통을 넓히거나 교복의 칼라를 우스울 정도의 높이로 길게 고쳤다.

보소족이 일본 전역을 공포에 떨게 하면서 츳파리 스타일은 게토에서 나와 주류 대중문화와 결합했다. 인기 밴드 요코하마 긴바에(Yokohama Ginbae)는 1980년에 지저분한 콧수염, 텁수룩한 리젠트 헤어스타일, 샤프한 선글라스, 가죽 재킷과 헐렁한 흰색 팬츠로 보소족 비슷한 옷을 입고 「츳파리 하이 스쿨 로큰롤」이나 「요코스카 베이비」처럼 분명히 폭력단 문화를 옮겨놓은 노래로 큰 성공을 거뒀다. 그리고 츳파리 고등학생처럼 보이는 고양이 사진 나메네코가 나왔다. 공식적인 나메네코 사진 앨범은 50만 장이 팔렸다. 나메네코의 가짜 운전면허증은 1,500만 부가 팔려 경찰이 보소족을 세우면 종종 그걸 꺼내보여줬다. 츳파리 옷을 입은 고양이 산업은 다 합쳐서 매출이 10억 엔(2015년 기준 1,200만 달러)에 달했다.

스타일이 퍼지며 츳파리는 '교복을 고쳐 입는 10대'라는 뜻으로 변해갔다. 일본에는 이런 10대들을 칭할 새로운 개념이 필요했다. 불량한 10대들을 일컫는 오사카 사투리는 강세가 뒷부분 '~이'에 있는 양키였는데, 결국 이 단어가 자리 잡는다. 이 단어의 기원은 분명히 요코스카 맘보와 캐럴의 '양키 스타일'로 거슬러 올라가지만, 직접적인 어원은 오사카의 이발사들이 리젠트 헤어스타일을 '더 양키'로 부르는 데서 왔다. 하지만 1980년대 초반에는 그 누구도 일본 10대들의 이 극단적인 우익 코스튬이 미국과 관계 있으리라고는 생각하지 않았다. 사람들은 양키라는 말이, 문장의 끝부분이 '얀케'처럼 들리는

요코하마 긴바에의 싱글
「당신은 보송보송 서퍼 걸, 우리는 번들번들 로큰롤러」 커버. 1982년.

오사카 10대들의 지역 사투리에서 왔다고 추측했다. 양키 자신들은 이 단어의 역사에 대해 아무것도 몰랐다. 그들은 지저분한 요코스카 술집의 미군들이 아닌, 동네 형들과 유명한 일본 악당들을 따라 했을 뿐이었다.

1982년 대중문화 속의 양키 그리저와 양키 라이더 흐름이 정점에 도달한 뒤 사라지기 시작했다. 그룹 라이딩에 대한 처벌이 증가하면서 보소족은 약화됐다. 보통의 춧파리 룩은 1980년대 중반에 등장하기 시작해 1980년대 말에는 거의 완전히 사라졌고, 가장 외진 작은 시골 지역에만 남아 있었다. 1982년 핑크 드래곤이 하라주쿠에 문을 열면서 로큰롤 유행은 거의 사라졌다. 하지만 1950년대 패션을 둘러싼 열정은, 로큰롤이 일본의 패션 목록에 영원한 자리를 차지할 수 있도록 만들었다. 1985년 야마자키의 하우스 밴드 블랙 캣츠는 타이트한 검은색 티셔츠에 극단적인 올백 머리를 하고 코카콜라 광고에 등장했다. 신주쿠 클럽에서 금지된 미국의 불량배 스타일은 이렇게 미국 회사의 마케팅 방식이 됐다.

오늘날 일본의 불량배들 사이에서 아메리칸 스타일이 확산한 일은 미국에서 들어온 옷에서 만들어지는 일본의 상호작용에 대한 중요하지만 자주 무시되는 점을 보여준다. 일본의 젊은이들이 언제나 공손하게 미국의 오리지널을 흉내 냈다는 가설이 널리 받아들여지지만, 양키 패션은 이에 반박한다. VAN 재킷은 아이비의 완벽한 복제품을 선보이고, 히피들은 마치 이스트빌리지를 배경으로 한 코스튬 드라마처럼 보였다. 하지만 불량배들은 완벽한 흉내 내기에 거의 신경을 쓰지 않았다. 그들은 리젠트 헤어스타일, 하와이안 셔츠, 더러운 청바지 같은 미국의 영향을 사람들을 공포에 떨게 만들기 위해 사용했지만, 우익 옷이 효과가 더 좋았기 때문에 그것으로 양키 스타일의 고양이 나메네코.

바꿔버렸다. 크림 소다는 불량배에 초점을 맞췄지만 VAN 재킷의 모델을 따라갔다. 즉, 이전의 하위문화 룩을 가져다 스타일 규칙에 따른 안정된 조합으로 전환했다. 대체적으로 일본의 미디어 소비자 복합체에 들어간 아메리칸 스타일들은 박물관의 전시물처럼 고정돼 가는 경향이 있었다. 브랜드와 잡지들은 어떤 게 이 스타일이고 어떤 게 아닌지에 대한 명쾌한 규칙을 제시할 필요가 있었기 때문이다. 일본의 미국 숭배는 대부분 룩을 알리는 걸 전도사의 임무로 여긴 구로스 도시유키의 교과서적인 강박이 아니라 돈이라는 패션 산업의 실용적인 필요에서 나왔다.

하라주쿠를 패션의 지역으로 바꿔놓고 전면적인 1950년대 옷 유행을 촉발한 야마자키 마사유키는 분명히 20세기의 중요한 패션 사업가 중 하나다. 하지만 오늘날 역사가들과 향수에 젖은 사람들은 다른 패션 운동과 달리 그의 로큰롤 혁명에는 그다지 관심을 기울이지 않는다. 비평가들은 일본의 1950년대 붐이 빈티지 록 패션 계열에 별다른 아이디어를 더하지 않았다고 주장한다. 야마자키는 이시즈 겐스케처럼 일본에 알려지지 않았던 미국의 예전 스타일 조합을 소개해 돈을 벌었지만 야마자키의 경우 10대들에게 엘비스, 제임스 딘, 말론 브란도를 넘어서는 새로운 영향력을 제공한 적은 없다. 야마자키의 팬들은 이런 결핍에 대해 그의 패션이 미국화된 일본의 전후 문화에 대한 메타 진술이기 때문이라며 옹호한다. 크림 소다의 팬은 "내 리젠트, 모자, 옷은 모두 다른 사람들과 영화의 모방입니다. 조금 더 크게 보면, 일본은 미국의 모방입니다. 모두 모방에서 시작했어요. 그렇기 때문에 누구든 이 모방이 나쁜 건지 좋은 건지 생각할 수 없어요."라고 말했다. 즉, 사회 자체가 복제인데 왜 일본 문화 안의 복제에 관해 설교하려 하냐는 이야기다.

존 레넌(John Lennon)과 에어로스미스(Aerosmith)는 크림 소다에서 쇼핑하는 걸 좋아했지만, 다른 외국인들은 일본의 10대들이 과거 불량배들의 스타일을 정밀하게 가져오는 일이 터무니없다고 생각했다. 짐 자무시(Jim Jarmusch)의 영화 「미스터리 트레인(Mystery Train)」의 시작 부분에는 '준'이라는 이름의 일본 롤러족이 나오는데, 초록색 테디 보이 재킷을 입은 덕테일 헤어를 하고 있다. 영화는 칼 퍼킨스*를 사랑하는 준이 멤피스 여행을 왔지만, 멤피스가 그의 기대에 미치지 못한다는 사실을 조롱한다. 마이애미의 작가 데이브 배리(Dave Barry)는 1990년 초반에 일본 여행을 왔다가 소수의 롤러족을 만났다.

우리가 처음 본 건 그리저 악당들이었다. 이들은 젊은 남성으로, 모두 타이트한 검은색 티셔츠, 검은색 바치, 검은색 양말에 뾰족한 검은색 신발을 신고 있었다. 그들은 대부분 1950년대 미국의 불량배 룩에 깊게 빠져 있었을 것이다. 각자 애정을 기울여 가다듬고, 세심하게 유지하는, 메이저리그급으로 우수한 1950년대풍 덕테일 헤어스타일을 쿠웨이트의 연간 생산량 정도의 기름으로 고정한다. 그들은 자신이 마치 발레복을 입고 작은 마을을 파괴하려는 헬스 엔젤스(Hell's Angels)**처럼 사람들에게 조금 우습게 보인다는 생각이 없는 듯했다.

* 미국계 싱어송라이터. 1954년부터 시작한 멤피스 선 레코드에서의 녹음이 가장 유명하다.
** 1948년 캘리포니아의 폰태나에서 결성된 폭주족 클럽.

마지막으로 남은 소멸 직전의 하위문화에 대한 비판으로는 조금 부당하지만, 배리의 이야기는 미국인들은 자신의 상징적인 불량배 룩이 표준적인 유니폼으로 전환됐다는 사실을 마음에 들어하지 않는다는 점을 보여준다. 모두 그저 똑같이 생긴 이유 없는 반항자처럼 보인다.

1980년대 일본의 불량배 룩은 미국의 양키를 모방한다는 하찮음과 일본의 양키이기 때문에 미움을 샀다. 하지만 그들은 신경 쓰지 않았다. 영원한 악당 야마자키 마사유키는 주류 트렌드가 다른 방향으로 변한 뒤에도 로커빌리 왕국을 계속 굳건히 만들어갔다. 하지만 1980년대 일본 양키 패션의 성공을 알려주는 최고의 척도는 반발의 크기다. 양키 스타일이 패션에서 떨어져 나가자 도쿄의 10대들은 마치 앙갚음이라도 하듯 세련되고 부유한 미국의 올드 머니 패션으로 돌아섰다. 그들은 포마드 향기를 영원히 지워버리려는 듯했다.

7. 벼락부자

1970년대 초반 시게마츠 오사무(重松理)는 다른 10대
사이에서도 두드러져 보였다. 그는 진짜 미국산 옷을 입었다.
해변 도시 즈시에서 자란 그는 자주 요코스카 주변의
미군들에게 PX에서 옷을 사달라고 부탁하곤 했다. 승무원이던
누나가 비행기에 태워 그를 열아홉 살에 하와이로 보냈고,
거기에서 고향에서 마련할 수 없었던 옷을 사들였다. 1970년대
초반 일본 회사들이 외국 브랜드명으로 라이선스 생산을
시작했지만 시게마츠는 그건 진짜가 아니라고 생각했다. "그런
옷에는 로컬 사이즈가 붙어 있고, 밸런스가 무너져 있죠."

    대학을 졸업한 시게마츠는 친구들도 모조 외국 제품에
대해 비슷한 생각을 하기 시작한 게 아닐까 생각했다.
캘리포니아의 영웅들처럼 옷을 입고 싶어하는 쇼난의 서퍼들은
특히 그럴 듯했다. 하지만 이런 10대들은 아메요코에 쌓인
수입품을 뒤지는 데 해변에서 보낼 시간을 버리지 않는다.
그러므로 진짜 미국의 캐주얼웨어를 도쿄의 트렌디한 쇼핑
지역 한가운데에 가져다 놓는 일은 분명히 사업 기회가 될
듯했다. 시게마츠는 매장을 열어줄 재정적인 후원이 필요했다.

    1975년 한 친구가 '판지 상자 회사에 다니는 남성'을
그에게 소개했다. 시타라 에츠조(設楽悦三)라는 그 사람은 포장
회사 신코(Shinko)의 대표였다. 신코는 일본의 수출 호황기에
20여 년 넘게 성장해왔지만, 1973년 석유 파동이 일며 난관에
부딪쳤다. 종이 가격은 올랐고, 선적 제품이 줄어들면서 박스
수요는 줄어들었다. 시타라는 회사를 다시 살리기 위해 높은
이익을 거둘수 있는 다른 분야로 사업을 다각화할 필요가
있었다. 시게마츠는 시타라에게 틀림없이 성공할 새로운

모험을 제안했다. 하라주쿠의 젊은이들에게 '진짜 미국산 옷'을 파는 것이다. 시타라는 이 아이디어가 마음에 들었다. 하지만 신코의 직원들과 그의 가족들은 확신할 수 없었다. 쉰여섯의 박스 회사 사장이 패션 사업에 대해 뭘 알겠나? 시타라는 걱정을 무시하고, 사용하지 않던 공장 부지를 팔아 하라주쿠 근처에 210제곱미터의 공간을 임대했다.

자리를 찾는 건 쉬웠다. 어려운 건 제품을 수입하는 일이었다. 아메요코를 나와 처음으로 수입품을 판매하는 매장을 연 뒤 도쿄에서 세련된 장소로 각인되기 시작한 라이벌 매장 미우라 & 손(Miura & Sons)은 판매 가이드로 『메이드 인 USA』에 의지하고 있었다. 미우라는 일본의 수입사와 함께 일하며 리바이스 청바지, 플란넬 셔츠, 레드윙 부츠 등의 헤비듀티 제품을 판매했다. 조금 더 이국적인 제품을 찾던 시게마츠는 본토로 들어갈 필요가 있었다. 그는 누나를 통해 저렴한 항공 티켓을 구해 커다란 가방을 들고 캘리포니아로 떠났다. 그리고 대량 구매를 빌미로 계산대에서 할인을 요구하며 평범한 소매점에서 옷을 구입해 채웠다.

1976년 2월 1일, 시타라와 시게마츠는 '빔스(Beams)'라는 아메리칸 라이프 매장의 문을 열었다. 매장의 인테리어는 UCLA 학생들의 기숙사 방을 재현하고 스니커즈, 스케이트보드, 대학 티셔츠, 페인터 팬츠, 배기한 치노 팬츠 등을 완비했다. 빔스는 지금까지 일본의 누구도 본 적이 없는 다양한 미국 제품을 판매했다. 여기에는 『메이드 인 USA』에 소개된 '니케이 운동화'도 있었다. 오레곤주 비버튼의 나이키(Nike)라는 브랜드였다.

처음 빔스의 고객들은 패션 산업 종사자들로 한정돼 있었다. 『뽀빠이』의 스타일리스트 기타무라 가츠히코는

1988년에 "1970년대 중반까지도 미국은 너무 먼 곳으로 느껴졌어요. 매일같이 진짜 미국산 옷이나 운동화를 만져볼 수는 없었죠. 그런데 빔스의 제품들은 모두 미국산 제품들이었어요. 빔스가 생기기 전에는 아메요코에서 땀에 젖어가며 미친듯 뒤적거려야 했죠. 이젠 하라주쿠에서 그런 제품을 찾을 수 있게 된 거예요."라고 기억했다. 몇 달 뒤 사람들은 빔스의 마법에 빠졌고, 늘어나는 고객과 꾸준한 매출로 시타라와 시게마츠는 시부야에 두 번째 매장을 열었다. 같은 해 라이벌 미우라 & 손도 긴자에 '십스(Ships)'라는 비슷한 매장을 열었다.

1977년이 끝날 무렵 빔스나 십스 같은 매장 덕에 부유한 10대들은 미국 제품의 일본 복제품보다 진짜 해외 제품을 더 좋아하게 됐다. 젊은이들은 기록적인 숫자로 해외에 나가고 카트 가득 고급 제품을 사들여온 부모들을 모방했을 것이다. 1976년부터 1979년까지 엔화는 달러보다 가치가 높았다. 1977년 정부는 환전에 대한 규제를 완화해 여행객들은 일본 밖으로 3,000달러까지 들고 갈 수 있게 됐다. 이런 통화 할증은 해외에 나가면 부유하게 느껴지는 새로운 일본의 벼락부자 계층, 엔고 졸부를 만들어냈다. 나이가 있는 일본 여성들은 유럽 여행에서 프랑스와 이탈리아 고급 브랜드 제품들을 사들고 왔고, 루이 비통(Louis Vuitton)의 핸드백과 키홀더는 친구들과 가족을 위한 기념품이 됐다. 낮은 가격의 고급 제품이라는 매력으로 해외여행은 더욱 늘어났다. 1971년부터 1976년까지 일본인 해외여행객은 1년에 200만 명 정도에 계속 머물러 있었는데, 1977년엔 315만 명으로 뛰어올랐다. 루이 비통, 셀린느(Celine), 구찌(Gucci) 핸드백은 도쿄, 오사카, 고베, 요코하마의 상류층 지역에 빠르게 퍼지기 시작했다.

처음에는 성인에서 젊은 여성으로 고급 제품이 흘러 내려갔다. 아름다운 항구 도시 고베에서는 원래 도시의 오랜 부잣집 여성 가장들의 구미에 맞춰져 있는 부티크에서 여자 대학생들이 쇼핑을 했고, 이를 '뉴토라(뉴 트래디셔널)'로 불렀다. 몇 년이 지난 뒤 비슷한 스타일인 하마토라(요코하마 트래디셔널)가 일본의 동쪽 항구 도시 요코하마에서 발전한다. 하마토라는 강한 계급 의식의 뉴토라의 특징과 이 도시 사립학교의 젊은 에너지가 합쳐져 프릴 톱, 미드 길이의 스커트, 니-하이 삭스, 스포티하게 정돈된 복장으로 이뤄졌다. 하마토라의 정수라 할 만한 아이템은 하라주쿠의 트래드 매장 크루스(Crew's)에서 팔던 크루넥 로고 스웨트셔츠였다. 십스와 빔스는 하마토라 트렌드에 맞춰 자체 스웨트셔츠를 내놓고, 빔스의 제품은 연초 총매출의 40퍼센트 정도를 차지했다.

『뽀빠이』 1978년 4월호 「VAN 재킷은 우리 선생님」 이후 아이비는 이제 뉴토라와 하마토라의 남성복 버전으로 등장했다. 빔스는 하라주쿠에 '빔스 F'라는 새 매장을 아이비 재유행에 써먹었다. 캘리포니아 뉴포트 해변의 부유한 10대 룩에서 어느 정도 영향을 받아, 시게마츠는 미국 대학생들 사이에 인기가 많은 브룩스 브라더스, L.L. 빈, 라코스테(Lacoste) 같은 브랜드를 들여놓는다. 그는 또한 알덴(Alden)이라는 매사추세츠 주의 하이엔드 구두 브랜드를 찾아내 일본 최초로 들여 놓기도 했다. 시게마츠는 거리 아래의 캠프스(Camps)나 시스(Seas) 같은 수입 매장보다 앞서가기 위해 필사적으로 노력하며 판매를 위한 새로운 미국 브랜드를 끊임없이 찾았다.

이 시기의 아이비 부활은 또한 성인들의 마음도 사로잡았다. 1971년으로 되돌아가 보면, 중년의 일본 남성들은

뉴욕의 유명한 아이비리그 소매점 J. 프레스(J.Press)에
들어가 1만 5,000달러에 37 쇼트 사이즈 옷을 모두 사들이고
있었다. 몇 달이 지난 뒤 미스터 37 쇼트의 고용인이라는
변호사가 프레스 가문에 전화를 해, 대형 의류 회사 온워드
가시야마(Onward Kashiyama)가 일본 시장을 위한
라이선스를 원한다는 소식을 전했다. 회사의 창립자 자코비
프레스(Jacobi Press)의 손자인 리처드 프레스(Richard
Press)의 말을 따르면 계약서는 '룰렛 숫자를 맞췄다'고
표현할 만큼 호의적으로 작성됐다. 1970년대 중반까지 온워드
가시야마는 일본에서 J. 프레스를 광범위하게 확장해 모든
연령의 남성들이 일본 어디에서든 가까운 백화점을 찾아가 J.
프레스 아이비 스타일의 충실한 재생산품을 구입할 수 있었다.

1970년대가 흘러가면서 일본의 하이엔드 의류 시장은
유럽 라벨 대신 트래디셔널 마인드의 대변자라 할 만한 뉴욕의
랄프 로렌(Ralph Lauren), 알렉산더 줄리안(Alexander
Julian), 앨런 플루서(Alan Flusser), 제프리 뱅크스(Jeffrey
Banks) 같은 디자이너로 이동했다. 쇼핑몰 파르코(PARCO)는
랄프 로렌 폴로 라인의 독점 계약 덕에 시부야를 지배하기
시작했다. 이런 브랜드가 등장하면서 트래드 신은
맥베스(Macbeth)나 뉴요커(New Yorker) 같은 일본 라인에서
미국 수입품과 라이선스 제품으로 이동했다. 알렉산더
줄리안은 뉴욕에 찾아온 여러 그룹의 일본 리테일러들과
미팅을 한 뒤 일본 판매를 시작했다. "전 그들에게 제
디자인을 보여줬어요. 아주 소수의 미국 구매자들만 이해하는
디자인이었죠. 놀랍게도 그들은 곧바로 이해했어요!
알아들었죠! 전 그 자리에서 계약서를 제시했습니다. 그들의
빠른 이해, 지원, 성공은 제가 미국과 나중에는 유럽에서 일을

도쿄의 프레피 스타일 젊은이. 1982년.

지속하고 잘 해나갈 수 있게 해줬습니다. 제 경력을 일본에 빚지고 있죠."

1978년 VAN 재킷이 도산하면서 아이비 시장에 400억 엔(2015년 기준 7억 800만 달러) 규모의 빈 자리가 생기고, 브룩스 브라더스가 기회를 잡아 첫 번째 일본 매장을 열었다. VAN 재킷이 원래 브룩스 브라더스의 디자인을 모방한 것처럼, 이 미국 브랜드도 일본 진출을 준비하면서 VAN 재킷에서 몇 가지 힌트를 얻었다. 브룩스 브라더스는 같은 거리에 VAN 재킷의 예전 본사가 있고, 이전에 VAN 재킷 매장이었던 자리에 아오야마 플래그십 스토어를 열었다. 1979년 8월 31일 브룩스 브라더스는 미국 대사 마이크 맨스필드도 방문한 오프닝 파티를 열었는데, 이는 일본과 미국 관계의 중요한 전환점이라 할 수 있다. 1년 동안의 영업으로 브룩스 브라더스는 1만 명의 꾸준한 고객을 확보한다.

일본의 남성들은 J. 프레스나 브룩스 브라더스 같은 진짜 브랜드가 들어오자, 이를 개인 스타일에 대한 직장의 오랜 편견에 대항해 싸울 정보로 써먹었다. VAN 재킷의 직원이었던 사다스에 요시오는 표준적인 유니폼에 대해 1970년대 말까지 이렇게 설명했다. "당신은 감색 슈트에 흰색 드레스 셔츠, 검은색 플레인 토 구두를 신어야만 합니다. 윙팁은 안 되고, 페니 로퍼도 안 돼요. 버튼 다운 칼라 셔츠도 입을 수 없어요. 핑크색 셔츠를 입는 건 상상할 수도 없고, 파란색조차 아마 안 될 겁니다." 일본에서 잘 다려진 빳빳한 드레스 셔츠를 여전히 와이셔츠로 부르는데, 허용되는 옷이 화이트(ホワイト, 와이토)밖에 없다는 점에서 나온 말이다.

1970년대에 버튼 다운 셔츠는 셔츠 시장 전체 중 5퍼센트 정도를 차지했고, 백화점들은 대부분 맞춤복 고객들에게 내놓기를 거부했다. 하지만 회사에서 고위직으로 올라간 오리지널 아이비족들이 엄격한 룰에 도전하기 시작했다. 사다시에 요시오는 "버튼 다운 셔츠는 1980년대 초반 마침내 진정한 일본 시민권을 얻게 됐죠. 아이비 팬들은 이걸 직장에서 입고 싶다고 말했습니다."라고 회상했다. 그저 미국의 은행 매니저처럼 입고 싶다는 목적처럼 가장 기본적인 이유를 가지고 싸울 때 승리는 쉽게 찾아온다. 1980년대에 들어 남성들은 자랑스럽게 브룩스 브라더스의 3버튼 색 슈트를 입고 회사의 맹세를 낭독하는 조회에 나타날 수 있게 됐다. 금색 버튼이 달린 감색 블레이저는 한때 '패셔너블한 사람들'만을 위한 옷이었지만, 회사의 출장이나 파티에서도 입을 수 있는 옷이 됐다.

빔스에서 나이키를 사는 10대들과 루이 비통 핸드백을 든 아내나 어머니, J. 프레스를 입은 중간 관리자들 사이에서 1970년대 말 일본의 패션은 수입 제품이나 해외 브랜드에 완전히 다시 초점을 맞추게 됐다. 다들 자국에서 만든 가짜가 아니라 '진짜'를 원했다. 하지만 젊은이들은 곧 클래식한 미국산 옷을 입는 것보다 더한 걸 원하게 됐다. 그들은 미국의 또래들이 입는 것과 같은 걸 입고 싶었다.

고급 제품 소비의 증가, 1970년대 말 젊은이들의 물질주의에 대해 일본의 부모들이 걱정하기 시작했다. 이런 사회적 위기를 다나카 야스오의 소설 『어쩐지, 크리스탈』은 제대로 요약하고 있다. 1980년에 나온 이 작품은 명목상으로 도쿄 대학생의 사랑과 파트타임 패션 모델인 '유리'에 관한 이야기지만 소수의 독자들은 플롯에 주목했다. 106쪽짜리 소설에 442번 등장하는 다나카의 엄청난 노트는 가장 인기 있는 패션 브랜드, 부티크, 레코드 매장, 음악, 레스토랑, 지역,

사립학교, 디스코 클럽에 관한 예리한 코멘트로 관심을 끌었다.

- 노트 112. 라코스테. 악어 로고의 브랜드. 폴로셔츠로
  유명하다.
- 노트 115. 예거(Jaeger). 영국의 고급 니트 브랜드.
  카멜과 플란넬 그레이의 유니크한 염색으로 오스카
  와일드와 버나드 쇼가 사랑했다. 일본에서도 예거는
  진짜 제품을 이해하는 사람들이 좋아한다.
- 노트 117. 아오야마. 잘 모르는 사람에게 "전 미나미
  아오야마 산초메에 살고 싶어요."라고 말하면 안 된다.
  부끄러운 일이다.

책의 페이퍼백 버전은 첫날 매진됐고, 결국 100만 부가 넘게
팔렸다.

다나카는 작품으로 외국 브랜드명이 붙은 제품에 대한
일본 젊은이들의 열성적인 소비를 풍자하려 했다. 문학
평론가 에토 준은 농담으로 다나카가 "도쿄의 도심 지역을
해체하고, 이를 상징의 축적으로 변환했다."라며 칭찬했다.
한편, 10대들은 그저 『어쩐지, 크리스탈』을 트렌디 레스토랑과
옷 가게, 브랜드, 보즈 스캑(Boz Scaggs)의 싱글들이 실린 종합
리스트로 이 책을 원했다.

그 뒤 석유 파동 뒷 세대로 자라 아는 건 없지만 부유한
10대를 뜻하는 크리스탈족에 대한 전국적인 논쟁이 일어났다.
조금 더 넓게 말하면 미디어는 이 세대를 '신인류'로 부르며
물질적인 제품에 대한 그들의 집착을 비난했다. 부모들은
상류 계층 가정의 값비싼 패션 스타일을 평범한 일로 만들며
대중문화를 돈으로 살 수 있는 제품들로 축소시킨 『뽀빠이』나

여성지 『JJ』 같은 잡지를 탓했다. 작가 기타야마 고헤이는 초창기에 『뽀빠이』에 글을 썼지만 인생 후반에서 이를 후회했다. "『뽀빠이』는 일본의 물질주의 버블에 방아쇠를 당긴 잡지다."

아이비는 사실상 신인류 남성의 스타일이었다. 『멘즈 클럽』은 뜻밖에 찾아온 미국 동부 캠퍼스 패션의 귀환을 환영했다. 헤비듀티 시대에 편집자들은 『멘즈 클럽』의 트래드 분위기를 조금 더 시의적절하게 보이도록 모델에게 트위드를 입히고, 덥수룩한 수염을 기르게 했다. 1978년의 아이비 재유행에서 모델은 다시 수염을 깎았고, 텐트 폴을 더 이상 나르지 않아도 됐다.

패션이 출발점으로 복귀하면서 『멘즈 클럽』은 지체 없이 1960년대의 아이비 선구자들을 새로운 세대에게 다시 소개했다. 이제 자신의 매장 크로스 & 사이먼(Cross & Simon)을 운영하는 예전 VAN 재킷의 권위자 구로스 도시유키는 트래디셔널 의류에 대한 전문가로 다시 자리매김했다. 1980년 그는 『멘즈 클럽』의 파생 버전 『크로스아이(CrossEye)』를 직접 만들어 편집했다. 같은 해 VAN 재킷의 포스터에 실렸던 호즈미 가즈오의 아이비 보이는 『아이비 일러스트레이티드』라는 옷 입기 매뉴얼에 등장했다. 『멘즈 클럽』은 하야시다 데루요시의 『테이크 아이비』의 오리지널 사진과 자체적으로 찍은 연간 대학 사진 투어를 함께 정리해 다시 인쇄했다. 심지어 1960년대 거리의 아이들도 영웅이 됐다. 『멘즈 클럽』은 1980년 8월호에 미유키족의 사진을 당시의 모델로 다시 찍은 흑백사진을 실었다.

『멘즈 클럽』과 『뽀빠이』가 아이비 부활이라는 이름을 붙였지만 사실 당시의 실제 10대들은 아이비의 더 젊고 현대적인 형태인 프레피 룩에 더 관심이 있었다. 『멘즈 클럽』은 미국인 대부분을 포함한 모든 사람보다 먼저 1979년 12월호 커버스토리 「프레피란 무엇인가?」로 선수를 쳤다. 이들은 그해 여름 우연히 버지니아 대학교 학생 톰 새디악*의 유명한 풍자 포스터 「당신은 프레피입니까?」를 봤다. 포스터에는 전형적인 프레피인 나다니엘 엘리엇 워싱턴 3세가 뿔테 안경, 버튼 다운 셔츠 위에 칼라를 치켜 세워 입은 아이조드(Izod)** 폴로 티셔츠, 짧은 밑단의 통이 넓은 카키색 바지를 입고 양말을 신지 않은 채 L.L. 빈의 덕 부츠를 신고 있었다. 『멘즈 클럽』의 편집자는 곧바로 프레피를 이해했고, 클래식한 『멘즈 클럽』의 패션을 톱사이더(Top-Siders)***처럼 미국 대학생들이 좋아하는 의류 브랜드로 소비 목록을 바꿔놓을 수 있었다. (그들이 궁금해한 스타일은 10대들이 로퍼에 양말 신기를 거부한다는 점이었다.)

1년이 지난 뒤 프레피는 미국에서 1980년에 출간된 리사 번바흐(Lisa Birnbach)의 『공식 프레피 핸드북』으로 주류로 등극한다. 프레피를 다룬 이 시건방진 가이드는 『뉴욕 타임스』 베스트셀러 목록에서 38주 동안 1위 자리를 차지했다. 6개월 뒤에 나온 일본어 번역판은 10만 부가 팔렸다. 번바흐의 책은 학교 교육, 에티켓, 언어, 직업, 여름방학 등 전반적인 프레피 생활 방식을 살핀다. 일본인들은 대부분 패션 관련 꼭지만

---

* 미국의 영화감독 겸 시나리오 작가. 코미디언 밥 호프의 최연소 유머 작가로 유명했고, 「에이스 벤추라」, 「라이어 라이어」 등을 감독했다.
** 1938년에 론칭한 미국 뉴욕의 패션 브랜드. 미국에서 1950년대부터 1990년대까지 라코스테는 '아이조드 라코스테'라는 이름으로 나왔다. 본문의 '칼라'는 버튼 다운 셔츠 안에 입은 아이조드 라코스테 폴로 티셔츠의 칼라다.
*** 스페리(Sperry)에서 내놓은 대표적인 보팅 슈즈.

"프레피란 무엇인가?" 리자 번바흐의 『공식 프레피 핸드북』이 나오기 몇 달 전에
『멘즈 클럽』은 프레피 룩을 다뤘다. 1979년 12월.

읽었는데, 여기에는 『뽀빠이』 수준의 정확도로 제대로 된
프레피 스타일이 펼쳐져 있다. 남성 신발 부분에는 위전*, L.L.
빈의 러버 모카신, 브룩스 브라더스의 로퍼, 구찌의 로퍼와
화이트 벅, L.L. 빈 블러처, 스페리의 톱 사이더와 캔버스 덕
슈즈, 트레통(Tretorn)의 스니커즈와 윙팁, 에나멜 가죽으로
만든 오페라 펌프스 등 일본의 프레피가 되려는 사람에게 몇 년
동안의 신발 계획을 짤 수 있을 만큼 다양한 내용이 실렸다.

『뽀빠이』와 『멘즈 클럽』은 '네 번째 아이비 붐'에 불을
붙였지만, 불꽃은 1979년부터 고단샤에서 내놓은 젊은 남성지
『핫도그 프레스(Hot Dog Press)』와 그의 새로운 독자들로
번져갔다. 이 잡지는 칼럼 형식부터 만화 제목까지 모든 걸
『뽀빠이』를 차용했다. 기본적으로 카피캣 출판물이지만 『핫도그
프레스』는 대학생이 아닌 고등학생들에게 초점을 맞추며
새로운 틈새 독자를 만들어갔다. 편집자 하나후사 다카노리는
미국 동부 스타일보다 조금 더 느긋한 버전을 제시하기로
마음먹는다. "『핫도그 프레스』의 고등학생 및 대학생 독자들은
1960년대 아이비 붐에 대해 아는 게 없었기 때문에, 우리의
패션으로 아이비를 결정했어요. 하지만 우리는 『멘즈 클럽』의
독단주의에 빠지는 걸 원하지는 않았죠." 1980년대가 시작할
무렵 일본에는 『멘즈 클럽』, 『뽀빠이』, 『핫도그 프레스』라는 젊은
남성을 위한 패션지가 매달 가판대에 놓여 젊은 남성들에게
미국의 트래디셔널 옷을 어떻게 입는지 교육했다.

1960년대 VAN 재킷에 대한 편집자의 향수에도
1980년대의 10대들은 번바흐의 프레피를 훨씬 더 자세히 봤다.
『핫도그 프레스』 1980년 5월호는 스타일의 변화를 확실히

* 굽이 낮은 납작한 구두.

보여준다. 「아이비 1960년대」라는 사진에서는 비탈리스 헤어
토닉으로 머리를 뒤로 넘기고, 높게 버튼을 단 3버튼 슈트에
흰색 옥스퍼드 버튼 다운 셔츠, 어두운 컬러의 실크 넥타이,
격식을 차린 흰색 포켓 스퀘어, 검은색 플레인 토 옥스퍼드
슈즈, 각진 브리프케이스, 슬림한 검은색 우산을 든 뻣뻣한
자세로 선 남성을 보여준다. 하지만 이와 대응 관계의 편안한
'아이비 1980년대'는 포스터 「당신은 프레피입니까?」에 나온
그 모습이다. 헐렁한 감색 블레이저에 어두운색 폴로셔츠
위에 입은 버튼 다운 옥스퍼드 셔츠, 밑단을 접고 주름이 있는
카키색 팬츠에 양말 없이 L.L. 빈의 덕 슈즈를 신고 있다.
예전의 아이비 스타일이 고등학생이 만든 '세일즈맨의 죽음'에
등장하는 인물 같았다면, 새로운 버전은 신나는 파티를 원하는
사내 같았다.

    스타일은 미국에서 가져왔지만 일본의 프레피들은
자신만의 변화를 넣었다. 즉, 미니어처 보타이나 방울 달린
니트 모자 같은 것들이다. 하지만 두 나라 사이의 가장 큰
차이는 맥락에 있다. 일본의 10대들은 목가적인 캠퍼스가
아니라 도심의 거리에서 프레피를 입었다. 매주 일요일 일본의
프레피들은 친구들과 그룹으로 같은 블레이저를 입거나, 여자
친구와 플래드와 파스텔의 옥스퍼드 옷으로 옷을 맞춰 입고,
주요 도시의 쇼핑가에 모였다.

    원래의 맥락에서 떨어져 나와 대도시의 세팅에
들어간 프레피 옷은 이제 자연스러운 학생의 옷이 아니라
무거운 스타일링과 경쟁적인 쇼핑의 의도적인 결과물이
됐다. 아오야마에서는 10대들이 몇 시간씩 줄을 서 선원
스타일 티셔츠와 일본 브랜드 보트 하우스(Boat House)의
스웨트셔츠를 샀다. 이들은 최신 수입품을 찾아 빔스

F 매장에 들렀고, 1981년 말 시마게츠의 트래드 매장 월
매출은 2,000만 엔(2015년 기준 25만 달러)을 기록했다.
하드코어한 프레피족은 롤러족에게 아이디어를 빌려와
공식적인 조직을 구성했다. 1983년 일본 전역에는 스리피스,
스퀘어 노트(Square Knot), 난터켓(Nantucket), 아이비 팀 빅
그린(Big Green) 같은 이름을 붙인 트래드에 초점을 맞춘 사교
모임이 60개가 넘었다.

　프레피 시대에 가장 유명한 패션 전문가는 친숙한
사람이다. 바로 일흔의 이시즈 겐스케였다. 한때 불명예를
안았던 이 사업가는 VAN 재킷에 관한 『뽀빠이』의 기사 덕에
아이비 스타일의 최고 권위자로 다시 자리 잡는다. 1982년
1월 25일자 『핫도그 프레스』에 실린 「이시즈 겐스케의 새로운
아이비 사전」으로 이 잡지는 최초로 라이벌인 『뽀빠이』보다
많이 팔렸다. 전과 마찬가지로 이시즈는 10대들이 아이비와
프레피 옷을 얄팍한 트렌드가 아니라 전체 생활 방식의 일부로
생각해주기를 바랐다. 그리고 또다시, 그는 불행히도 실패했다.

　10대들의 삶은 쇼핑을 중심으로 회전하기 시작했다.
1983년에 20세에서 24세의 남성은 평균적인 일본인보다
46퍼센트나 더 많은 옷을 구입했고, 같은 나이의 여성들은
69퍼센트나 더 많았다. 기성세대들은 이들이 지나치게 생활
방식을 잡지에 의존한다며 호되게 비난하고, 10대들에게
'매뉴얼 세대'라는 별명을 붙였다. 10대들은 어떻게 옷을
입는지, 어떻게 운동을 하는지, 어떻게 데이트를 해야 하는지를
『뽀빠이』와 『핫도그 프레스』의 튜토리얼을 그대로 따라 했다.
잡지가 아이비를 옹호하면, 10대들은 아이비를 입었다. 잡지가
프레피를 옹호하면, 10대들은 프레피를 입었다. 여성들은
이들과의 데이트가 똑같은 레스토랑과 클럽, 이후에 똑같은

러브호텔을 데려가고, 거기서도 이미 정해진 순서에 따라
완전히 똑같은 로맨틱한 계획을 가지고 움직인다고 불평했다.

1983년 호이초이 프로덕션이 일본의 내셔널 램푼
(National Lampoon)* 격으로, 이 책에 실린 10대들을
패러디해 『공식 MIE 핸드북』이라는 책을 내놓는다. MIE는
일본어로 '멋지게 보인다'는 뜻이다. 작가는 "오늘날 젊은이들의
생활 방식에서 '어떻게 하면 성공할 수 있을까?' 같은 건 특별한
의미가 없습니다. 1980년대의 젊은이들은 정치에도, 환경에도,
'일본의 발견' 같은 데도 관심이 없어요."라고 설명했다. 그들은
단순히 멋지게 보이고, 만나고, 즐겁기를 원했다. 그리고 돈은
사회적 활동을 하는 데 필수적인 구성 요소가 됐다. 호이초이는
날카로운 통찰력으로 스키가 처음에는 가혹하고 눈 덮인
자연 환경에 맞서는 고독한 스포츠로 일본에 들어왔다는 걸
지적한다. 하지만 1980년대의 스키란 무섭다는 시늉으로
소리를 지르면서 슬로프를 내려온 여성에 대해 나중에 스키
뒷풀이 자리에서 낄낄대며 웃고 떠들 수 있는 핑계거리가 됐다.

프레피에는 분명 깊은 정신적인 공명이 결여돼 있었지만
일본의 문화가 실시간으로 글로벌 트렌드를 경험하기 시작한
기념비적인 순간이라는 점에서 오늘날에도 중요하다. 예전에
빔스의 직원으로 일하고, 유나이티드 애로스의 크리에이티브
부서 선임 고문으로 일하는 구리노 히로후미는 "가장
흥미로운 점은 일본과 미국이 같은 시간에 완전히 똑같은 패션
유행을 가지게 됐다는 사실입니다. 시간차도 격차도 없어요.
『뽀빠이』는 '시티 보이'라는 단어를 만들어내는 데 큰 역할을
했습니다. 뉴욕, 파리, 런던, 밀라노, 도쿄 모두 '시티'에요.

* 1970년부터 1988년까지 나온 미국의 유머 잡지.

그렇지 않나요? 그때까지 틀은 '지역' 또는 '나라'였어요. 이제는 도시가 나라를 초월하게 됐죠. 이게 바로 지금은 글로벌리즘으로 부르는 것의 시작 지점이 됐습니다."라고 설명했다.

'시티 보이'의 느슨한 콘셉트는 도쿄의 엘리트 젊은이들과 비슷한 세계의 다른 젊은이들을 정신적으로 연결했지만, 시티 보이들은 『뽀빠이』 같은 미세하게 조절된 미디어나 최신의 정보와 글로벌 트렌드에 참여하는 빔스 같은 수입품점에 의존했다. 일본에서 유행한 프레피 스타일은 미국 대학생 패션의 새로운 발전을 찾는 일본 잡지들의 꾸준함과 열정 덕에 미국과 동시에 공존할 수 있었다. 사실 『멘즈 클럽』은 1년 내내 프레피 룩을 규칙화하면서, 느리고 전통적인 출판사에서 발행된 오피셜 프레피 핸드북을 의심의 여지없이 능가했다.

일본의 10대들이 나머지 세상을 따라갈 수 있게 되자 일본의 패션 산업은 이렇게 해야 변화에서 앞서나갈 수 있을지 고민하기 시작했다. 1980년대가 진행될수록 일본의 부유한 젊은이들은 소박하고 느긋한 미국의 대학생들을 흉내 내는 데 질리기 시작했다. 그들에게는 더 고급의 격식 있는 옷이 필요했다.

1981년 빔스는 아메리칸 트래드를 판매한 돈으로 원래 매장이 있던 공간의 위층에 인터내셔널 갤러리 빔스(International Gallery Beams)를 열었다. 갤러리는 영국의 폴 스미스(Paul Smith)나 이탈리아의 조르조 아르마니(Giorgio Armani)를 포함해 이전에 일본에 알려지지 않았던 하이엔드 디자이너 브랜드 제품을 판매했다. 이전의 빔스와 견주면 인터내셔널 갤러리 빔스에서 판매하는 제품의 가격은 뒤에 숫자 0이 몇 개 더 붙어 있었다. 캘리포니아의 스포츠웨어를 쇼핑하던 젊은 남성들은 위층으로 거닐다가 슈트에 붙은 가격표를 보고 충격을 받고 매장을 뛰쳐 나갔다.

빔스의 매장을 비롯해 어떤 일본의 수입 매장도 유럽의 디자이너 의류를 판매한 적이 없었는데, 소비자들이 시게마츠 오사무의 비전을 따라잡는 데 몇 년이 더 걸렸다. 하지만 1983년 그는 미래를 본다. 일본의 젊은이들이 아메리칸 트래디셔널 스타일에 질려버린 상황에 마드라스 블레이저와 옐로 버튼 다운 옥스퍼드 셔츠를 커플로 입는 식으로 여성 시장을 충족시키려는 트래드 매장이 등장했다는 건 프레피 룩이 끝났다는 걸 알리는 신호였다. 여성복은 남성복 시장보다 훨씬 빠른 속도로 트렌드가 회전하기 때문에 여성 패션 미디어에서 아이비 여성들에게 따분한 프레피 룩을 버리고 조금 더 급진적인 옷을 시도해보라고 말하기 시작할 때쯤에는 이미 여자 친구들이 남자 친구의 패션을 이끌고 있었다. 1982년 말 작가 바바 게이치는 이미 "프레피는 조용히, 마치 있지도 않았던 것처럼 조용히 사라질 겁니다. 잠깐, 그게 정확히 뭐였던 거죠?"라고 언급했다.

이런 급변에 대한 대책으로 『핫도그 프레스』와 『뽀빠이』는 아이비의 정의를 미국 동부의 대학교 스타일만 뜻하던 이전의 의미에서 모든 트래디셔널한 미국산 옷 또는 '영국 아이비', '프랑스 아이비', '이탈리아 아이비' 같은 식으로 확대했다. 편집자들은 버튼 다운 셔츠와 칙칙한 카키색 팬츠라는 편협한 조합을 와일드 패턴, 뒤섞인 소재, 개념적 디자인 등으로 바꿨다. 1983년의 기이한 새로운 세상에서는 버팔로 체크의 플란넬 블레이저에 헤링본 패턴의 셔츠, 하이 웨이스트의 카고 반바지를 입는 것도 여전히 어느 정도는 '아이비'로 부를 수

『이시즈 겐스케의 뉴 아이비 북』에 실린 아방가르드 패션. 1983년 10월.

있었다. 오프화이트의 피셔맨 스웨터 위에 빨간색 서스펜더를 차고, 테이퍼드 타탄 팬츠를 입는다. 일본 잡지에 등장하는 스타일은 몇 년 만에 브라운 대학교의 신입생과 비슷한 모습에서 미국의 여학생이 '싸구려 스타일' 파티에 장난 삼아 입고 갈 듯한 옷으로 바뀌었다.

아이비의 기이함이 커진 데는 유럽에서 발생한 일본의 패션 혁명에 뿌리가 있다. 꼼 데 가르송의 아방가르드 디자이너 가와쿠보 레이(川久保玲), 야마모토 요지(山本耀司)는 1981년 합동으로 파리에 데뷔하면서 '결핍'을 주제로 쇼를 선보인다. 이들이 보여준 검은색의 단색 비대칭 라인과 의도적인 불완전성, 찢겨진 산업용 섬유들은 유럽 패션계에 큰 충격을 줬다. 둘의 성공으로 '일본의 패션'은 세계 무대에서 충분히 통할 만큼 성장한 모습을 보여줄 수 있었고, 이에 따라 혁신적이었던 전임자들인 미야케 이세이와 다카다 겐조에 대한 관심도 생겨났다. 가와쿠보와 야마모토는 파리에 가기 전에도 일본에서 큰 규모로 사업을 했지만, 해외에서의 관심에 따라 일본에서 슈퍼스타가 됐다. 1979년부터 1982년까지 꼼 데 가르송의 수익은 세 배가 되면서 세계 매출이 2,700만 엔(2015년 기준 6,600만 달러)을 찍었다. 이 디자이너 브랜드들은 역수입으로 이익을 얻었다. 일본에 들어온 해외의 제품들이 자동으로 정당성의 후광을 받았듯 이 디자이너들 또한 파리에서 비평가들의 절찬을 받은 덕에 고향에서 신과 같은 대접을 받게 됐다.

1983년 야마모토와 가와쿠보 컬트의 헌신적인 숭배자들은 머리부터 발끝까지 이들의 옷을 입고 도쿄와 오사카를 활보했다. 그들이 입고 다닌 긴 검은색 옷에 비대칭 헤어, 도발적인 내추럴 메이크업, 플랫슈즈에 대해 언론에서는 즉각

'까마귀족'이라는 이름을 붙였다. 일본의 여성들은 장례식장 외에는 이렇게 온통 검은색으로 입고 다닌 적이 없었다. 여성지는 하마토라의 소녀 지향 스쿨 걸 파스텔풍, 아이비, 프레피에서 파리지앵 일본인 스타일로 이동했다. 도쿄에서 가장 패셔너블한 여성들은 유럽의 아방가르드 디자인을 입기 시작했고, 미국산 옷은 시대에 뒤떨어지고 재미없다고 느끼게 됐다.

일본의 디자이너 패션은 주류의 미디어가 복잡한 포스트모던 이론을 탐구하는 뉴 아카데미즘에 예상 외의 관심을 보이면서 그와 함께 등장하기 시작했다. 1983년 스물여섯의 교토 대학 조교수 아사다 아키라는 그의 책 『구조와 힘: 기호학 너머』를 80만 부가량 팔았다. 이 책은 "프랑스의 철학적 사고의 특정한 가닥에 대한 최초의 체계적 소개로 라캉과 알튀세르에 대한 논의에서 시작해 들뢰즈와 가타리로 나아간다." 그냥 봐도 가볍게 읽을 책이 아니다. 패션에서도 비슷해 세이부 백화점과 트렌디한 쇼핑몰 파르코의 본사 세종(Saison) 소매 그룹의 대표 츠츠미 세이지는 그의 사업 전략을 '시뮬라크르와 패러디의 포용이라는 보드리야르식의 활동'이라며 주주들에게 진지하게 설명했다. 대학생들은 데리다와 푸코의 차이도 몰랐지만, 어렵고 지적인 이야기를 새롭고 재미있는 새로운 패션 트렌드처럼 다뤘다. 이해는 제쳐두고 1984년의 시대정신은 매우 인텔리스러워지고, 미국 대학생 삶의 모조품을 넘어섰다.

1985년의 패션에서 까마귀족 디자이너에 대한 접근 방식은 시장 전체를 아우르고, 'DC 붐'이라는 시기를 만들어낸다. DC는 '디자이너와 캐릭터 브랜드'의 약자인데 세계적으로 유명한 꼼 데 가르송과 Y's를 비롯해 인기 많은 일본 브랜드 비기(Bigi), 핑크 하우스(Pink House), 꼼 사 뒤 모드(Comme ça du Mode) 등이 포함된다. DC 붐은 여성복에서 시작됐지만 곧 성별의 경계를 뛰어넘었다. 가와쿠보와 야마모토의 아방가르드 콘셉트는 일본 디자이너들이 전통적인 실루엣, 섬유, 조합을 거부할 수 있도록 문을 열었다. 이전에 표준적이었던 단색성의 컬렉션은 마침내 불협적 색조의 대담한 조합으로 확장됐다.

VAN 재킷이나 크림 소다 시절과 마찬가지로 중산층 10대들은 하라주쿠에서 디자이너 제품을 사기 위해 돈을 모았다. 단, 이제는 10대들이 예술 세계의 부유한 시민이 지닌 배타적 시선을 담은 아방가르드한 옷을 사게 된 것이다. 꼼 데 가르송의 제품은 VAN 재킷보다 훨씬 비쌌지만, 경기 호황과 급증하는 신용카드 발급 덕에 하이엔드 브랜드 옷이 넘쳐났다.

DC 붐 시기에 디자이너의 옷에 대한 욕망은 수입 브랜드로 확장됐다. 한때 최첨단이었던 인터내셔널 갤러리 빔스는 1986년에는 오히려 예스럽게 보였다. 도쿄에는 아네스 베(agnes b), 장 폴 고티에(Jean Paul Gaultier), 미셸 파레(Michel Faret), 조셉(Joseph), 마가렛 호웰(Margaret Howell), 캐서린 햄넷(Katharine Hamnett)의 단독 매장이 있었다. 10년 전 라코스테 폴로셔츠를 살 수 있는 곳은 아메요코의 곰팡이 핀 뒷골목밖에 없었다. 이제 하라주쿠와 오모테산도에서 호기심 많은 10대들이 원하는 외국의 어떤 옷도 찾을 수 있다. 제품 각각은 귀중한 예술 작품처럼 고급 부티크에 전시돼 있다.

1986년 5월 새로운 패션지 『멘즈 논노(Men's Nonno)』가 등장한다. 잡지는 트래디셔널 스타일보다는 현지와 파리인들의 '모드'에 초점을 맞췄다. 『뽀빠이』와 『핫도그 프레스』는 시대와 함께 바뀌고, DC 붐 속에서 새로운 라이벌을 따라갔다. 수많은 10대는 일본 디자이너의 옷을 입고 있었기 때문에 편집자와 소비자는 패션에서 '제대로 된' 아이디어를 찾기 위해 더 이상 외국을 살펴보지 않았다. 자신의 경제와 문화에 대한 새로운 신념으로 무장한 그들은 일본에서 비롯한 제품에 대한 생각을 옹호하고 찬양했다. 일본은 1980년대 중반부터 아메리칸 패션을 '따라 잡았을' 뿐 아니라 도쿄의 패션 신은 세련된 면에서 미국을 능가했다.

그리고 1985년의 사건으로 자부심은 더욱 커진다. 9월 22일 세계의 주요 경제 각료들은 뉴욕의 플라자 호텔에서 미국 달러의 평가 절하 방안을 논의했다. 그 뒤 2년 동안 엔화의 가치는 달러당 150엔에서 200엔으로 오른다. 일본의 수출 가격이 올라가면서 경기가 약간 후퇴했지만, 일본은 통화 팽창 정책으로 대응해 자산 가격 버블을 만들어냈다. 대도시의 부동산 가격은 급등하고, 특히 부동산 소유주나 좋은 회사에 다니던 사람들을 포함한 모든 사람이 엄청난 부자가 됐다고 느끼게 됐다. 도쿄 황궁의 땅값이 캘리포니아 전체보다 비싸졌다. 이렇게 한때 가난한 패전국은 난데없이 전례 없는 현금 뭉치의 꼭대기에 앉게 됐다.

1980년대 후반부는 경제에 대한 끝없는 낙관론이 사치스럽고 퇴폐적인 삶을 만들어낸 버블 시기로 알려진다. 미국이 산업 위축과 코카인 흡연, 에이즈 등으로 고통받는 동안, 일본은 하버드 대학교 교수 에즈라 보겔(Ezra Vogel)의 1979년 베스트셀러 『세계 최고의 일본』의 표현을 따르면 "모든 게 잘 돌아갔다." 일본은 전후의 절약 정책을 총괄적으로 폐기하고, 흥청망청 쇼핑을 계속했다. 소니는 컬럼비아 픽처스(Columbia Pictures), 미츠비시는 뉴욕의 록펠러

센터를 사들였다. 보험계의 거물은 4,000만 달러에 고흐의
작품을 구입하고, 일본의 경영인들은 캘리포니아의 골프장
페블 비치에 8억 4,100만 달러를 썼다. 마찬가지로 온워드는
1986년에 J. 프레스를 완전히 사들인다. 도쿄는 미심쩍은
취향의 개츠비스러운 떠들썩한 술 잔치에 빠졌다. 급성장하는
회사의 접대 예산은 새로 문을 연 외국인 레스토랑과 하이엔드
호스티스 술집을 이어 비밀 클럽에서 타이트한 드레스를
입은 여성들과 유로비트에 맞춰 춤을 추는 등의 별난 행위를
만들어냈다.

버블은 패션 산업에 특히 다정했다. 빔스의 사업은
1987년에 비해 1988년에 두 배가 됐다. 높은 엔화 덕에
수입품은 더욱 저렴해지고, 높은 소비에 대한 사회적 기대를 더
올려놓았다. 모든 10대가 갑자기 옷을 어떻게 입어야 하는지에
대한 가이드가 필요해지고, 이에 따라 잡지 판매부수도
솟구쳤다. 편집자들은 수수한 미국과 영국의 트래디셔널
의류보다 고가의 유럽 디자이너들과 일본의 DC 브랜드가
'최고'의 일본에 맞는다고 주장했다. 1980년대 말 일본인 중 반
이상이 옷장에 수입 의류가 있었는데, 이는 10년 전에 비해 두
배를 넘은 것이다.

1987년에 『멘즈 클럽』은 『주피(일본의 여피)』라는 책을
내놓는데, 책은 새로운 부유한 남성을 네 가지 스타일로
분류했다. 이에 따르면 주피의 42퍼센트가 아메리칸 트래드
의류를 좋아하고, 27퍼센트는 요지 야마모토 같은 트렌디한
일본 디자이너 브랜드의 옷을 입는다. 18퍼센트는 이탈리아
슈트를 좋아하고, 13퍼센트는 폴 스미스 같은 영국의 룩을
따른다. 조사를 실시한 곳이 『멘즈 클럽』이라는 점을 감안하면
트래드가 최다 표를 획득한 게 놀라운 일은 아니지만, 부유한

남성의 반 이상이 이제는 아메리칸 클래식 대신 흥미진진한 유럽이나 아방가르드 슈트를 선택했음을 유심히 볼 필요가 있다. 경제, 국가에 대한 신뢰, 문화가 모두 열을 맞추고, 일본의 최고점은 미국 스타일의 새로운 최저점을 의미했다. 미국은 내려가고 일본은 올라간다. 왜 패배자처럼 입으려 하겠나?

전통적인 부자는 신흥 부자를 싫어하기 마련이다. 버블 시기엔 많은 신흥 부자가 등장했다. 그래서 일본의 벼락부자 스타일에 대한 반발은 보헤미안 반문화 같은 게 아니라 세타가야와 메구로 등 부유한 인근 교외의 10대들에게서 터진다. 두 지역의 사립학교 학생들은 지방의 10대들이 하라주쿠의 이름 모를 디자이너 옷에 노예가 된 듯 열광하는 걸 무시했다. 토박이 도쿄 부자들은 잡지로 패션을 배우지 않았다. 부모와 형에게 훌륭한 스타일을 흡수했다. (물론 바로 부모와 형은 『멘즈 클럽』에서 배웠다.)

도쿄 교외의 부유한 10대들은 DC 브랜드와 거리를 둘 방법을 찾다가 1980년대 중반 브룩스 브라더스나 리바이스, 나이키 등의 클래식 브랜드를 가지고 만드는 편안한 스타일 아메카지(アメカジ, 아메리칸 캐주얼)를 고안했다. 아메카지는 미국이라는 기본으로의 복귀를 말하지만, 프레피보다도 느슨하고 스포티했다. 부유한 도쿄의 10대들은 영화 「탑 건(Top Gun)」의 해군 G-1 플라이트 재킷이나 힙합 그룹 런 DMC(Run DMC)의 아디다스 슈퍼스타처럼 대중문화에서 가져온 주요 제품, 프린트 티셔츠와 스웨트팬츠, 운동화 등으로 도심의 진짜 미국인처럼 간편한 옷을 입었다. 조금 더 터프한 차림이라면 헤인스(Hanes)의 티셔츠 위에 가죽 재킷을 입고, 스톤 워시의 리바이스 501과 엔지니어 부츠를 신었다.

빔스는 프레피와 유로 디자이너 유행을 잘 이끈 뒤

아메카지에서도 지도 정신을 발휘했다. 이제는 '수입 매장'이
아니라 '편집숍'으로 부르게 된 매장 체인에서 10대들은
머리부터 발끝까지 같은 디자이너 제품으로 차려입는 게
아니라 여러 브랜드 제품을 섞어 자신만의 옷차림을 만들게
됐다. 유나이티드 애로스의 구리노 히로후미는 "지배적인
콘셉트는 당신이 원하는 옷을 당신이 원하는 방식으로 입으면
된다는 거였죠. 동시에 편집숍은 사람들이 입고픈 옷을 고를
때 도움을 주는 파트너가 된다는 점에서 큰 역할을 하게
됐어요."라고 설명했다. 아메카지의 세계에서는 미국 동부의
프레피나 서부의 운동복, 힙합, 할리우드, 미국 원주민의 주얼리
등 어떤 미국 제품도 함께 할 수 있었다. 『타임스』에서는 여전히
이런 룩이 너무 암기식이라 생각했다. "완전한 미국인처럼
보이도록 하는 방식은 전혀 미국인처럼 보이지 않게 만들 수
있다."

도쿄 시부야의 파르코 쇼핑몰, 빔스에서 폴로 랄프 로렌
매장까지는 아메카지 운동의 본진이 됐다. 패션 엘리트들은
시부야를 주요 쇼핑 구역으로 생각해본 적이 없었지만, 어쨌든
사립학교 학생들은 대부분 집에 가는 길에 이 곳을 지나가야
했다. 의류 중심의 하라주쿠에 비해 시부야에는 백화점,
레스토랑, 패스트푸드점, 술집 등 다양한 선택지가 있었다.

1980년대 중반 앞서나가는 고등학생 몇몇이 시부야의
클럽에서 미국 영화의 무도회 장면을 흉내 낸 졸업 스타일
댄스 파티를 열었다. 파티 주최 측은 참가자들을 펑키스,
위너스, 브리즈, 워리어, 앵크스 같은 이름의 팀으로 모이도록
했다. 이때부터 멤버들은 '티머스(Teamers)'로 알려진다.
모든 시대의 훌륭한 클럽이 그랬듯 그들은 아메리칸 스타일의
바시티 재킷에 여러 패치를 붙이고 등에는 팀 로고를 붙인

유니폼을 맞췄다.

1988년 아메카지는 조금 더 분명한 형태인 '시부카지
(渋カジ, 시부야 캐주얼)'로 변화한다. 이들의 전형적인 모습은
폴로셔츠에 집업 후드, 다운 베스트, 롤업한 리바이스 501,
모카신, 에스닉한 실버 목걸이 등 말쑥한 코디였다. 또한 DC
붐이 사그라들면서 시부카지의 미래도 밝아진다. 디자이너
브랜드들을 구입하기 시작하고 3년이 지난 뒤 대중 소비자라는
기반과 할인 행사가 디자이너 브랜드가 한때 누린 모든 장점을
죽이기 시작했다. 지지할 만한 새로운 룩을 필사적으로 찾던
『핫도그 프레스』와 『뽀빠이』의 편집자들은 영감을 얻기 위해
시부야로 모여들었다. 최초로 시부카지를 주류로 다룬 기사는
『체크메이트(Checkmate)』 1989년 1월호의 커버스토리
「시부카지 완벽 마스터!」였다. 4월에는 『핫도그 프레스』에서
「철저한 시부카지 조사 매뉴얼」과 『뽀빠이』의 「시부카지 코드
화보」로 이어진다.

미디어는 카탈로그화하고, 글로 설명할 수 있고, 전파할
수 있도록 부유한 시부야 10대의 무의식적인 스타일을
다뤘다. 하지만 시부카지는 자연스러운 아메리칸 프레피와
닮았는데, 좋은 취향이 자연스럽게 스며든 부유한 학생들이
입는 캐주얼 옷이기 때문이다. 하지만 10대의 높은 자신감이
만들어낸 시부카지는 지위에 집착하는 나라에서 결국 DC
브랜드보다 더 부유한 사람의 룩이라는 식으로 설명된다.
잡지는 시부카지를 입는 방법을 목록화했을 뿐 아니라
스타일의 사회적·경제적 배경을 다루면서 룩을 만들어낸
사립학교의 이름도 거론한다. 이런 상황 때문에 시부카지의
구성 요소가 대부분 수입품이었음에도 일본에서 유래한 패션에
정통성을 부여한다는 DC 붐의 초점이 시부카지에도 남게

『핫도그 프레스』에 소개된 시부카지 스타일 일러스트레이션 「철저한 시부카지 조사 매뉴얼」.

됐다. 사회학자 남바 고지는 "시부카지는 멋집니다. 그 이유는 시부야이기 때문이지 미국이기 때문이 아니에요. 시부카지의 모든 아이템은 미국이지만, 여기서 '미국'은 위에 있는 무엇이 아니었어요. 같은 위계의 그 무엇이었죠."라고 말했다.

잡지에서 다루고 나자 시부카지 스타일은 이 나라에서 가장 인기 있는 룩이 됐다. 하라주쿠의 경제는 하룻밤 사이에 무너졌다. 하이퍼 패션 감각은 사라지고, 부유한 차분함이 찾아왔다. 누구도 디자이너를 신경쓰지 않았고, 누구도 하나의 브랜드로 머리부터 발끝까지 차려입지 않았다. 시부카지의 공식은 패션에 관심이 있다는 걸 드러내지 않으며 단순히 제대로 된 브랜드를 차려입는 것이다. 클래식 아메리칸 브랜드, 루즈 핏의 옷, 스니커즈의 편안한 조합은 그 어느 때보다 많은 사람을 의류 시장에 끌어들였다. DC 붐 시절과 달리 10대들에게는 전문 지식이나 신용카드, 편안함을 포기할 의지가 필요 없었다. 스타일리시하게 보이는 장벽이 이렇게 낮은 적이 없었다.

시부야 룩은 1989년 말 브룩스 브라더스 버튼 다운 셔츠에 페니 로퍼를 신고, 감색 블레이저를 입은 화이트칼라의 약간 돈이 더 드는 기레카지(니트 캐주얼)가 된다. 하지만 결과물은 넓은 어깨에 릴랙스 핏으로 아이비와는 전혀 다른 모습이 됐다. 시부야에 기레카지 룩을 보급한 주요 공급자는 유나이티드 애로스였다. 유나이티드 애로스는 빔스의 시게마츠 오사무가 설립한 새로운 편집숍이다. 1988년 시타라 에즈조가 빔스에서 은퇴하고, 그의 아들을 새로운 사장으로 지명했다. 1988년 여름, 회사는 두 파벌로 나뉘는데, 절반이 시게마츠를 따라 나와 유나이티드 애로스에 참여했다. 첫 번째 매장은 완전히 새로운 걸 시장에 내놓기 위해 디자인됐다. 시게마츠는 "우리는

청바지와 감색 블레이저라는 포스트 시부카지로 매장을
시작했어요. 슈트를 입은 큰형님 버전이었죠."라고 기억했다.
시부야의 원기왕성한 의류 시장 덕에 유나이티드 애로스는
빠르게 성공했고, 고급 간부를 대부분 잃은 빔스도 금세
복구됐다.

1980년대 대부분 빔스, 유나이티드 애로스, 십스 같은
편집숍이 소매 시장을 지배했지만, 해외 브랜드에 시즌별로
주문을 넣는 느린 프로세스로는 늘어나는 미국 수입품에
대한 수요를 맞추지 못했다. 간극을 채우기 위해 시부야에는
주말마다 새로운 아메카지 매장이 열렸다. 공식 수입 업체들은
대부분 높은 도매가를 유지했기 때문에 작은 매장들은 병행
수입이라는 수익성 좋은 틈새시장을 만들 수 있었다.

매장 주인은 학생용 할인 항공권을 구해 미국의 매장에서
소매 가격으로 제품을 사왔다. 이들은 리바이스, 리, 바나나
리퍼블릭(Banana Republic), 갭, L.L. 빈, 오시코시(Oshkosh),
렝글러, 레이밴(Ray Ban), 타이멕스(Timex), 미국 스포츠 팀
저지 등을 쓸어 담고, 관세를 피하기 위해 되도록 많은 옷을
껴입고 비행기에 올라탔다. 할인하는 제품을 구하기 위해 폴로
랄프 로렌 팩토리 아울렛과 교외 몰의 스니커즈 스토어를
메뚜기처럼 뛰어다녔다. 마침내 미국의 소매상들은 이들의
부정한 돈벌이를 알아채고 개인당 구매 제품 수를 제한했다.
하지만 미국 매장의 정상가로 구입해도 공식 수입 업체의 공급
채널보다 저렴했다. 이런 제품을 '핸드 캐리'로 부르게 된다.

1991년 일본의 패션 매출은 사상 최대인 19조 8,8000억
엔(2015년 기준 2,530억 달러)을 기록한 뒤 내려간다. 빔스,
유나이티드 애로스, 십스 같은 편집숍은 1990년대에도 계속
성장했고, 국제적인 브랜드들을 큐레이팅하는 이들의 '편집'

방식 덕에 변화하는 스타일을 따라가면서 끊임없이 기본적인 제품을 찾는 장소가 됐다.

버블이 꺼진 뒤 시작된 잃어버린 10년의 첫 해에 DC 붐과 시부카지는 둘 다 황금 시대의 유산으로 버려졌고, 패션 신에서 사라졌다. 하지만 이들의 스타일은 1990년대의 트렌드를 예견할 중요한 두 가지를 구축했다. 10대들은 DC 붐 시대 하라주쿠 패션 디자이너의 배타성과 브랜드 파워를 사랑했고, 그 뒤 마찬가지로 시부야의 힘을 뺀 아메리칸 캐주얼에서 주목하지 않을 수 없는 안티테제를 찾아냈다. 패션은 1990년대에 두 가지 입장을 종합해 놀라운 성공을 이뤄낸다. 하지만 이번에는 일본뿐 아니라 전 세계에 걸쳐서였다.

8. 하라주쿠에서 모든 곳으로

1970년대 말 후지와라 히로시(藤原浩)는 미에에서 가장 멋진
소년이었다. 핸드메이드 덱으로 스케이트보드를 타고, 섹스
피스톨스(Sex Pistols)를 듣고, 로커빌리 밴드에서 연주를
했다. 그는 일본 관서 지방에서 가장 멋진 아이였을 것이다.
그는 오사카의 매장에 비비안 웨스트우드의 세디셔너리
라인을 살 수 있는지 편지를 보내는 유일한 고등학생이었다.
너무나 멋있었기 때문에 열여덟 살에 도쿄로 이사한 뒤 '런던
나이트'라는 언더그라운드 파티에서 베스트 드레서로 뽑혀
런던으로 무료 여행을 떠난다. 거기서 그의 영웅인 비비안
웨스트우드와 그의 파트너 맬컴 맥라렌을 만나고, 1년 뒤
런던으로 돌아가 그들의 매장 월드 엔드(World's End)에서
일한다.

   맥라렌은 후지와라에게 이제 펑크와 뉴웨이브를 잊고,
뉴욕에 새롭게 등장하는 음악인 힙합을 주목하라고 말한다.
후지와라는 2010년 『인터뷰(Interview)』에서 그 여행에
대해 회고했다. "록시(Roxy)는 정말로 사건이었죠. 아프리카
이슬람(Afrika Islam)*, 쿨 레이디 블루(Kool Lady Blue)**,
그건 신 전체였어요. 전 DJ에 관심을 두기 시작했죠." 그는
일본에 최초로 들어가는 힙합 음반을 잔뜩 들고 도쿄로
돌아왔다. 그리고 로컬 클럽에서 턴테이블 두 대로 어떻게
스크래치와 컷을 하는지 보여준다. 하지만 후지와라의 목표는
DJ가 아니었기 때문에 1985년 다카기 간과 힙합 유닛 타이니

---

* 미스터 X(Mr. X)로도 알려진 미국의 힙합 디제이, 프로듀서.
** 나이트클럽 사업가 겸 프로듀서. 뉴욕의 클럽 록시의 전신을 만드는
등 힙합 문화 초기 발화에 큰 역할을 했다.

펑크(Tinnie Punx 또는 Tiny Panx)를 결성한다. 이 그룹은 초기 일본 힙합 신에서 중요한 자리를 차지하는데, 1987년 비스티 보이스(Beastie Boys)의 도쿄 콘서트에서 오프닝 공연을 맡고, 일본의 첫 번째 힙합 레이블 메이저 포스(Major Force)를 공동으로 설립한다.

유행을 만들어내는 사람으로서 런던과 뉴욕에 커넥션이 있던 후지와라는 매달 잡지에 최신 글로벌 트렌드를 소개했다. 1987년 후지와라와 간은 「라스트 오기(Last Orgy)」라는 칼럼을 시작했다. 여기서는 스케이트보드, 펑크 록, 아트 영화, 하이 패션, 힙합 등 모든 걸 하나의 세계관으로 혼합해 다뤘는데, 이는 나중에 정식으로 '스트리트 컬처'라는 용어로 정의된다. 매달 후지와라와 다카기는 그들이 좋아하는 신인 래퍼, 12인치 싱글 레코드, 옷, 영화, DJ 장비 등을 소개했다. 후지와라는 문화 비평가, DJ, 래퍼, 브레이크 댄서, 그리고 모델로 20대 초반에 이미 살아 있는 전설이 됐다.

전국적으로 「라스트 오기」의 모든 단어를 절대적 진리로 생각하고 고집하는 작은 그룹의 젊은이들이 나타나기 시작했다. 이 중에는 군마의 수수한 중심지 마에바시의 고등학생 나가오 도모아키도 있었다. 그는 후지와라의 으스스한 생김새를 닮았다. 나가오는 곧 로큰롤에서 힙합으로 갈아탄다. 매주 그와 친구들은 「라스트 오기」의 한 부분을 다루는 심야 방송 「FM TV」를 비디오로 녹화해 보고 또 봤다. 타이니 펑크가 공연을 위해 군마에 오자 나가오는 공연이 끝날 때까지 기다려 후지와라의 사인을 받았다.

나가오는 그의 아이돌인 후지와라 같은 미디어 구루가 되고 싶었기 때문에 도쿄로 갔고, 잡지의 편집자가 되겠다는 열망으로 분카 패션 학원에 등록했다. 학원의 음악 클럽에서

그는 디자이너가 되려는 다카하시 '조니오' 준(高橋盾)을
만난다. 다카하시는 나가오를 런던 나이트에 데려갔고, 몇 년
동안 잡지에서만 보던 사람들을 소개시켜줬다. 거기에 있던
펑크 로커빌리 부티크 어 스토어 로봇(A Store Robot)의
점원이 나가오가 후지와라와 닮았다는 걸 눈치채고 오랫동안
남는 별명을 붙여준다. '후지와라 히로시 니고(二ゴー, 후지와라
히로시 넘버 2)'였다. 살짝 놀리려는 의도였지만 젊은 나가오는
별명을 받아들였다. 친구들 사이에서 그는 이제 '도모 군'이
아니라 '니고'가 됐다.

몇 주 만에 후지와라 넘버 2는 그의 영웅 후지와라 넘버
1을 만나게 됐고, 그의 개인 어시스턴트 중 한 명이 됐다.
후지와라의 네트워크에 들어가면서 니고는 『뽀빠이』에서 파트
타임으로 조니오와 함께 「라스트 오기 2」라는 칼럼을 쓰고,
뮤지션과 TV 탤런트의 스타일링을 맡고, 후지와라의 주말
파티에서 DJ를 한다. 21세의 니고는 이미 후지와라 히로시
넘버 2라는 이름에 부응하는 삶을 살았다.

후지와라 이전의 문화적 아이콘들은 자신만의 창작물을
만드는 일로 명성을 얻었다. 하지만 후지와라와 그의
문하생들은 잡지를 위한 최고의 음악, 패션, 책, 제품을
큐레이팅하는 '편집' 활동으로 성공했다. 일본의 미디어는 미국
동부의 대학 캠퍼스와 파리의 런웨이에서 어떻게 트렌드를
찾아야 하는지 알고 있었지만, 1980년대 중반의 편집자들은
스트리트 컬처의 성장을 따라가는 데 애를 먹고 있었다. 아는
게 많고, 연결점도 많은 후지와라는 이 모든 문제에 대한
해답이었다. 하지만 후지와라가 문화에 지속적인 흔적을
남겨놓으려면 문화 정보 센터 이상이 돼야 했다. 그와 크루들은
자신만의 것을 만들 필요가 있었다.

후지와라는 국제적인 스투시 트라이브(Stussy Tribe)의 첫 일본인 멤버였다. 스투시 트라이브는 숀 스투시(Shawn Stussy)의 브랜드 스투시(Stussy)를 중심으로 모인 비슷한 생각을 지닌 창작자들의 느슨한 네트워크다. 후지와라는 1986년 잡지 『다카라지마』에서 스투시를 인터뷰한 뒤 그와 친구가 됐고, 그 이후부터 우편으로 스투시 옷 상자를 받기 시작한다.

후지와라의 신봉자이자 그래픽 디자이너인 나카무라 '스케이딩(Sk8thing)' 신이치로는 스투시와 비슷한 오리지널 티셔츠 라인을 시작하고 싶어서 몸이 근질거렸다. 후지와라는 스트리트 브랜드를 만든다는 생각이 마음에 들었고, 즉시 시작하고 싶었다. 그는 규슈의 황량한 항구 도시 고쿠라에 투어를 갔을 때 만났던 젊은 매장 주인 이와이 '도루아이' 도루라는 사람과 연락이 닿았다. 이와이는 후지와라가 시작하는 브랜드를 도와주겠다고 제안하고, 지역의 후원자인 오카지 노부아키를 소개했다. 나이 든 신사는 후지와라의 프로젝트를 후원하겠다고 동의하면서 오랫동안 VAN 재킷과 미국의 중고 의류를 판매하며 쌓인 패션 사업의 노하우를 전수했다.

여러 지원에 힘입어 후지와라, 스케이딩, 이와이는 일본 최초의 진정한 스트리트웨어 브랜드 굿이너프(Goodenough)를 론칭했다. 1990년 론칭한 굿이너프는 글로벌 스트리트웨어 역사에서 비교적 일찍 첫발을 뗐는데, 선구적인 라벨인 FUCT와 SSUR와 론칭 시기가 비슷했고, 엑스라지(X-Large) 같은 미국의 비슷한 브랜드보다는 먼저였다. 스투시의 방식을 모방한 굿이너프는 하이 퀄리티 티셔츠와 대담한 그래픽 프린트의 스포츠웨어에 초점을 맞췄다. 『뽀빠이』와 『핫도그 프레스』가 1991년 스케이트보드 패션 트렌드의 일부로 다룬 뒤 브랜드는 일본에서 곧바로 성공한다.

후지와라는 매달 잡지에 굿이너프의 옷을 입고 등장했지만, 브랜드에서의 그의 역할을 숨겼다. 그는 전기 작가 가와카츠 마사유키에게 "만약 사람들에게 제가 이 브랜드를 하고 있다고 말했다면, 아무도 그 옷을 실제로 들여다보지 않았을 거예요. 살 사람들은 그냥 샀을 테고, 저를 미워하는 사람들은 무시했겠죠."라고 설명했다. 브랜드의 기원이 감춰져 있었기 때문에 굿이너프는 스투시나 프레시자이브(Freshjive), FUCT 같은 미국 수입품처럼 보였다. 그 덕에 많은 젊은 일본인 관광객들이 로스앤젤레스에서 '진짜' 굿이너프 매장을 찾아다니다가 길을 잃곤 했다.

후지와라는 굿이너프의 성공을 이용해 니고와 조니오에게 다음 의류 벤처를 시작하라고 말한다. 20대였던 둘은 오카지와 함께 하라주쿠의 조용하고 비상업적이었던 곳에 매장을 연다. 오모테산도 쪽이지만 중심가인 메이지 길이나 다케시타 길에서는 상당히 떨어진 곳이었다. 이들은 이 지역을 '우라 하라주쿠(하라주쿠 뒤쪽)'로 불렀다. 하라주쿠 인근은 여전히 로큰롤과 DC 붐의 붕괴에 따라 휘청거리고 있었기 때문에 니고와 다카하시는 경제적으로 비탄에 빠진 지역으로 10대를 유혹해 되돌릴 새로운 세대를 대표하게 됐다. 1993년 4월 이들은 노웨어(Nowhere)를 여는데, 좁고 어둑어둑한 매장을 둘로 나눴다. 한쪽에서는 다카하시가 자신의 펑크 브랜드 언더커버(Undercover)를, 다른 한쪽에서는 니고가 여러 수입 스트리트웨어를 팔았다.

잡지에서 '네오 펑크' 트렌드의 일부로 다뤄지고 난 뒤 언더커버 쪽에는 곧바로 사람들이 넘쳐났다. 하지만 매장의

나머지 반은 여전히 한산했다. 니고는 곧 자신의 성공이
오리지널 브랜드를 만들어내는 데 달렸다는 걸 깨닫는다.
스케이딩은 브랜드 아이디어에 관해 계속 생각했는데,「혹성
탈출」TV 시리즈를 본 뒤 독자적인 콘셉트를 만들어냈다.
그는 영화의 상징이라 할 만한 유인원 얼굴을 로고로 삼고,
'A Bathing Ape in Lukewater(미지근한 물에서 목욕하는
유인원)'이라는 슬로건을 붙였다. 이는 노인을 '미지근한
물이 담긴 욕조 안의 유인원 같다'고 묘사한 네모토 다카시의
만화에서 가져왔다. 니고는 이를 줄여 첫 세 단어(A Bathing
Ape)를 공식 브랜드명으로 썼고, 미국의 빈티지 옷 스타일로
티셔츠 몇 장과 재킷에 찍었다.

　　1994년 9월 후지와라, 니고, 조니오는 일본 최초의
스트리트 컬처 잡지 『아사얀(asayan)』에 새 칼럼「라스트 오기
3」을 시작했다. 이전처럼 이들은 지면을 해외의 최신 제품
소개로 활용했다. 이제는 자신의 브랜드와 매장이 있었기
때문에 칼럼은 매달 진행하는 자기소개의 장이 된다. 예컨대
1994년 10월호에서는 하라주쿠 노웨어의 오프닝과 언더커버
여성복 라인의 새 매장을 축하한다. 이런 노출은 매출 상승으로
이어졌다. 『아사얀』의 독자들 덕에 후자와라와 조니오의 좌파
정치 슬로건 패치가 붙은 한정판 MA-1 나일론 봄버 시리즈
AFFA(Anarchy Forever, Forever Anarchy)는 순식간에
매진됐다.

　　굿이너프, 언더커버, 어 배싱 에이프가 고정 팬을
만들어내면서 후지와라 크루 중 더 많은 멤버들이
자체 패션 라인을 만들었다. 메이저 포스의 직원이었던
다카자와 신스케는 1994년 10월 펑크, 바이커 브랜드
'네이버후드(Neighborhood)'를, 한 달 뒤 스물하나의

어 배싱 에이프의 초기 제품. 유인원 패턴 카무플라주 재킷과 스웨트셔츠.

프로 스케이트보더 에가와 '요피' 요시후미는 스포츠 라인 '헥틱(Hectic)'을 시작했다. 6개월 뒤에는 조니오의 전 밴드 동료였던 아와나가 히카루가 펑크 록 토이 스토어 '바운티 헌터(Bounty Hunter)'를 열었다.

동료들 사이에서 눈에 띄기 위해 니고는 어 배싱 에이프를 인디 힙합 신 쪽에 가깝게 맞춰나갔다. 그는 힙합 그룹 스차다라파(Scha Dara Parr)의 친구들에게 옷을 입혔고, 그즈음 이들은 「콘야 와 부기 백」이라는 곡이 히트하면서 주류에 진입한다. 이 곡으로 전국적인 힙합 열풍이 시작됐고, 1995년 초반 랩 그룹 이스트 엔드 X 유리의 「다.요.네(DA.YO.NE)」가 100만 장이 팔리면서 절정에 달한다. 니고는 그룹의 여성 래퍼 이치 유리에게 어 배싱 에이프의 티셔츠와 재킷, 스웨터를 입혔고, 유리는 미디어의 사랑을 받는다. 또한 어 배싱 에이프는 오야마다 게이고(小山田圭吾)의 스타일도 담당했다. 그 또한 어 배싱 에이프를 탄생시킨 1993년의 「혹성 탈출」 시리즈에서 아티스트명 '코넬리우스(Cornelius)'를 만들었다. 1995년 10월 니고는 코넬리우스의 투어 티셔츠를 만드는데, 영웅의 패션 취향을 좇는 팬덤이 어 배싱 에이프의 제품을 마구 사들였다.

니고는 첫 번째 해외 작업을 런던의 트립합 레코드 레이블 모왁스(Mo Wax)와 진행했다. 니고가 레이블 대표 제임스 라벨(James Lavelle)과 만난 날부터 영국 인디의 거물은 거의 매일 어 배싱 에이프의 옷을 입기 시작했다. 일본으로 돌아온 뒤 어 배싱 에이프와 DJ 섀도(DJ Shadow), 머니 마크(Money Mark) 등 모왁스의 아티스트 사이의 관계 덕에 음악 팬들 사이에 엄청난 이미지 상승이 만들어졌다. 라벨은 또한 니고에게 뉴욕의 그래피티 레전드 푸투라 2000(Futura

2000)과 스태시(Stash)를 소개한다. 이들은 1995년 7월 팩스로 도쿄에 티셔츠 디자인을 보내왔고, 나중에 하라주쿠의 후지와라 커넥션으로 매장을 연다.

이런 음악 세계와의 연합은 어 배싱 에이프의 매출을 북돋았고, 열정이 넘쳤지만 소규모였던 우라 하라주쿠의 스트리트 패션 운동을 주류의 수면 위로 떠오르게 했다. 1996년 니고와 다카하시는 원래 매장 근처의 모퉁이에 더 큰 노웨어 매장을 여는데, 그 뒤 하라주쿠 주요 도로 주변에서 뒷골목으로 난 모든 길에 구불구불한 대기 행렬이 늘어섰다.

1991년의 시부카지가 몰락한 뒤 미디어는 1990년대 내내 이 시기를 일컫는 룩을 정의하는 데 애를 먹었다. 단일의 트렌드는 다양한 남성복 스타일로 쪼개졌고, 모두 케이(系, 계)라는 단어 아래로 분류됐다. 여기에는 스케이터케이, 서퍼케이, 스트리트케이, 모드케이, 밀리터리케이 등이 있었다. 『핫도그 프레스』와 『뽀빠이』는 굿이너프와 언더커버, 어 배싱 에이프를 우라 하라주쿠케이로 분류했다. 우라 하라주쿠케이의 본질로 들어가보면 카무플라주 재킷, 빳빳한 브랜드 로고 티셔츠나 스트라이프의 스케이터 셔츠, 리지드 다크 청바지, 클락스(Clark's)의 왈라비 슈즈, 아디다스의 슈퍼스타, 나이키 에어 맥스 95, 하이 테크 백팩 등 말쑥하게 정돈된 클래식 아메리칸 캐주얼 제품들이다. 스타일은 스포티하고 편안했는데, 10대들 놀이 옷의 패셔너블한 버전이었다. 하지만 다른 캐주얼 룩과 비교해 우라 하라주쿠케이에는 신중히 정의된 브랜드, 스타의 개성, 음악 아티스트와의 연결 등 주목하지 않을 수 없는 훨씬 많은 배경이 있었다.

1996년 말 즈음 굿이너프와 언더커버, 어 배싱 에이프는 잡지에서 뽑은 독자들이 가장 좋아하는 브랜드의 최고 자리를

차지하기 시작할 만큼 충분히 커졌다. 1996년 8월 『아사얀』의
조사에서는 독자들이 가장 존경하는 남성 연예인에 배우나 팝
뮤지션 대신 후지와라 히로시, 다카하시 준, 오야마다 게이고가
있었다. 노웨어는 가장 인기 있는 매장으로 이름을 올렸다.
미디어는 후지와라와 그의 크루를 '카리스마'로 불렀는데,
추종자들에게 이들이 추천하는 건 뭐든지 사도록 만드는 거의
초자연적인 힘을 뜻했다. 사회학자 남바 고지는 "사람들은
후지와라 히로시의 개인적인 스타일을 따라할 필요가
없습니다. 대신 뭐든 그가 좋다고 말하면 뛰어들었죠."라고
지적했다.

1997년 우라 하라주쿠는 하위문화 팬덤을 졸업하고, 일본
남성 패션 시장 전체를 완전히 지배했다. 1997년 9월 『핫도그
프레스』의 독자 투표에서 우라 하라주쿠케이는 일본에서 가장
인기 있는 스타일로 등극했다. 굿이너프와 언더커버의 초기
위치는 트렌드 리더였지만, 어 배싱 에이프는 새로 유입되는
사람들을 위한 입구로 기능했다. 젊은이들은 언더커버의 레더
본디지 팬츠보다 티셔츠 위에 찍힌 「혹성 탈출」 이미지를 훨씬
쉽게 이해했다. 그리고 오직 하드코어한 추종자들만이 극도로
제한적으로 나오는 굿이너프의 제품을 손에 넣을 수 있었다.

어 배싱 에이프가 스포트라이트를 받으며 니고는 시즌마다
풀 라인의 의류를 내놓는다. 보상은 즉각적이었다. 1997년
11월 『핫도그 프레스』의 투표에서는 도쿄와 오사카에서 어
배싱 에이프가 독자 선정 최고의 브랜드로 뽑혔다. 패션지의
스트리트 스냅 지면에는 매달 에이프 티셔츠를 입고 '니고
숭배'를 주장하는 일본 전역의 젊은이들이 등장했다.

1990년대의 패셔너블한 10대들은 우라 하라주쿠 브랜드의
디자인뿐 아니라 구하기 어려운 제품을 찾아내는 '사냥'도

사랑했다. 스투시의 방식을 따라 후지와라와 그의 제자들은
아주 적은 양의 제품만 만들고, 극소수의 매장에서만 판매했다.
이런 전략은 소비자들을 실망시키기보다는 운좋게 제품을
손에 쥔 팬이라면 우쭐거릴 수 있도록 만들었다. 적은 공급이
계산된 마케팅인지 또는 언더그라운드에 남으려는 자연스러운
방식인지에 대한 논쟁은 여전히 격렬하다. 진실은 둘 사이
어딘가에 있을 것이다. 후지와라는 자신이 대중 시장 브랜드를
만들거나 대형 회사를 운영하고 싶어한 적이 없다고 종종
사업 파트너들에게 억울함을 드러내왔다. 1995년 굿이너프의
인기가 최절정이었을 때 후지와라는 6개월 동안 브랜드를
쉬겠다는 결정을 내렸다. 그는 소매점을 마흔 곳에서 열 곳으로
줄였다. 니고와 조니오도 영향을 받아 다른 도시의 매장에서
브랜드를 빼내고, 판매 지점을 직접 운영하는 매장으로
제한했다.

이는 브랜드를 운영하는 데 직관에 어긋나는 듯하지만,
독점적인 이미지를 유지하기 위해서는 필요한 방법이다. 꼼 데
가르송 같은 디자이너 라인은 아방가르드 디자인과 악마 같은
가격으로 대중과의 거리를 유지했다. 그 대신 우라 하라주쿠
라벨은 이보다는 상대적으로 구하기 쉬운 베이식하고 캐주얼한
제품을 판매한다. 굿이너프와 어 배싱 에이프를 원하는
사람들이 모두 구하게 된다면, 브랜드의 특징을 망가뜨리게 될
것이다. 가장 확실한 해결 방법은 조금만 만드는 것이다.

후지와라, 다카하시, 니고는 제품을 수요보다 훨씬 적게
만들었다. 이런 제한이 브랜드가 잠재 고객을 선택할 수 있도록
해줬고, 동시에 격렬한 마니아를 만들어냈다. 이들은 적은
생산량을 '리미티드 에디션'으로 불렀는데, 10대들이 옷을
단순히 입지 않고 수집하도록 자극했다.

우라 하라주쿠케이는 일본에서 최고의 스타일이
됐고, 팬들은 매일 노웨어 앞과 다른 브랜드 매장 앞에
줄을 섰다. 1997년 후지와라가 하라주쿠에 소매점인
레디메이드(Readymade)를 열고, 자신의 브랜드를 판매하자
동이 트기 전에 10대 수백 명이 도착했다. 정오가 됐을 때
10대들은 매장의 재고를 모두 사버렸다. 첫 이틀 동안 매출이
20만 달러를 기록했고, 후지와라는 친구들을 불러 모아
은행으로 현금을 운반해야 했다.

리미티드 에디션의 끊임없는 순환은 후지와라와
동료들에게 큰 이익이 됐지만, 혜택은 독립적인 리셀러 수백여
명에게도 돌아갔다. 악명 높은 긴 줄에는 필연적으로 소매가에
사서 높은 마진을 붙여 다시 판매하는 작은 지방 매장의
바이어들이 있었다. 하지만 이런 시장이 브랜드의 특별함을
더욱 강화했다. 하라주쿠의 다케시타 거리 바깥의 가판에서는
포장을 뜯지 않은 민트 컨디션의 어 배싱 에이프 티셔츠를
정가의 다섯 배를 받았다. 3년이 된 AFFA 티셔츠는 1997년
7만 9,000엔(2015년 기준 900달러)에 팔렸다. 30년 전에는
속옷보다 조금 나은 정도의 취급을 받던 티셔츠는 이제 희귀한
예술품이 됐다. 높은 리세일 가치는 더 많은 소비를 부추겼다.
한 10대는 1997년 『아사이 신문』에 "가격은 신경 쓰지 않아요.
지겨워지면 그냥 다시 팔 거예요."라고 말했다.

표면적으로 우라 하라주쿠의 옷은 과거에 미국의 영향을
받은 캐주얼 패션과 비슷해 보였다. 하지만 근본적인 차이가
있었다. 10대들이 열망하는 브랜드는 더 이상 미국이 아니라
도쿄의 특정 지역에서 비롯했다. 1990년대에 10대들은 세상의
거의 모든 브랜드를 구할 수 있었는데, 그럼에도 일본 라벨을
더 선호했다. 우라 하라주쿠케이는 시부카지와 DC 브랜드

사이의 완벽한 절충점, 즉 배타적인 분위기를 풍기는 캐주얼 의류를 제공했다.

1980년대 말 시부카지 붐은 하라주쿠를 쇼핑의 불모지로 바꿨다. 그로부터 10년도 지나지 않아 우라 하라주쿠는 일본에서, 그리고 아마도 세상에서 가장 패셔너블한 지역이 됐다. 확실히 돈은 비슷한 미국의 브랜드보다 일본 스트리트웨어 브랜드로 많이 흘러들어갔다. 후지와라는 건드리는 모든 걸 금으로 바꿨고, 그의 후배들은 일본 전역에서 젊은이들의 영웅이 됐다. 하지만 돈이 굴러들어오면서 젊은 거물은 근본적인 양자 분리에 관해 고민하게 됐다. 세계 최고의 상태로 '언더그라운드'에 남을 수 있는 방법이 뭘까.

1998년 여름, 200명이 넘는 일본의 젊은이들이 하라주쿠에 있는 니고의 비지 워크 숍(Busy Work Shop)에 입장하기 위해 뜨거운 햇빛 아래에서 기다리고 있었다. 어 배싱 에이프의 직원은 VIP를 안으로 안내했다. 인기 많은 보이 밴드 V6의 미야케 겐이었다. 이 당시 미야케와 같은 그룹의 멤버 모리타 고는 그들이 등장하는 모든 TV와 잡지에서 배싱 에이프(이 즈음부터 베이프[Bape]로 부르기 시작했다.)의 셔츠를 입고 있었다. 그러는 동안 니고의 스타일리스트는 당시 가장 인기 많은 남성 아이돌인 SMAP의 기무라 다쿠야에게 어 배싱 에이프의 옷을 입혔다.

10대 여성들이 선호하는 버라이어티 쇼에 밤마다 출연하는 잘생기고 미심쩍은 재능을 지닌 베이프의 연예인 앰배서더들은 코넬리우스나 제임스 라벨 같은 인디의 신들과는 아주 다른 부류였다. 이들 덕에 『아사얀』은 커녕 『핫도그 프레스』를 펼쳐본 적도 없는 많은 10대들에게도 베이프는 광범위하게 노출된다. 기무라가 우라 하라주쿠케이로 전환하고 몇 개월 뒤 경찰은 이바라키에서 어 배싱 에이프의 모조품 제작 혐의로 남성 두 명을 체포했다. 이들은 어 배싱 에이프를 그저 '기무라 다쿠야가 입은 브랜드'로 알고 있었다.

일본 연예계에서 어 배싱 에이프가 추진력을 얻자 니고에게는 냉정한 결정의 순간이 찾아온다. 그의 멘토 후지와라처럼 그늘 속에 반쯤 가려진 채로 남을 것인가, 주류에서의 완전한 성공을 위해 나아갈 것인가. 스물여덟의 니고는 그의 비즈니스에 덮인 모든 인공 장막을 걷어내기로 결정했다. 그는 제한된 제품 생산과 배타적인 접근 방식을 포기하고, 어 배싱 에이프의 목표를 지금껏 가장 영향력 있고 가장 고급스러운 스트리트웨어 브랜드로 설정한다.

새로운 전략이 필요했기 때문에 니고는 당시 호평을 받던 원더월(Wonderwall)의 건축가 가타야마 마사미치에게 전국의 비지 워크 숍 체인에 적용할 디자인을 의뢰했다. 전례 없던 수입으로 니고는 미국이나 영국에서도 볼 수 없는 고급스러운 체인을 만들 수 있었다. 흰색 벽, 장식 없는 콘크리트, 매끈한 유리, 브러싱된 강철, 밝은 조명 등으로 이뤄진 매장의 디자인은 원래 노웨어 매장의 단순한 통나무집 스타일과 견주면 유토피아적인 미래 공간에 방문하는 기분이 들게 했다.

1988년 니고는 오사카, 나고야, 센다이, 그리고 아주 외진 시골인 아오모리에 비지 워크 숍을 열고, 그의 고향인 군마에는 노웨어 플래그십 매장을 열었다. 이런 매장들로 베이프는 1999년 20억 엔(2015년 기준 2,200만 달러)의 매출을 기록한다. 그해에 마츠야마, 후쿠오카, 교토, 히로시마에도 새 매장을 열었다. 이듬해에 니고는 브랜드를 확장해 '베이프익스클루시브(Bapexclusive)'라는 새로운 플래그십 매장을 아오야마의 꼼 데 가르송과 이세이 미야케 매장 근처에 열었다. 2001년 니고는 그의 의류 제국을 '베이피(Bapy)'라는 여성복 라인으로 확장한다.

세기가 바뀌는 동안 베이프의 일본 매장이 포화 상태에 이르렀지만, 우라 하라주쿠 현상은 여전히 일본에 한정돼 있었다. 서구에서 굿이너프, 언더커버, 어 배싱 에이프를 입는 사람은 니고의 친구들이나 투어 중인 일본 뮤지션들뿐이었다. 가끔 티셔츠 몇 장이 뉴욕의 부티크 레콘(Recon)이나 런던의 하이드아웃(Hideout)에 등장하곤 했지만, 믿을 만한 재고가 있는 건 아니었다. 하지만 일본과 마찬가지로 제한된 공급 덕에 브랜드는 미국과 영국의 패션 스노브들 사이에서 달아올랐다. 1999년 8월 『뉴욕 타임스』는 어 배싱 에이프를 세상에서 가장 배타적인 '한정판' 제품으로 소개하며 단지 카무플라주 재킷을 사려고 런던에 다녀온 잡지의 아트디렉터의 이야기를 인용했다. "가치 있는 일이었어요. 왜냐하면 제 친구들 모두 그걸 가지고 싶어했거든요. 제가 제일 먼저 구했죠." 같은 달에 영국의 잡지 『더 페이스(The Face)』는 어 배싱 에이프를 역사상 최고의 로고 기반 브랜드로 뽑으면서 이 브랜드가 '진정한 언더그라운드'로 칭했다. 후지와라와 니고는 뭐라고 대답했을까? 전혀 하지 않았다. 일본이 세계에서 가장 세련된 스트리트웨어 시장으로 부상하자 그들은 외국의 소비자들을 상대하는 데 관심을 기울이지 않았다.

해외 확장을 위한 첫걸음은 1999년 래퍼 에릭 코트(Eric Kot)와 코미디언 겸 DJ 잰 램브(Jan Lamb)가 홍콩에 비지 워크 숍을 열어보라고 니고를 설득하면서 시작됐다. 베이프는 그레이 마켓을 통한 일본 재수입 문제에 대한 염려를 잠재적 고객에게 홍콩 여권이 필요한 멤버십을 발행하는 방식으로 해결했다. 게다가 입장하려면 사전에 예약을 해야 했다. 이런 노력에도 홍콩으로의 확장으로 더 많은 아시아 사람들이 브랜드를 인지하게 됐고, 몇 달 만에 중국어를 사용하는 모든 나라에서 어 배싱 에이프의 티셔츠를 갈망하게 됐다. 홍콩의 10대들이 어린애 같은 만화 프린트가 찍힌 베이비 마일로(Baby Milo) 라인 티셔츠를 얼마나 열성적으로 사들였는지 지역 TV 뉴스에서 사회 현상으로 다뤄졌다. 하지만 전체는 단순한 경제학이 지배하는 법이다. 근본적인 공급 부족은 아시아에서 그럴 듯한 모조품을 제작할 원동력이 됐고, 가짜 어 배싱 에이프 티셔츠가 쏟아져나온다. 2001년 미국의 경매 사이트 「이베이(eBay)」에는 한 벌에 겨우 15달러밖에 안 되는 '진짜 베이프' 티셔츠 수백 벌이 게시됐는데, '한국 시장용으로 만들었음.' 같은 수상한 설명문이 붙어 있었다.

베이프가 글로벌 브랜드가 되자 니고는 더 이상 제품을 통제하거나 배타적으로 관리할 수 없게 됐다. 더 커졌다는 사실이 유일한 진전이었다. 2001년 말 니고는 펩시 재팬과 함께 모든 캔을 베이프의 카무플라주로 포장하는 협업을 전개한다. 4년 전만 해도 젊은이들은 하라주쿠의 유일한 매장 앞에서 어 배싱 에이프의 제품을 사기 위해 줄을 서서 기다려야 했지만, 이제는 새벽 3시 한적한 시골에서 우연히 마주친 번쩍거리는 자판기에서도 동전 몇 개만 있으면 베이프의 디자인을 가질 수 있게 됐다.

니고는 나폴레옹 같은 수준으로 확장을 진행했다. 갑자기 어디에든 베이프가 있었다. 몇 년 전 조용히 컨버스 척 테일러의 트리뷰트를 내놓은 적이 있었는데, 2002년 어 배싱 에이프는 나이키의 에어포스 1을 오마주한 '베이프스타(Bapestas)'라는 알록달록한 스니커즈를 출시했다. 니고는 이 신발을 획기적인 새로운 체인 스토어 풋 솔저(Foot Soldier)에서 판매하면서 컨베이어 벨트 위에 신발을 전시했다. 2003년에는 헤어 살롱 베이프 컷(Bape Cuts)과 레스토랑 베이프 카페(Bape Cafe)에 투자했다. 그리고 아이들을 위한 의류 매장인 베이프 키즈(Bape Kids)를 열고, 단기간만 운영하며 베이비 마일로 제품만 판매했다. 새로운 세기가 흘러가면서 베이프의 매장은 가나자와, 니가타, 시즈오카, 가고시마, 구마모토 같은 일본의 외진 장소에도 생겨났다. 하라주쿠에서 20분 동안 걸으면 적어도 어 배싱 에이프 매장 다섯 곳과 마주칠 수 있었다. 니고의 광고 케이블 TV 방송 「베이프 TV」는 주요 교차로에 수많은 대형 스크린 광고를 띄웠다.

2003년 니고는 수백만 달러짜리 집 단장 작업을 마쳤다. 5층짜리 콘크리트 벙커에는 수많은 보안 카메라가 설치됐다. 그는 이 공간을 20세기 말 대중문화 박물관처럼 만들었는데, 모든 방을 리켄베커(Rickenbacker) 기타나 세계 최대의 「혹성 탈출」 피규어로 장식했다. 그는 나무 바닥 차고에 유리 벽을 설치해 집 안에서 자신이 소유한 메르세데스 벤츠 SLR, 포르쉐, 롤스 로이스, 벤틀리를 볼 수 있게 했다.

　니고가 미디어에 과도하게 노출되며 대중에게 사치를 과시한 것과 달리 후지와라 히로시는 스트리트웨어의 대부로서 조용한 자리를 찾아냈다. 굿이너프는 설립 당시의 규모에서 벗어난 적이 없었고, 후지와라는 론칭한 뒤 10년이 지난 다음 라벨과의 모든 개인적 연결점을 끊어버렸다. 후지와라는 일본의 가방 브랜드 요시다 가방(Yoshida Kaban)과 헤드 포터(Head Porter)라는 협업 브랜드를 만들어 재산을 일궜다. 헤드 포터는 미국의 MA-1과 같은 나일론을 사용해 여러 가방 시리즈를 제작했다. 헤드 포터는 사실상 우라 하라주쿠

팬들의 기본 가방, 지갑, 패니 팩 브랜드가 됐는데, 굿이너프나 후지와라 히로시의 이름을 들어본 적도 없는 10대들조차 마찬가지였다. 하지만 헤드 포터가 전국적인 현상이 되자 외로운 늑대는 친구에게 경영권을 넘겨버렸다. 후지와라는 『심(Theme)』과의 인터뷰에서 이렇게 말했다. "전 제가 돌봐야 하는 많은 사람이 오로지 저를 위해 일하는 걸 원하지 않습니다."

20세기 말 후지와라 넘버 1과 넘버 2는 자신의 비즈니스를 전혀 다른 방향으로 이끌었다. 2000년에는 후지와라 쪽이 더 많이 벌었다. 세금으로 니고는 4,530만 엔(2015년 기준 58만 2,000달러)을, 후지와라는 5,470만 엔(70만 달러)을 냈다. 2003년 후지와라가 스튜디오를 최고급 아파트 롯폰기 힐스 레지던스의 꼭대기로 옮겼을 때 니고는 펜트하우스에 들어갔다. 여기서 니고는 매일 밤 자신이 정복한 도시를 굽어봤다. 그는 일본에서 모든 걸 가졌지만 손에 쥘 나머지 세상이 여전히 남아 있었다.

2003년 니고는 런던에 첫 번째 베이프 매장을 열었다. 당시 베이프스타 스니커즈가 서구에서 인기를 얻기 시작했는데, 글로벌 트렌드를 아는 것만으로 커리어를 쌓아올린 니고는 세계 시장과의 접촉 없이 그것을 느끼고 있었다. 당시 모왁스의 전 매니저이자 법률가 토비 펠트웰(Toby Feltwell)이 베이프에 합류해 니고에게 해외 시장에 관해 조언했다. 펠트웰의 첫 번째 임무는 에이프를 이끄는 장군이 품은 미국 힙합에 대한 사랑을 다시 불러일으키는 것이었다.

니고가 좋아하던 액세서리 디자이너 제이콥 더 주웰러(Jacob the Jeweler)와 펠트웰은 니고를 당시 가장 존경받던 음악 프로듀서 퍼렐 윌리엄스(Pharell Willams)와 만나게 하려고 계획을 꾸몄다. 2003년 니고는 윌리엄스에게 도쿄에 있을 때 에이프 스튜디오에서 녹음 작업을 끝내라고 제안한다. 윌리엄스는 막연히 베이프스타 스니커즈에 관해 알았지만, 베이프 제국의 규모를 보자 어안이 벙벙해졌다. 그는 2013년 『컴플렉스(Complex)』에 "니고의 쇼룸에 갔을 때 제가 살면서 본 것 중 가장 놀라운 광경을 봤어요. 전 열광했고 그는 제가 원하는 건 다 하라고 했죠."라고 말했다. 대화에는 통역이 필요했지만, 니고와 윌리엄스는 몇 시간 만에 친구가 됐고, 몇 가지 협업을 계획했다.

우선 니고는 윌리엄스의 스니커즈 라인인 '아이스크림(ICECREAM)'의 디자인을 돕기 위해 개입하고, 결국 하라주쿠 비지 워크 숍 바로 위에 매장을 열었다. 그러고 나서 니고와 스케이트싱은 계획으로만 있었던 윌리엄스의 의류 라인 '빌리어네어 보이스 클럽(Billionaire Boys Club)'을 현실화해 우라 하라주쿠의 운영 솜씨에 묶어냈다. 이에 대한 답례로 퍼렐은 니고를 미국의 주류 힙합 신으로 안내한다. 제이지(Jay Z)나 칸예 웨스트(Kanye West) 같은 새 친구가 생기고, 마침내 니고는 미국에 매장을 열기로 마음먹는다. 2006년 니고는 『나일론 가이스(Nylon Guys)』에 "런 DMC가 저를 패션에 빠지게 했죠. 전 아메리칸 캐주얼을 사랑해요. 제가 영국에 간 건 미국에 권태기를 느꼈기 때문이었어요. 전 마침내 돌아가야겠다고 생각했죠."라고 말했다.

그는 2004년 말 뉴욕에 비지 워크 숍을 열면서 미국의 젊은 세대에게 브랜드를 소개한다. 매장이 열릴 즈음 베이프는 클래식한 1990년대의 올리브 밀리터리 패턴과 인상적인 스탠다드 로고 티셔츠를 독창적인 카무플라주 후드와 파스텔색

베이프스타로 교체해가고 있었다. 물론 아시아 고객들이 떼를
지어 줄을 섰지만, 퍼렐과의 커넥션 덕에 매장은 힙합 로열티를
갖춘 핫스팟이 될 수 있었다. 진정한 힙합 기획자에 걸맞는
차림을 위해 니고는 제이콥 더 주웰러에게 번화가에 차고 다닐
다이아몬드로 덮인 시리즈를 부탁한다. 손목 시계, 플레이버
플래브(Flavor Flav)*가 걸치고 다니는 듯한 웃기는 시계
펜던트, 가장 인상이 강한 그릴즈(치아 덮개) 같은 것들이다.

혁신적인 제품과 유명인들의 지원 속에서 어 배싱
에이프는 미국에서 가장 인기 있는 브랜드가 됐다. 2000년대
중반 4년 동안 MTV는 베이프를 입은 래퍼들의 쇼로 변하게
됐다. (니고 자신도 퍼렐의 「프론틴[Frontin']」뮤직비디오에
게스트로 출연했다.) 베이프는 이스트 코스트에서 시작해 신흥
지역을 따라 많은 힙합 트랙의 라임 속에 들어갔다. 미시시피의
솔자 보이(Soulja Boy)의 유튜브 영상 「크랭크 댓(Crank
Dat)」에서는 "날 미워하는 놈들은 미칠 거 같았지. 왜냐하면
내가 어 배싱 에이프를 입었거든!"이라고 떠벌렸다.

확고한 글로벌 스타가 된 니고는 『배니티 페어(Vanity
Fair)』와 『보그(Vogue)』의 사회 기사에 칼 라거펠트(Karl
Lagerfeld)나 데이비드 베컴(David Beckam) 같은 이들과
등장하게 됐다. 2005년 니고는 다이아몬드 스터드가 박힌
십자가를 들고 『인터뷰』의 표지를 장식했다. 1년 뒤 니고와
퍼렐 윌리엄스는 MTV 비디오 어워드에 빨간색 모자, 흰색
티셔츠, 두꺼운 골드 로프 목걸이 등을 입고 참가했다.
하지만 아마도 성공의 분명한 증거는 '페이프(fape)'라는
가품의 폭발적 증가일 것이다. 한몫 잡을 생각밖에 없는

---

* 미국의 힙합 가수. 커다란 원형 시계를 목에 걸고 다닌다.

미국의 쇼핑몰에서는 매장에 가짜 베이프 티셔츠 수백 벌을 쑤셔 넣었다. 토비 펠트웰은 어느 날 미국 관세청으로부터 플로리다주 마이애미 연안에서 가짜 베이프 제품으로 가득 찬 컨테이너 두 대를 발견했다는 전화를 받았다.

제2차 세계대전이 끝나고 60년 뒤 이전 수십 년 동안 일본인들이 아메리칸 스타일에 매혹된 것과 같은 식으로 미국인들은 어 배싱 에이프를 요란하게 요구했다. 하지만 이런 충격적인 성공은 일본의 젊은이들 쪽에서는 완전히 사라졌다. 1990년대 이후 일본 힙합 팬의 작은 하위문화 집단들은 아프리칸 아메리칸 랩퍼를 흉내 낸 컬러풀한 배기 옷을 입고 있었다. 하지만 이제 그들의 영웅들이 일본 브랜드 옷을 입기 시작하면서 인지적 불화로 고민에 빠지고, 베이프와 거리를 유지한다. 게다가 '역수입'의 시대도 끝났다. 어 배싱 에이프는 해외에서 너무 커버렸기 때문에 일본의 누구도 관심을 두지 않게 됐다. 가장 역설적인 점은 10대들이 해외에서 들어오는 것보다 더 품질 좋고 스타일리시한 일본 제품을 제공한 우라 하라주쿠의 사람들에게 해외 대신 지역의 브랜드를 아끼는 방법을 배웠다는 사실이다.

일본에서는 소강 상태였지만, 해외에서의 베이프 인기로 2007년 회계 연도에 노웨어의 매출이 무려 6,300만 달러에 달해 금고를 가득 채웠다. 하지만 미국에서 베이프 마니아들이 시들해지자 상황은 급격히 악화됐다. 2년 동안 매출이 하락하고, 부채가 올라간 뒤 니고는 2009년 노웨어의 CEO 자리에서 내려오고, 베이프의 통제권을 한때 일본의 가장 큰 패션 소매 기업이었던 '월드(World)'의 고루한 중역에게 넘겼다. 상하이, 베이징, 타이베이, 싱가포르에서 열린 비지 워크 숍 덕에 베이프는 글로벌 대기업인 나이키나 아디다스처럼

MTV 뮤직 어워드에서 퍼렐 윌리엄스와 니고. 2006년.

아시아에서 흔해졌다. 하지만 유감스럽게도 브랜드는 기존의 시장에서 애를 먹었다. 구마모토와 가고시마의 매장이 문을 닫고, 그 뒤 로스앤젤레스 매장이 문을 닫았다.

2011년 2월 1일 홍콩의 소매 기업 I.T.가 어 배싱 에이프의 모기업인 노웨어의 지분 90퍼센트를 200만 달러가 조금 넘는 정도인 2억 3,000만 엔에 사들였다. 연매출이 여전히 50억 엔(6,250만 달러)인 회사치고는 아주 적은 돈이었다. 인수에는 I.T.가 노웨어의 부채 43억 1,000만 엔(5,279만 달러)을 가져가는 것도 포함됐다. 니고는 이시즈 겐스케와 VAN 재킷이 파산한 같은 길로 가게 될 듯했지만, 홍콩의 인수는 그에게 훨씬 우아한 탈출구를 마련해줬다. 그는 당시 『위민 웨어 데일리(Women's Wear Daily)』에 이렇게 말했다. "전 민사 재생법 절차에 따른 도산을 결코 원하지 않았고, 브랜드에 피해를 주는 것도 원하지 않았어요. 저는 브랜드가 살아남기를 강력히 원했기 때문에, 가장 우선적으로 생각할 건 어떻게 해야 살아남을 수 있냐는 거였습니다. 전 브랜드를 세우는 데 20년을 보냈기 때문에 사라진다면 정말 부끄러운 일이었죠."

I.T.와의 합의가 니고에게는 온갖 것의 뒤범벅이었겠지만, 일본 패션 산업의 국제화에서 중요한 순간이었다. 이제 문화적 교류의 흐름은 더는 미국에서 일본이라는 한쪽 방향으로 흐르지 않게 됐다. 어 배싱 에이프는 미국 대중문화의 한가운데로 곧장 파고들고, 한때 미국이 일본에 영향을 준 것과 같은 방식으로 일본의 아시아 패션 지배를 시작하게 했다. 중국이라는 더 큰 나라의 회사들은 일본 브랜드 판매를 위한 권리를 가지기 위해 큰 돈을 지불했다. 인터넷을 잘 다루는 아시아의 소비자들은 세계 스트리트웨어 신을 현대화하는 데 큰 역할을 수행했다. 이들은 스트리트웨어의

생태계를 매달 발행되는 잡지에 적힌, 구할 수 없는 일본 브랜드라는 닫힌 세계에서 언제 어디서나 온라인으로 살 수 있는 최신 제품의 데일리 리뷰를 쏟아내는 홍콩의 블로그 「하이프비스트(Hypebeast)」 같은 방식으로 변화시켰다.

베이프가 거의 도산 위기에 처한 것은 우라 하라주쿠 시대의 확실한 종말을 보여줬지만, 이 흐름의 영웅들은 여전히 세계 문화에 영향력을 행사한다. 니고는 금세 행보를 찾아 작은 규모의 브랜드인 '휴먼 메이드(Human Made)'와 VAN 재킷의 복제 브랜드인 '미스터 배싱 에이프(Mr. Bathing Ape)'라는 브랜드를 시작했다. 또한 유니클로 UT의 크리에이티브 디렉터로 일하고, 2014년 아디다스 오리지널의 고문이 됐다. 한편, 다카하시 준은 그의 기발한 고딕 패션쇼를 2002년부터 파리 패션쇼로 옮긴 뒤 언더커버에 대한 끊임없는 비평가들의 절찬을 받는다. 최근에 다카하시는 나이키와 아방가르드 러닝 라인인 갸쿠소(Gyakusou, 뒤로 뛴다)를, 유니클로와 협업으로 UU를 선보였다.

후지와라 히로시는 나이키의 크리에이티브 컨설턴트로 CEO 마크 파커(Mark Parker)와 직접 특별한 프로젝트 작업을 전개한다. 일본의 주류 패션지가 후지와라 크루의 작업을 더 이상 쫓아가지 않으면서 그는 큐레이션 블로그 「허니이닷컴(Honeyee.com)」을 운영하기 시작했다. 하지만 그는 대체적으로 해외의 트렌드를 일본에 소개해 독점 체제를 풀어낸 도구인 인터넷에 여러 감정을 가지고 있다고 한다. 2010년 그는 세상과의 끊임없는 연결에 대해 "정말 편하지만 어느 정도는 지루하다."라고 말했다.

이와 달리 진짜 우라 하라주쿠 지역은 상황이 악화하며 이와 무관한 것으로 채워졌다. 노웨어, 레디메이드, 리얼 매드

헥틱은 모두 사라지고, 썩 훌륭하지 못한 브랜드들과 수상쩍은 스트리트웨어 리셀러들로 바뀌었다. 하지만 우라 하라주쿠 운동의 정신은 조금도 수그러들지 않고, 나이키의 수백 가지 한정판 스니커즈, 간판 없는 소매 공간에 들어서는 팝업 스토어, 스트리트 패션 인터넷 포럼에 달리는 열띤 댓글들, 뉴욕의 슈프림(Supreme) 매장에서 티셔츠 한 장을 사기 위해 기다리는 쇼핑객들 등에서 국제적인 스케일로 살아 있다. 스투시의 전 크리에이티브 디렉터이자 아디다스 오리지널의 전 크리에이티브 디렉터였던 폴 미틀맨(Paul Mittleman)은 일본 스트리트 스타일의 역사적 중요성에 관해서만큼은 애둘러 말하지 않았다. "스투시가 스트리트웨어를 시작했다면, 베이프는 이 경쟁에서 완벽하게 이겼습니다."

수십 년에 걸친 특별한 경험과 격전을 벌여 이룩한 성공에도 후지와라와 니고는 1980년대 말 처음 만난 날처럼 선생과 학생의 관계로 묶여 있다. 2014년 니고는 인스타그램에 "마스터 히로시와 파다완* 니고"라는 스타워즈풍 설명을 붙인 사진을 게시했다. 둘은 그들의 방식으로 글로벌 패션의 모습을 바꿨다. 후지와라 히로시는 언더그라운드를 일본의 주류로 만들고, 문화적 엘리트들의 지도에 일본을 집어넣었다. 어 배싱 에이프 덕에 미국인들은 일본산 아메리칸 스타일에 최고액을 내놨다. 그리고 이 두 명 덕에 세계의 문화적 리더들은 트렌드를 따라간다는 건 일본을 꾸준히 바라봐야 한다는 엄연한 사실을 익혔다.

* 제다이 기사의 제자.

9. 빈티지와 레플리카

1982년 내내 스물여섯의 오츠보 요스케(大坪洋介)는
로스앤젤레스에 있는 그의 은행 계좌에서 매주 현금을 인출한
뒤 돈 뭉치를 양말 안에 숨겼다. 그러고 나서 사우스 게이트
근처의 옷 매장 그린스펀(Greenspan)으로 차를 몰고 갔다.
별로 유명하지 않지만 그가 가장 좋아하는 곳이었다. 먼지
가득한 선반에는 잊혀진 리바이스 청바지, 잘 알려지지 않은
데님 재킷, 1950년대 양말 등 지역의 과거에서 온 제품이
끝없이 올라왔다. 모두 데드스톡으로 오래됐지만 사용된 적이
없고, 이제는 만들지 않는 제품들이었다. 매장에서 오츠보는
매번 숨겨진 보석을 찾아냈다. 이제 그는 그린스펀 가족들이
가장 좋아하는 고객이 됐다. 그는 매장을 뒤적인 다음에는 잘
정리했고, 항상 양말에서 꺼낸 현금으로만 지불했다.

오츠보는 잔뜩 사들인 물건을 매주 도쿄 아메요코의 작은
매장인 크리스프(Crisp)에 보냈다. 크리스프는 미국 가격보다
두 배 이상 비싸게 판매했다. 한 벌에 9달러인 리바이스 501은
3,600엔을 받았다. 합리적인 가격 덕에 『뽀빠이』를 읽는 젊은
소비자들은 매주 제품을 대부분 쓸어 갔다. 크리스프에는
안정적으로 지속되는 재고 보충이 필요했다.

오츠보는 추가적으로 로즈 볼(Rose Bowl) 플리 마켓에서
제품을 찾았다. 빈티지 옷을 입고 있는 사람에게는 누구든 양말
속 현금을 지불했다. "그들은 언제나 입은 옷이 자신의 두 번째
피부라면서 싫다고 했어요. 하지만 100달러를 보여주면 모두
자신의 보물을 팔았죠." 그 뒤 몇 년 만에 일본의 빈티지 의류
수요가 엄청나게 커졌다. 오츠보는 콜로라도와 캘리포니아에서
팀을 조직해 각 지역에서 옷을 찾아내 그에게 보내기 시작했다.

비슷한 움직임은 미국 동부에서도 진행 중이었다. 1983년 학생이었던 구사카베 고지(日下部耕司)는 도쿄의 중고 매장에서 미국을 돌며 빈티지 제품을 사들이라는 임무를 받았다. 그 뒤 구사카베는 10년 동안 미국의 주 마흔아홉 곳을 차로 돌아다니며, 인기 없는 백화점과 썩어가는 옷 매장에서 팔리지 않는 제품을 뭐든 긁어 모았다. "전 옷은 잘 몰랐어요. 하지만 여행을 좋아했죠." 그럼에도 그는 적어도 어떻게 해야 가장 중요한 아이템을 찾아낼 수 있는지 정도는 알고 있었다. 백 패치에 XX라고 적힌 옛날 리바이스 501 스트레이트 청바지나 아무도 신은 적이 없는 클래식 컨버스, 케즈 스니커즈 같은 것들이었다.

1980년대의 오츠보와 구사카베, 그리고 다른 일본인 바이어들은 일본 의류 산업 중 빈티지 옷 매장 분야가 성장하는 데 핵심적인 역할을 맡았다. 야마자키 마사유키의 크림 소다와 개리지 파라다이스는 1970년대 중반에 1950년대 데드스톡 제품을 파는 분야를 개척했다. 1970년대가 끝날 무렵 하라주쿠에는 산타 모니카(Santa Monica), 뎁트(Dept), 바나나 보트(Banana Boat), 보이스(Voice), 시카고(Chicago) 같은 매장이 생겨나고, 일본의 전형적인 빈티지 매장 구성 방식이 만들어졌다. 빔스와 십스는 비싼 수입품을 판매했지만 이런 매장은 1975년의 『메이드 인 USA』나 매달 『뽀빠이』에서 볼 수 있는 제품의 더 저렴하고 오래된 버전을 소개했다.

재고품을 확보하기 위해 빈티지 매장들은 오츠보나 구사카베처럼 태평양을 건너 희귀 제품을 찾아내 정기적으로 선박 편으로 보내는 개인들에게 의지했다. 당시 미국인들은 새로 개장한 반짝거리는 쇼핑몰로 모여들었는데, 일본의 바이어들은 미국 심장부의 가장 구식이고 수익성도 가장 낮은 소매 점포에 나타났다. 옛날 제품은 전산화된 재고 관리 시스템이 없는 매장에서만 찾을 수 있었다. 또한 많은 수의 죽어가는 소매점들이 팔리지 않은 채 수십 년이 지난 청바지와 신발에서 손을 떼는 걸 주저하고 있었다. 구사카베는 "매장 주인들은 재고품이 오래됐다는 걸 인정하지 않으려 했어요. 어떤 매장은 오직 지역 주민에게만 판매했죠. 또 한번에 너댓 벌만 살 수 있는 곳도 있어서 제가 원하는 만큼 구하기 위해 서른 번을 찾아간 적도 있었어요."라고 기억했다.

일본의 바이어들은 모두 같은 꿈을 꿨다. 의류 매장의 지하 창고에 제한없이 접근하는 것이다. 모든 매장들은 빈티지 옷의 잠재적인 금광이었다. 완전히 새것 같은 제품이 퀴퀴한 냄새가 나는 시폰 란제리와 시대에 뒤쳐진 칵테일 드레스 사이에 쌓여 갈데 없이 놓여 있었다. 빈티지에서 영감을 받은 브랜드 포스트 오버올스(Post O'Alls)의 디자이너이자 한때 바이어였던 오후치 다케시는 1980년대 말 뉴 저지의 백화점 레드 뱅크(Red Bank)의 지하에서 데드스톡의 금맥을 목격했다. "전 직원들에게 옷들을 조금씩 천천히 꺼내달라고 부탁해야 했죠. 여성이었던 매장 주인은 정말 침울해 보였고, 딱히 돈이 필요한 것 같지도 않았어요. 전 스무 번이 넘게 다시 찾아가야 했죠." 오후치는 그에게 고디바 초콜릿을 몇 박스씩 사다 줬고, 결국 원하는 걸 가질 수 있었다.

빈티지 청바지는 바이어들에게 언제나 수익성이 가장 좋은 제품이었다. 1980년대 중반 빅존, 에드윈, 비존, 밥슨 같은 일본 브랜드들은 남녀노소를 비롯해 트렌드를 따라가는 사람이든 역행하는 사람이든 모든 사람이 청바지를 입게 하는 데 성공했다. 하지만 이는 한때 마법 같았던 파란색 바지가 값싼 제품이 돼버렸다는 의미이기도 하다. 일본 전역에 도쿄의 빈티지 스토어.

5,000곳이 넘는 청바지 단독 매장에서는 상상할 수 있는 모든 처리와 컷이 들어 있는 산더미 같은 제품을 팔고 또 팔았다. 청바지 순수주의자들은 울트라 테이퍼드 핏의 스톤 워시 진을 싫어했고, 리바이스 501의 스트레이트 핏과 버튼 플라이라는 골드 스탠다드로 복귀하기를 열망했다. 이런 생각은 『체크메이트(Checkmate)』 같은 패션지에 501이 이탈리아와 프랑스 10대들의 캐주얼 스타일의 기둥 역할을 한다는 기사가 실리면서 더 탄력을 얻었다.

일본인들의 리바이스 501에 대한 관심은 미국의 리바이스 본사가 제품 구성을 클래식 핏에서 타이트 진, 코듀로이, 서퍼 팬츠 등으로 옮겨가면서 생겨났다. 1984년 리바이스 재팬은 기존 전략에서 의식적으로 벗어나 리바이스 501을 광고 캠페인의 중심으로 복구했다. 이런 조치는 즉시 판매를 신장시켰다. 클래식한 미국 제품에 대한 일본인들의 사랑으로 리바이스 본사는 1984년 로스앤젤레스 올림픽을 맞이해 '리바이스 501 블루스' 광고를 선보였다. 광고는 길거리에서 평범한 사람들이 상징적인 스트레이트 레그 청바지를 입은 모습을 보여준다.

일본의 소비자들이 이렇게 리바이스 501을 사랑하고 있음에도 지역 매장에서 구입할 수 있는 공식 제품은 전설에 부합하지 않았다. 1980년대 말 『멘즈 클럽』에 실린 청바지 가이드에서 유명하고 전통적인 청바지인 리바이스 501, 리 200, 랭글러 13MWZ는 품질에서 약간 변화했다는 점을 지적했다. 예컨대 염색 공정이 경제화되고 더 저렴한 오픈 엔드 스피닝 데님을 사용한다. 이런 제품은 제작 공정의 효율성을 성공적으로 증가시켰지만, 품질은 오히려 떨어졌다. 즉, 얻은 것보다 잃은 게 더 많았다.

리바이스, 리, 랭글러가 할 수 있는 건 별로 없었다. 1950년대 이후 미국의 청바지 제조사들은 전 세계에 걸친 수요 증대에 직면했고, 이에 따라 빠르고 저렴한 생산이 필요해졌다. 이들은 방직공장과 함께 느린 링 스펀 스레드를 치워버리고, 빠른 오픈 엔드 스펀 종류를 도입했다. 이는 섬유가 인디고 염색을 흡수하는 근본적인 방식을 변화시켰다. 방직공장도 좁은 폭 원단을 생산하고, 느리게 움직이는 드레이퍼(Draper)의 셔틀 직기들을 최신 기술의 프로젝타일 직기로 교체했다. 일반적인 일본 소비자들은 이런 자세한 제조 공정에 관해 아는 게 거의 없었지만, 최신 청바지에는 예전 청바지에 있던 마법이 결핍돼 있다는 걸 느끼고 있었다. 오후치 다케시는 이렇게 기억했다. "『메이드 인 USA』 표지에는 리바이스 501이 있습니다. 그렇기 때문에 새로운 제품이 오리지널과 색이 다르다는 걸 알았어요. 우리는 생각했죠. 왜 이렇게 다른 걸까?"

빈티지 매장들은 낙담한 데님 고객들에게 과거의 우수한 리바이스, 리, 랭글러 제품으로 돌아갈 기회를 제공했다. 버블 시기의 엔화 덕에 미국산 옷은 아주 저렴해지고, 1999년 중고 의류에 대한 제대로 된 국가적 유행이 생겨났다. 이런 움직임 속에서 어려움을 겪던 생활 잡지 『분(Boon)』은 빈티지 의류 패션에 초점을 맞춘 잡지로 다시 만들어지면서 스타일 가이드가 된다.

하지만 수요의 거대한 증가는 가격도 극적으로 끌어올렸다. 1983년 하라주쿠의 바나나 보트에서는 1960년대 모델 리바이스의 가격으로 2만 2,000엔(2015년 기준 237달러)을 매겼는데, 1980년대가 끝나갈 무렵에는 데드스톡 리바이스를 유리 상자에 넣어두고 10만엔(2015년

기준 1,390달러)을 매겼다. 신문에서는 희귀한 리의
카우보이 팬츠가 하라주쿠에서 200만 엔(2015년 기준 2만
8,000달러)씩 팔린다는 사실을 믿을 수 없다는 듯 보도했다.

이런 막대한 이윤에 대한 약속은 미국에 일본 바이어가
넘쳐나는 기폭제가 됐다. 미국으로 떠나기 전 젊은
신입사원들은 어떻게 하면 몇 가지 세밀한 특징으로 데님의
가치를 평가할 수 있는지 교육받았다. 가장 많이 언급되는
특징은 바지 안쪽을 뒤집어보면 보이는 '레드 엣지'였다.
리바이스 501의 흰색 단 끝의 빨간색 선은 1983년 이전에
미국에서 제작됐다는 증거였다. 미국 섬유 공장의 구형
드레이퍼 방직기는 자체적으로 끝 부분을 마무리하는
데님(셀프 피니시 엣지)을 생산했는데, 이를 현장 용어로
'셀비지'로 불렀다. 콘 밀스는 자체적으로 생산한 데님의
셀비지에 미묘한 빨간색 실을 넣어 차이를 만들었는데, 이런
작은 점으로 쉽게 미국에서 만들어진 구형 모델 청바지를
구별할 수 있었다.

셀비지와 함께 바이어들은 구형 제품의 다른 디자인
요소도 살폈다. 예컨대 진짜 가죽으로 만든 패치(1950년대
중반까지), 청바지 안쪽에서만 볼 수 있는 히든
리벳(1937년부터 1966년까지), 그리고 빨간색 리바이스
로고 태그의 대문자 E(1936년부터 1969년까지)['LEVI'S'로
적혀 있고 '빅 E'로도 부른다. 이후 제품은 'LeVI'S'로 적혀
있다.] 같은 것들이다. 데님의 연대를 가늠하는 이런 디테일
중심의 방식은 처음에는 소매점과 바이어 사이에서 입으로
전파됐지만, 곧 소비자들에게도 전해진다. 학교 운동장에서
10대들은 고대의 의복을 검사하는 책상 앞의 고고학자처럼
구형 청바지의 제조 시기를 파악할 수 있는 기술에 관해

토론했다.

그러는 사이 미국에서는 거의 누구도 구형 리바이스나 리 청바지의 잠재적 가치를 알지 못했다. 몇 곳 안되는 미국의 빈티지 매장들은 워크 웨어를 무시했고, 클래식 할리우드의 유산인 하와이안 셔츠, 볼링 셔츠, 주트 슈트, 컬러풀한 개버딘 셔츠 등만 취급했다. 뉴욕의 중고 매장에서는 정기적으로 희귀한 리바이스 청바지의 다리 부분을 잘라 여름을 대비한 반바지로 만들어버렸다. 소호의 빈티지 부티크 '왓 컴스 어라운드 고스 어라운드(What Comes Around Goes Around)'의 공동 소유자 세스 웨이저(Seth Weisser)는 『뉴욕 타임스』에 "일본인들이 개입하기 전까지는 그저 1940년대, 1950년대, 1960년대 청바지가 다르다는 것만 인식했지 더 가치 있거나 덜 가치 있거나 하진 않았죠. 그저 모두 '중고 청바지'였어요."라고 말했다.

사진가 에릭 크바텍(Eric Kvatek)은 당시 빈티지 워크웨어를 찾아다니던 드문 미국인 중 한 명이다. 데드스톡 경찰 재킷을 1,000달러에 구해달라는 제안을 받고난 뒤 중고 매장을 뒤지는 일을 부업으로 삼게 됐다. 그리고 풍부한 희귀 제품이 기다리는 오하이오로 돌아간다. "1990년대 초반, 많은 노동자가 떠나기 시작했고, 그 사람들이 입던 옷이 지하에서 중고 매장으로 옮겨졌죠." 오하이오는 빈티지를 사들이는 데 '완벽한 조건'을 제공했다. 제품은 많고 가격은 쌌다. 게다가 1갤런(3.8리터)에 1달러인 석유 덕에 끝없이 운전할 수 있었다. 모텔은 15달러였다. 크바텍은 홋카이도 삿포로의 매장과 계약했다. 매장 주인과 대화하기 위해 크바텍은 차를 몰고 미국 중서부를 돌아다니는 동안 일본어 회화 테이프를 들었다.

중고 매장을 뒤지는 동안 크바텍은 카운터 뒤의

삿포로의 빈티지 매장인 아메리칸 슈거(American Sugar) 앞에 선 에릭 크바텍.

미국인들에게 그의 임무를 들키지 않으려고 주의를 기울였다.
'지식은 금'이었다. 바이어들은 매장 주인이 제품의 가치를 알지
못하도록 하는 스파이 비슷한 행동 강령을 준수했다. 왜 크기가
다른 청바지를 두 박스나 사야하는지 설명하기 위해 크바텍은
자신을 공장 직원에게 입힐 옷을 장만하는 사람으로 소개했다.
1990년대 말, 일본의 스니커 붐에 따라 나이키의 구형
에어맥스 95 등을 구입하러 다닐 때는 육상 코치인 척하면서
상상의 레이스 '6-60', '10-40' 같은 흰소리를 날리기도 했다.

미국인, 일본인, 영국인, 프랑스인으로 이뤄진 바이어들이
미국으로 몰려들고, 데드스톡 대부분을 빼내갔다. 1990년대
중반에는 남은 게 거의 없었다. 바이어들은 중고 티셔츠나
나일론 재킷같이 조금 더 흔한 아이템을 쓸어 담는 데
의존하면서 빈티지 실크로드를 따라 제품의 이동을 유지했다.
일본의 매장들은 빈티지보다 중고 제품을 더 좋아하게 됐는데,
고르는 데 전문적인 기술이 필요하지 않고, 벌크로 싸게 구할
수 있었기 때문이다.

1990년대 말에 이르러 일본의 젊은 사업가 수천 명이
게임에 동참했다. 1980년대부터 하라주쿠의 중고 매장 열다섯
곳 남짓은 근처에 들어선 100곳이 넘는 중고 매장들과 경쟁에
직면했다. 일본 전역에 걸쳐 미국의 중고 옷에 특화된 매장이
5,000여 곳으로 추정됐는데, 이곳에서만 1년에 수억 달러를
긁어모았다. 빈티지 매장인 하라주쿠 시카고는 1996년에
혼자서만 15억 엔(2015년 기준 2,000만 달러)의 매출을
기록했다. 10년 전에 비해 두 배가 된 것이다.

규모가 커지자 하라주쿠의 주요 아울렛들은 해외의
피커들을 진짜 군대처럼 조직했다. 어떤 빈티지 매장 체인은
일리노이의 아파트를 임대해 직원들의 거처로 삼은 뒤

이들에게 미국 중서부를 일주일 내내 돌게 해 옛날 옷을
사들여왔다. 다른 체인은 곧장 '래그 하우스'로 부르는
유통업자에게 찾아갔다. 래그 하우스는 아무도 원하지
않는 중고 제품을 포장해 제3세계로 보내는 곳이었다. 많은
일본인이 라틴계 여성 노동자들에게 달콤한 말을 속삭이며
더 좋은 제품에 접근할 수 있도록 스페인어를 배우기도 했다.
하라주쿠 보이스는 미국 전역의 창고 열 곳과 계약을 맺고, 톤
단위로 중고 옷을 사들여 분류한 다음 일본으로 보냈다. 그리고
대형 창고에 직원을 고용해 근처의 세탁소에서 옷을 세탁하고,
얼룩을 지우고, 지퍼를 고치고, 느슨해진 단추를 다시 꿰맸다.

시장이 최정점에 달한 1996년 일본은 13억 엔(2015년
기준 1,800만 달러) 정도의 중고 미국산 옷을 사들였는데,
1991년의 2억 4,000만 엔(2015년 기준 310만 달러)보다 크게
상승했다. 일본에 들어오는 옷은 대부분 미국에서 왔다. 1995년
미국에서 들어오는 가공되지 않은 중고 옷은 톤수로 따지면 두
번째로 큰 수입처인 캐나다의 23배에 달했다. 영국의 패션은
일본에 항상 큰 영향을 미쳤지만, 영국산 수입품도 미국보다는
훨씬 못미쳤다. 인구의 차이는 네 배임에도 영국에 비해 미국산
옷이 70배나 더 들어왔다.

일본의 부모들은 이 유행이 버블이 꺼진 이후의 침울한
불황기의 사고방식을 드러내는 게 아닐까 조마조마했다.
하지만 젊은이들은 동의하지 않았다. 미국산 중고 옷은 빈곤의
상징이 아니라 문화적, 경제적으로 진전했다는 신호다. 그 어떤
것도 1950년대에 만들어진 리바이스 501XX보다 진짜일 수
없고, 미국적일 수 없고, 더 비쌀 수 없다.

또한 빈티지 의류 덕에 완전히 새로운 소비층인 나이
든 남성 소비자가 의류 시장에 들어왔다. 이들은 『뽀빠이』나

『분』이 아니라 진지한 소비재 잡지인 『모노(mono)』를 봤다. 『모노』를 펴내는 월드 포토 프레스(World Photo Press)는 1970년대에 미국의 제트기, 탱크, 핵잠수함 등을 다룬 책을 내놓는 곳이었는데, 1990년대에는 옛날 워크 웨어와 밀리터리 항공 재킷 사진이라는 틈새시장을 발견했다. 『모노』의 독자들은 대부분 빈티지 재킷이나 청바지를 입기보다 수집품으로 방에 보관했다. 수집품은 『분』 같은 잡지에서 리바이스 청바지가 시대별로 어떻게 변했는지 종합적인 연대기 같은 걸 만들 때 결정적인 자료가 됐다. 이런 구체적인 지식은 초보 데님 팬들에게 퍼져나갔다.

하라주쿠 보이스의 다카하시 겐은 1997년 불평을 늘어놨다. "중고 의류의 좋은 점은 싸다는 거예요. 아주 적은 돈만 있어도 미국을 느낄 수 있죠. 이게 중고 의류의 핵심이에요." 하지만 나이 든 수집가까지 가세해 수요가 증가하자 가격은 더 올랐다. 그리고 1990년대 말 즈음 미국인들은 일본에서 무슨 일이 일어나는지 알아차렸다. 숙련된 많은 일본인 바이어들은 미국의 매장 주인 앞에서 신중해야 한다는 걸 알았지만, 시골에서 갓 올라온 젊은 일본인들이 중고 매장에 나타나 『분』에 실린 보물의 사진을 가리키며 촐랑대는 일이 늘어난 것이다. 주인은 잡지에 소개된 제품의 가격을 알아봤고, 일본인을 대상으로 한 요금을 조정해 더 많은 이익을 차지하게 됐다.

비슷한 시기에 에릭 크바텍, 구사카베 고지, 오후치 다케시 같은 점잖은 바이어들은 경솔한 초보자들보다 더 만만치 않은 적수를 만났다. 유타 오렘 출신 존 팔리(John Farley)라는 진취적인 사업가였다. 1980년대 모르몬교 선교사로 일본에 거주하는 동안 팔리는 몇몇 매장 주인으로부터 미국에서

『분』의 청바지 가이드. 리바이스 501의 다양한 태그를 비교한 지면. 1995년.

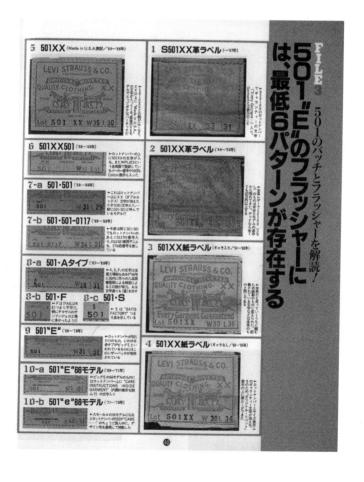

빈티지 제품을 보내달라는 요청을 받았다. 이런 작은 호의는 '팔리 엔터프라이즈(Farley Enterprises)'라는 제대로 된 사업으로 번졌다. 그의 사촌 휴 팔리(Hugh Farley)는 동부 해안 쪽의 작은 도시 래디슨(Radissons)에 방을 빌린 뒤 옛날 리바이스와 나이키를 가져오면 구입하겠다는 신문 광고를 냈다. 휴는 이렇게 모은 걸 오럼의 존에게 보냈고, 존은 일본의 매장 800여 곳을 대상으로 웹사이트를 열어 경매를 벌였다. 가장 전성기인 1996년에 팔리 엔터프라이즈는 매주 희귀한 미국 스니커즈 600켤레를 일본에 보냈고, 30명의 직원을 둔 그의 회사는 320만 달러를 벌어들였다.

팔리의 초효율적인 시스템은 은밀하게 중고 매장을 사냥하던 친구들을 망쳐버렸다. 하지만 그는 거기서 멈추지 않았다. 유타의 사업가는 『일본에서 원하는 것』이라는 가이드를 만들어 미국 전역의 중고 매장에 보내 결정적인 한 방을 날려버렸다. 소책자는 옛날 옷에서 어떤 부분을 살펴봐야 하는지와 각 제품의 표준가를 자세히 소개했다. 그 결과로 최고의 제품이 팔리 엔터프라이즈로 모여들지는 않았지만, 적어도 그런 제품이 매장 바닥에 무더기로 묻히는 일은 사라졌다.

팔리 엔터프라이즈의 성장, 넘쳐나는 젊은 일본인 바이어, 「이베이」 등의 인터넷 경매 사이트, 엔화의 실패 등이 겹치며 일본의 거대한 미국 빈티지 옷 탐구는 20세기가 끝날 무렵 멈췄다. 하라주쿠에 기반을 둔 정상급 체인들은 일본 패션 시장의 필수적인 일부로 남았지만, 많은 작은 회사는 하룻밤 사이에 사라졌다. 궁극적으로 빈티지 의류에 소비자들이 몰리면서 전후의 원조 물자나 군사 수송, 동시대 패션 브랜드의 통상적인 새 옷 수입을 훨씬 넘어서는 대규모의 옷이 미국에서

버버진 스토어 매니저인 후지하라 유타카가 지하의 빈티지 청바지 섹션에서
희귀 제품인 1964년판 그린 스탬프 501을 보여주고 있다.

일본으로 들어왔다. 규모 면에서는 더 작아졌다 해도 중고 실크로드는 여전히 존재한다. 예컨대 하라주쿠 시카고는 여전히 미국에서 매달 막대한 양을 수입해 여러 매장에서 판매하고, 세인트루이스 시내와 이바라키의 교외에 전용 창고를 마련해두고 있다.

오츠보 요스케는 보수적으로 추산해도 희귀한 미국 제품, 특히 데님과 워크 웨어의 3분의 2 이상이 일본인 손에 있다고 추정했다. 특히 하라주쿠에 있는 '버버진(Berberjin)'의 지하는 분명 빈티지 청바지에 관해서는 전 세계에서 가장 중요한 곳이라고 말했다. 지하에서 버버진은 태연히 리바이스를 모든 시대별로 늘어놓는다. 다 떨어진 가죽 패치가 붙은 1930년대 바지는 1만 달러 정도다. 한편, 지바의 개인 컬렉터는 바지가 3,000여 벌 있다. 올드 리바이스에 대한 추종이 시작된 이래 30년이 지난 지금도, 바나나 보트는 여전히 민트 컨디션의 데드스톡 리바이스 1966 모델을 유리 케이스 안에 넣어둔다. 지금은 20만 엔이다.

이런 가격 때문에 평범한 10대는 더 이상 해진 곳이 없는 빈티지 리바이스 501을 감당할 수 없게 됐다. 하지만 이들은 낙담하지 않았다. 더 나은 레플리카가 있다면 누구도 오리지널은 필요하지 않을 테니까.

1980년대 중반 오사카의 고등학교 학생 쓰지타 미키하루 (辻田幹晴)는 멘즈 비기(Men's Bigi)나 꼼 데 가르송 같은 디자이너 브랜드 옷을 살 수 없었다. 따라서 오사카의 젊은이 거리인 아메무라의 빈티지 매장에서 구입한 플란넬 셔츠와 중고 리바이스 501로 옷장을 채웠다. "미국 캐주얼은 돈을 쓸 필요가 없는 패션이죠." 그는 오사카에서 처음 생겨난 수입

데드스톡을 판매하는 매장인 라피누(Lapine)의 단골이 됐다.

1989년 초반 일상적으로 찾아간 라피누에서 매니저인 야마네 히데히코(山根英彦)는 쓰지타에게 빈티지 미국 제품의 독특한 특징을 거의 비슷하게 재현한 새로운 청바지를 만들어보겠다는 계획을 이야기했다. 미국에서 들어오는 빈티지는 너무 비싸졌기 때문에 야마네가 생각하기에 '빈티지 분위기'가 스민 새 청바지를 만들면 될 듯했다. 쓰지타도 그런 걸 원했다. 그는 다니던 광고 회사를 그만두고 라피누에 합류했다. 쓰지타와 야마네는 둘 다 레더 패치, 구리 리벳, 체인 스티치의 밑단은 물론이고, 셀비지 데님 등 위대한 빈티지 청바지의 모든 특징을 알고 있었다. 이제 어떻게 하면 이런 옛날 특색이 있는 새 청바지를 만들 수 있는지 알아내면 됐다.

첫 번째 작업은 셀비지 데님 공급처를 찾는 일이었다. 일본의 방직공장은 1970년대에 처음 데님을 생산했는데, 이들은 이때부터 현대적인 슐처(Sulzer)의 프로젝타일 직기를 사용했다. 따라서 일본에는 셀비지 데님을 만드는 곳이 없었다. 최초의 시도는 1980년 빅존이 섬유 공급 업체 구라보(Kurabo)에 보통 세일 클로스를 만드는 데 사용한 구형 토요다(Toyoda) 셔틀 직기로 데님을 만들어달라고 요청하면서다. 빅존은 셀비지 데님을 빅존 레어의 셀링 포인트로 활용했다. 1만 8,000엔(2015년 기준 225달러)이었던 이 바지에는 수입 탈론(Talon) 지퍼, 진짜 구리 리벳, 일본 전통 종이 와시로 만든 라벨을 붙였다. 보통 청바지의 세 배 정도 됐기 때문에 빅존 레어를 구입한 사람은 거의 없었다. 게다가 이 실패 때문에 다른 대형 제조 업체와 섬유 회사는 셀비지 데님 실험에 겁을 먹게 됐다.

그 대신 구라보는 스피닝 기술에 초점을 맞춰 독특한

촉감의 클래식 아메리칸 데님을 재현했다. 1985년에 회사는 '무라이토'라는 방적사[거칠게 정리하면 방적(spinning)은 섬유(fiber)에서 실(yarn)을 뽑아내는 작업이다. 본문의 방적사는 코튼 실(cotton yarn)이다. 그리고 이걸 직기(loom)을 이용해 직조(weaving)하면 직물(fabric, textile)이 된다. 방적과 직조를 합쳐 방직이라 한다.]를 선보인다. 이는 최첨단 기술을 사용해 대량생산 시기 이전에 흔한 군데군데 옹이가 뭉친 고르지 못한 섬유를 재현한 슬러비 방적사다. 이 방적사로 만든 데님은 '다테오치'로 부르는 세로줄이 선명해진다. 다테오치는 청바지 순수주의자들이 가장 가치 있게 쳐주는 특성이다. 구라보에서 오랫동안 일한 베테랑 데님광 앤드류 올라(Andrew Olah)는 이렇게 말했다. "1950년대까지 청바지에 사용한 링 스피닝 기술은 형편없었어요. 실을 똑바로 만들고 싶었지만 불가능했죠. 인디고의 색이 빠지기 시작하면 이런 결점이 직물 전반에 걸쳐 드러납니다. 하지만 이걸 결점으로 생각하는 대신 일본인들은 제품의 주요 특징으로 바라봤어요. 그렇게 울퉁불퉁한 결점도 재현했죠. 산업 전반에 걸쳐 다들 더 싸고, 깔끔하고, 빠르고, 많은 문제를 해결한 오픈 엔드 스피닝으로 가고 있었죠. 일본인들은 결코 지지하지 않았습니다."

일본 시장에 공급하는 대신 구라보는 처음 생산된 무라이토 데님을 프랑스의 생활 브랜드 에부(Et Vous), 쉐비뇽(Chevignon), 치피(Chipie) 등에 팔았다. 일본산 슬러비 데님은 유럽풍 리바이스 501 오마주를 만들던 사람들에게 딱 맞는 직물이었다. 이런 프랑스 제품이 결국 옛날 청바지의 재현판을 만들려는 일본인들을 자극했다. 빈티지 수집가이자 패션 산업의 베테랑인 다가키 시게하루(田垣繁晴)는 1980년대 초반에 파리의 장샤를 드 카스텔바작(Jean-Charles de Castelbajac)과 피에르 가르뎅(Pierre Cardin)에서 일한 시기에 이런 프랑스 데님 브랜드를 발견한다. 1985년 일본으로 돌아온 다가키는 프랑스풍으로 이름 붙인 '스튜디오 다티산(Studio D'artisan)'을 설립하고, 전쟁 전 제품의 본질을 포착한 프리미엄 청바지를 만드는 데 착수했다.

1986년에 나온 그의 걸작 DO-1에는 1930년대 리바이스 제품의 백 버클처럼 수십 년 동안 청바지에서 볼 수 없었던 특징이 있었다. 리바이스의 상징적인 로고를 패러디해 DO-1의 패치에는 말 대신 양쪽에서 청바지를 끌어당기는 돼지 두 마리를 넣었다. DO-1에 붙어 있던 2만 9,000엔(2015년 기준 268달러) 가격표는 패션 업체와 소비자를 모두 충격에 빠뜨린다. 그리고 6년 전에 빅존의 레어처럼 스튜디오 다티산의 청바지는 거의 팔리지 않는다. 하지만 다가키는 계속 나아갔다. 그는 오카야마의 데님 공장인 니혼 멘푸(Nihon Menpu)와 3피트 폭의 좁은 셀비지 직기로 전통적인 천연 인디고 염색을 한 프리미엄 직물을 만들기 위해 함께 작업했다.

정확히 같은 시기에 레트로 프랑스 청바지는 도쿄의 훨씬 더 큰 데님 회사인 리바이스 재팬에도 영감을 준다. 회사의 중역인 다나카 하지메는 파리의 매장 윈도에서 클래식 리바이스 501 복제품을 접하고 리바이스에도 자체적인 빈티지 재현 라인이 필요하다고 결심했다. 안목 있는 일본의 고객들에게 되도록 모든 걸 다 한 제품을 선보이고 싶었기 때문에 다나카는 콘 밀스에 셀비지 데님을 다시 생산할 수 있는지 의뢰했지만 본사에서는 망설였다. 그는 결국 이런 프랑스 청바지의 데님이 구라보에서 나왔다는 사실을 알게 됐고, 회사에 독점 공급을 의뢰했다. 1987년 리바이스 재팬은 첫 번째 레플리카 제품 701XX를 내놓는다. 701XX는 백 버클이 붙은 1936년 버전 501XX의 재현판으로 리바이스 유럽보다 1년, 미국 리바이스 본사보다는 2년 앞서 자체적인 빈티지 리메이크 제품을 만들었다.

야마네와 쓰지타는 라피누에서 자신들의 청바지 제작을 시작하려 할 때 이런 앞선 노력을 잘 알고 있었다. 이들은 매장에서 스튜디오 다티산 청바지를 판매하고 있었고, 또한 고베 브랜드 드님(Denime)도 주목했다. 드님의 디자이너인 하야시 요시유키는 1966년 모델 501을 거의 비슷하게 재현한 청바지를 만들어냈다. 하지만 드님과 스튜디오 다티산이 미국 빈티지에 대한 흠모를 시크한 유럽 성향이라는 필터를 거치는 것과 달리 야마네와 쓰지타는 뭔가 클래식한 미국의 제품을 만들고 싶었다.

라피누가 마침내 최초의 레플리카 청바지 제품을 출시하자마자 야마네는 자신의 데님 브랜드 에비스(Evis)를 만들기 위해 회사를 그만뒀다. 이 이름은 귀여운 농담인데, 리바이스에서 'L'을 빼고, 일본의 어부와 행운의 신 에비수로 읽히도록 한 것이다. 야마네는 "중학교 때 군용품점에서 산 것과 같은" 허리는 넉넉해서 벨트로 조여야 하고, 테이퍼드 레그에 엉덩이에 느슨하게 걸쳐지는 청바지를 만들고 싶었다. 그는 바지 300벌을 만들었는데, 조금 더 다양한 제품이 있는 것처럼 보이도록 제품 중 절반에 리바이스의 아치형 스티치가 있는 뒷주머니 자리에 흰색 페인트로 '갈매기 아치'를 그려넣었다. "반쯤 농담이었죠. 전 이런 걸 살 사람이 있을 거라고는 생각하지 못했어요." 놀랍게도 페인트 버전의 바지가 다 팔렸기 때문에 그는 나머지에도 아치를 그려 넣었다. 에비스는 이렇게 사업을 시작했고, 쓰지타도 라피누를 오랫동안 입은 에비스 LOT 2000 스트레이트 핏 청바지.

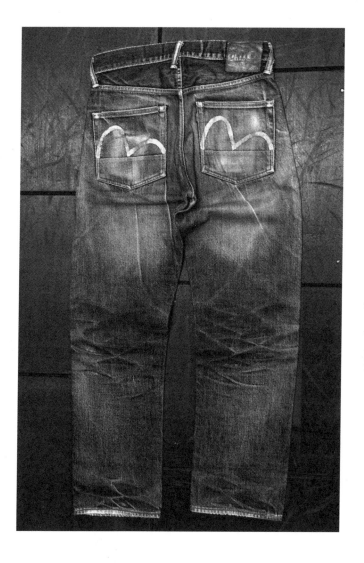

그만두고 수요가 밀려드는 야먀네를 도왔다.

　　매주 스튜디오 다티산, 드님에서 일하는 사람들, 야마네,
쓰지타, 에비스에 다니는 대학생 나이 정도의 쌍둥이 시오타니
게니치와 겐지 형제 등 오사카의 빈티지풍 청바지 메이커라는
작은 신의 사람들은 야마네의 사무실에 모여 거래와 생산에
관한 정보를 교환했다. 하지만 시간이 흐르면서 의견이 갈리기
시작했다. 쓰지타와 시오타니 형제는 야마네에게 초창기 미국
모델에 가까운 청바지를 만들라고 압박했지만, 야마네는
"완전히 빈티지와 비슷하게 만드는 건 쉬운 일이에요. 누구나
만들 수 있죠. 하지만 그건 그저 복제일 뿐이에요. 저만 만들
수 있는 오리지널을 만들어야 해요."라며 자신의 디자인을
방어했다. 그러면서 기본적인 생각은 단순히 '미국을 모방하는'
게 아닌 '일본인의 입장에서 미국을 보는 느낌을 제공하는'
것이라고 그는 설명했다. 쓰지타는 납득할 수 없었다. 그는
갈매기 아치를 좋아하지 않았고, '조금 더 진지하고, 조금 더
순수한' 제품을 만들고 싶었다.

　　쓰지타는 판지 상자에 있던 빈티지 리바이스를 완전히
분해했다. 안에 있는 뭔가가 왜 최신 청바지보다 옛날
청바지를 입었을 때 더 좋은 기분이 드는지 설명해줄 수
있으리라 생각했기 때문이다. 그는 모든 디테일, 모든
스티치를 신중히 살펴봤다. 직물을 실로 풀어놓고 살펴보기
시작하면서 쓰지타는 마침내 구형 청바지는 더 긴 길이의
코튼을 사용한다는 결론을 내렸다. 1990년대에 산업 방적
기술은 짧은 길이의 코튼을 가지고도 고품질의 실을 생산할
수 있었기 때문에, 긴 길이의 코튼을 사용하는 건 너무 돈이
많이 드는 고급품이었다. 많은 연구 끝에 쓰지타는 잘 알려져
있지 않았지만 상대적으로 비싸지 않은 긴 길이의 코튼을

짐바브웨에서 수입한다. 오카야마에 있는 방직 회사의 도움으로 그는 짐바브웨산 코튼을 데님에 사용한 세계 최초의 사람이 됐다.

쓰지타는 청바지 회사 이름을 '풀 카운트(Full Count)'로 붙이고 1993년 첫 제품을 판매하기 시작했다. 하지만 여전히 많은 빈티지 매장은 현대적인 레플리카에 회의적이었다. 그는 "전화를 받은 모든 사람이 가짜를 원하지 않는다고 말했죠. 하지만 직접 본 뒤에는 이게 대체 뭐냐고 물었어요."라고 기억했다. 오사카의 청바지들은 매장의 종합적인 제품 구성에도 잘 들어맞았다. 쉽게 다시 주문할 수 있는 빈티지풍 제품도 내놓고 있었기 때문이다.

에비스의 직원이었던 겐이치와 겐지 시오타니 형제는 1995년 웨어하우스(Warehouse)를 열고, 더욱 디테일에 집착한 빈티지 재현 제품을 만들었다. 이렇게 스튜디오 다티산, 드님, 에비스, 풀 카운트, 웨어하우스가 오늘날 '오사카 파이브'로 부르는 주요 독립 청바지 브랜드가 된다. 잡지 『모노』가 빈티지광 독자들에게 에비스를 소개하면서 야마네는 청바지를 매달 2,000여 벌씩 판매했다. 『분』 같은 잡지에서 이런 청바지를 우라 하라주쿠의 티셔츠와 스타일링하면서 오사카 파이브의 브랜드는 대중 사이로 퍼졌다. 10대들은 바나나 보트 매장 유리 안의 10만 엔짜리 데드스톡에 대한 욕망을 그만두고, 구하기 수월하고, 사이즈도 잘 맞는 레플리카 청바지를 4분의 1 가격에 집어 들었다.

1996년 풀 카운트는 1년에 10만 벌의 청바지를 판매했다. 에비스는 오카야마에 자체 공장을 열 만큼 수요가 넘쳐났다. 이 시점에 일본에서 가장 큰 청바지 브랜드였던 에드윈 또한 레트로 데님으로 분위기에 동참했다. 이들은 미국 배우 브래드

피트(Brad Pitt)를 데려다 찍은 '새로운 빈티지' 라인 505의 TV 광고 시리즈에 많은 돈을 썼다. 하라주쿠에 있던 밝은 파란색 탈색 빈티지 501의 바다는 젊은이들의 뻣뻣하고 진한 인디고 언워시드 데님 덕에 어두워졌다.

　10대들이 빈티지 스타일을 작은 브랜드와 대형 생산 업체에서 비슷하게 사들였기 때문에 신생 회사들은 파이브 포켓 데님 팬츠 대신 다른 옛날 옷을 재현하며 트렌드에 뛰어들기 시작했다. 1980년대 말, 고베의 리얼 맥코이(Real McCoy)는 미국 A-2 항공 재킷의 거의 완벽한 재현 제품을 만들어냈다. 일단 완성하고 나자 다양한 미국 밀리터리 유니폼과 재킷으로 영역을 확대했다. 그 사이 도쿄의 도요 엔터프라이즈(Toyo Enterprise)는 버즈 릭슨(Buzz Rickson)이라는 브랜드로 비슷하게 인기 있는 미국 항공 재킷을 복제했다.

　1945년 즈음 미군 조종사들이 일본의 도시에 빈틈없이 폭탄을 떨어뜨리는 동안 확실히 이런 킷을 입고 있었다. 이건 미군용품에 대해 국가적인 규모로 생겨난 스톡홀름 신드롬이 아닐까? 하라주쿠 보이스의 직원은 언젠가 중고 의류 유행에 대해 "이건 모두 일본이 전쟁에 졌기 때문입니다. 만약 일본이 이겼다면, 미국인들은 지금 아마 열심히 기모노를 입고 있었을 거예요."라고 말했다. 하지만 이런 재킷이 미국적 쿨함을 받아들인다고 자동적으로 등장하는 건 아니다. 분명 중년의 일본인들에게 미군 제품들이 일반적인 남성성 과시와 함께 점령기에 대한 향수를 함께 환기했다. 일본의 역사에서 점령기는 미국인들이 그저 갑자기 나타난 상징적인 기간이었다. 모조 항공 재킷으로 중년의 남성들은 일본의 전쟁 기간 물품 수집이라는 금기를 위반하지 않고 군용품에 대한

'건전한' 관심을 가졌다.

급격히 늘어난 1990년대 말 일본의 빈티지 매장과 레플리카 제품 라인으로 소비자들은 전형적인 미국산 옷은 그 어떤 것이든 새것, 또는 중고로 구입할 수 있게 됐다. 오사카 파이브와 이 뒤에 나온 브랜드들은 마법 같았던 리바이스의 영광스러운 시대를 되돌려보기를 바라며, 미국 데님에 대한 깊은 흠모에서 나온 프리미엄 청바지를 가지고 나타났다. 하지만 이와 같은 시기 일본에는 클래식 아메리칸 스타일을 모방하는 걸 멈추고 새로운 뭔가를 시도할 사람들이 있었다. 데님은 더 일본적인 무엇이 되려 하고 있었다.

고베에서 자란 히라타 도시키요(平田優口)는 청바지를 입어본 적이 없었다. 그저 운동을 많이 했고, 반문화보다 무도에 더 관심이 많았다. "머리 긴 사람을 나보다 더 혐오하는 사람은 없었죠." 1970년 오사카 엑스포에서 열린 가라데 토너먼트에서 만난 외국인 방문자들이 히라타에게 해외에서 무술을 가르쳐보는 게 어떻겠냐고 권했다. 그는 고베항에 정박한 브라질행 배에 하와이에서 내리면 좋겠다는 희망으로 서류도 없이 올라탔다. 히라타는 처음에는 체육관에서 일하다 일본인 네트워크의 도움으로 야심찬 미국 횡단 여행에 나선다. 1970년대 초반 히치하이킹을 하며 다니던 여행 중간에 그는 청바지를 히피뿐 아니라 모든 사람이 입는다는 사실을 깨닫는다. 그도 한 벌 구입했다.

히라타는 일본으로 돌아온 뒤 대학을 졸업하고, 아내를 만났다. 1975년 이 젊은 부부는 아내의 고향인 오카야마의 고지마로 이사한다. 직업이 필요했기 때문에 히라타는 모든 주요 청바지 제조사에 지원했고 존불에 입사한다.

데님 브랜드인 캐피탈의 설립자 히라타 도시키요.

히라타는 "저는 청바지에 관심이 없었어요. 하지만 뭐든 상관없었죠."라고 주장했다. 하지만 몇 년이 지난 뒤 그는 이 지역의 전설적인 재봉사가 됐다. 그럼에도 그의 기술이 올라갈수록 고지마의 브랜드들이 미국 트렌드에 지나치게 의존한다는 사실을 참을 수 없었다. "회사들이 성장할수록 그저 미국을 점점 더 많이 복제한다는 데 비참함을 느꼈다."

1985년 히라타는 존불을 떠나 미국의 오리지널을 뛰어넘는 청바지를 만들겠다는 희망으로 캐피탈(Capital)을 차린다. 고지마의 다른 제조 업체들과 다르게 히라타는 '뒷주머니의 스티치를 보지 않고도 무슨 브랜드인지 알 수 있을 만큼 확실히 구별되는 청바지'를 만들고 싶었다. 빈티지 유니언 스페셜 재봉틀을 구입한 그는 친구들에게 급진적인 청바지를 만들어보고 싶다고 말했다. 소재, 재봉, 처리 등에 대한 수많은 실험 끝에 히라타는 중고 매장에서 볼 수 있는 것처럼 오랫동안 사용한 듯한 흔적을 재현한 새 청바지의 프로토타입을 만들게 된다.

그는 유명한 도쿄의 의류 매장 할리우드 랜치 마켓(Hollywood Ranch Market)의 주인 다루미 겐 덕에 결정적인 기회를 얻게 된다. 1970년대 캘리포니아를 빈둥거리며 돌아다니던 다루미는 일본 최초의 중고 매장 두 점포를 시작했다. 중고 미국산 옷과 함께 소박하고 희미하게 전통적인 일본의 분위기가 나는 오리지널 브랜드를 섞어 판매하는 가쿠라쿠초 그리고 큰 성공을 거둔 할리우드 랜치 마켓이었다. 그즈음 스톤 워시가 막 유행했는데, 다루미는 히라타가 가져온 수공 제품을 보자마자 좋아하게 됐다. 그에게 다루미는 말했다. "사람들에게 깊은 인상을 남길 수 있는, 뭔가 일본적인 걸 만들어봅시다." 그 결과물인 빈티지 아메리칸의 미학과 우수한 일본 장인이 합쳐진 청바지가 인기를 끌게 된다.

캐피탈은 1980년대 후반부터 1990년대 초반까지 도쿄의 브랜드 히스테릭 글래머(Hysteric Glamour)나 스튜디오 다티산, 드님 같은 관서 청바지 브랜드 제품으로 성장했다. 히라타는 나중에 아메리칸 빈티지, 프랑스 리조트 웨어, 이탈리아의 테일러링, 전통적 일본의 장인정신 등을 조합해 유니크한 미학을 만들어내는 새로운 동조자인 45rpm을 발견한다. 히라타의 아들 키로가 45rpm의 디자이너로 일하며 브랜드는 서로 다른 스타일들을 '와비사비(わびさび)'라는 콘셉트 아래에 한데 엮어낸다. 와비사비는 결함에서 아름다움을 발견한다는 불교 선종의 개념이다. 청바지 레더 패치에 만들어낸 낡은 흔적과 풍부한 인디고 컬러의 망가진 데님이 들어 있는 히라타의 디스트레스 청바지는 45rpm의 비전을 현실화했다. 일본에서 만들어졌음을 강조하기 위해 45rpm의 청바지에는 일본 고대 역사에 등장하는 기원전 1만 2,000년 전 열도의 수렵 사회인 '조몬' 같은 이름을 붙였다.

2000년 뉴욕의 소호에 매장을 연 45rpm은 미국인들에게 프리미엄 데님을 판매한다. 외국 땅에서 이 브랜드는 천연 직물과 장인의 염색 공정 등을 강조하는 방식으로 일본이라는 뿌리를 더 뚜렷하게 드러냈다. 미국의 사진가(또한 예전의 빈티지 바이어) 에릭 크바텍을 초대해 장인들을 모델로 일본의 옛 수도였던 나라에서 카탈로그와 제품 사진을 찍었다. 크바텍은 "제가 일본 품질의 본질을 더 잘 이해할 수 있도록 그들은 저를 나라로 데려가 신사와 절을 둘러보도록 했죠. 우리는 다도 마스터와 시간을 보내고, 인디고 자연 염색 워크숍을 방문하고, 앤티크 일본 직물 전문가와 시간을 보냈어요."라고 기억했다. 히라타 부자의 도움 속에서

45rpm은 유사 빈티지 미국산 옷을 수세기 동안 만들어진 일본 장인정신과 자연스럽게 연결했다. 이 두 가지 콘셉트는 그 어느 때보다 잘 얽혀들었다.

이듬해에 히라타 도시키요는 그의 아들을 45rpm에서 불러들여 오리지널 브랜드 카피탈(Kapital)을 시작한다. 고지마 시내에 기반을 둔 카피탈은 더 나아가 미국의 보헤미안과 일본의 모노즈쿠리[ものづくり, 숙련된 장인에 의한 고급 제조를 뜻한다.] 정신을 융합했다. 브랜드의 로고는 반영구적으로 얼룩진 일본 인디고 염색인의 파란 손이다. 카피탈은 언제나 토착의 정체성과 아메리칸 스타일 사이의 긴장 상태를 가지고 제품을 만들었다. 예컨대 미군(U.S. ARMY) 글자를 'FARMY'로 패러디한 평화주의자 티셔츠를 만들면서 발효된 감을 이용하는 8세기의 염색 기술인 가키시부를 활용하는 식이다. 크바텍은 2005년부터 반년마다 브랜드의 카탈로그를 찍는다. 패치가 붙어 있고, 밀리터리풍에, 일본 직물을 사용한 카피탈의 옷을 입은 모델들이 세계 곳곳의 전원을 돌아다니며 즐겁게 노는 모델들의 모습이 드러난다. 바다 집시(Sea Gypsies), 하늘색 무정부 상태(Azure Anarchy), 가라앉은 보물 속 데님(Deniming for Sunken Treasure), 콜로라도 히피(Colorado Hippies) 등 카탈로그 제목만으로도 글로벌한 방랑자의 환상적인 세계를 만들어낸다.

45rpm 또는 카피탈이 등장하기 훨씬 전, 에비스(나중에 리바이스 법률팀을 방어하기 위해 에비수[Evisu]로 이름을 바꾼다.)는 일본의 도전적인 정체성으로 클래식한 미국 제품을 만들어 해외에 판매한 원조 개척자였다. 1994년으로 되돌아가면, 야마네는 영국의 사업가 피터 캐플로우(Peter Caplowe)와 협력해 뉴욕과 런던의 DJ들, 연예인들,

스트리트웨어 팬들 사이의 필수품이 된 흰색 갈매기 청바지를 만들었다. 파파라치는 축구 선수 데이비드 베컴이 이 옷을 입고 있는 모습을 포착했는데, 베컴은 나중에 금실과 18캐럿 금 단추가 달린 한정판 제품을 사기도 했다. 한편, 미국에서는 제이지가 2001년 싱글 「지가 댓 니가(Jigga That Nigga)」에서 에비수에 관한 이야기를 하기도 했고, 아틀란타의 영 지지(Young Jeezy)는 곡 「베리 미 에이 지(Bury Me A 'G')」에서 죽으면 에비수와 함께 묻어달라고 요구하기도 했다.

에비수의 방식은 청바지에 동양적인 디자인 모티프를 사용해 현대적인 미국 청바지보다 더 진짜처럼 보이게 하는 식이었다. 이제 이 브랜드의 청바지는 미국인들이 자신이 만들었던 걸 더 이상 만들지 못하게 된 상황에서 우수한 일본의 장인들이 힘들게 그런 걸 만들어냈다는 이야기를 들려준다. 1990년대 말에는 미국 브랜드의 생각 없는 효율과 이윤 추구로 버려둔 구형 리바이스의 직기를 야마네가 전부 사들여버렸다는 이야기가 많았다. 이는 여러 측면에서 사실이 아니다. 리바이스에는 직기가 있던 적이 없고, 콘 밀스의 구형 드레이퍼 직기는 일본으로 가기보다는 분해돼 판매됐다. 일본의 데님 방직공장들은 이미 고품질의 도요타 셀비지 직기가 있었다. 그럼에도 이런 소문은 끈질기게 살아남았는데, 이는 이런 이야기가 일본의 데님 회사가 빈티지 디테일을 재현하는 데 비용을 아끼지 않았다는 점에서 더 논리적으로 들렸기 때문일 것이다.

에비수, 45rpm, 카피탈이 일본 데님의 우월성의 원칙들을 만들어내자 다음에 등장하는 청바지 브랜드들은 자연스럽게 영감을 찾기 위해 자국의 역사를 검토해보게 됐다. 오사카의 '사무라이(Samurai)'는 제품 이름에 게이샤, 야마토(일본 최초의 국가), 제로(제2차 세계대전 전투기) 등을 붙였다.

오카야마에서 시작한 '모모타로 진(Momotaro Jeans)'은 커다란 복숭아를 타고 강을 따라 내려온 아이에 대한 지역 전설에서 이름을 따왔다. 일본 데님에 대한 높아지는 자존심을 감지한 고지마는 소규모 브랜드들에게 닫혀 있던 쇼핑 아케이드에 매장을 열어달라고 요청하고, 여기에 '청바지 스트리트'라는 이름을 붙였다. 방문객들은 심지어 '데님색' 파란 아이스크림도 구입할 수 있었다.

해외에서 일본 데님은 자체 카테고리를 구축하게 됐다. 2006년 말 미국에 일본 청바지만을 취급하는 뉴욕의 블루 인 그린(Blue in Green)과 샌프란시스코의 셀프 엣지(Self Edge)라는 매장 두 곳이 열렸다. 1990년대 중반에 셀프 엣지의 키야 바브자니(Kiya Babzani)는 홍콩을 여행하다 우연히 들른 에비수의 야마네 살롱에서 로커빌리 팬으로서 항상 열망해오던 1950년대 스타일 청바지를 발견했다. "저는 일본인들이 빈티지 패션을 재현하고, 그 품질이 오리지널에서는 본 적도 없을 만큼 뛰어나다는 방식에 완전히 매혹됐죠." 하지만 그가 미국에 이 브랜드 옷을 팔겠다고 요청했을 때 많은 사람이 반대했다. "리바이스가 있는데, 왜 우리 브랜드를 원하죠?" 바브자니는 마침내 아이언 하트(Iron Heart), 더 플랫 헤드(The Flat Head), 스트라이크 골드(Strike Gold), 드라이 본즈(Dry Bones), 슈거 케인(Sugar Cane) 등 캘리포니아 매장에서 판매할 포괄적인 소규모 브랜드 목록을 작성했다. 이 중 대부분은 해외에 소매점을 고려해본 적도 없었다.

나가노의 플랫 헤드는 레플리카 제조 업체의 세 번째 물결에서 빈티지 디테일을 만들어내기 위해 어떻게 극한까지 밀어붙이는지 전형적으로 보여준다. 창립자 고바야시

마사요시는 나가노 교외에서 중고 옷을 판매하고 수선하는 매장을 운영하면서 오늘날 옷 생산에서 되살릴 수 있는 사라진 기술을 연구했다. 플랫 헤드는 특별한 실 꼬임 스타일을 사용할 수 있고, 보통 염색할 때 열두 번 깊게 담그는 데 비해 스무 번 얕게 담그는 방식을 사용할 수 있는 데님 제조 업체가 필요했다. 그리고 다리, 백 포켓, 벨트 루프 등 청바지 각각의 부분을 특화된 고지마의 공장에서 따로 만들었다. 고바야시는 표준 모델보다 더 긴 독자적인 리벳조차 새로 개발했다. 모든 걸 고려하다 보니 최종 제품가가 300달러부터 시작한다는 건 전혀 놀랍지 않았다.

믿기지 않을 만큼 높은 가격에도 셀프 엣지는 「스타일포럼(Styleforum)」이나 「슈퍼퓨처(Superfuture)」 등 인터넷 게시판에 숨어 있는 패션 너드들 사이에서 플랫 헤드나 그 비슷한 브랜드를 받아들일 준비가 된 고객들을 찾아냈다. 하지만 사업은 일본 레플리카 청바지에 대해 전혀 모르는 사람들 사이에서도 착실히 성장했다. "많은 사람이 품질 때문에 구입했습니다. 아름다움은 다음이었어요. 우리가 이렇게 많은 기본 제품을 판매하는 이유죠. 빈티지에 영향을 받았다는 사실은 이제 중요하지 않아요."

하이엔드 일본 청바지의 미국 진입은 미국인들에게 옷에 대한 새로운 규칙과 진지함을 만들어냈다. 데님에 열광하는 이들은 어떻게 하면 청바지 앞에 '수염 페이딩'을 만들고 무릎 뒤에는 '벌집 페이딩'을 만들 수 있는지 온라인상에서 사진과 비법을 교환했다. 이때 게시자들은 무심결에 다테오치 같은 일본의 개념을 사용했다. 또한 완벽한 페이딩을 만들기 위해 바닷물로 소킹하기, 냉장고에 넣어두기, 식초를 넣은 욕조에 담가놓기, 세탁하지 않기 등을 비교하며 정보를 찾았다.

풀 카운트의 쓰지타 미키하루는 미국인들을 이해할 수 없었다. "남성들이 페이딩에 지나치게 집착하는 건 전혀 멋지지 않아요. 중요한 건 청바지란 입기 쉽고, 튼튼하고, 무리할 필요가 없다는 거예요." 바브자니도 동의했다 "만약 당신이 일본 브랜드에 어떻게 청바지를 관리해야 하는지 물으면 약간 웃기다고 생각할 겁니다. 우리는 그걸 세탁기에 돌리죠." 데님 세탁에 대한 이런 강조는 역사적으로 기이한 반전을 보여준다. 1960년대 일본인들이 서구의 옷을 '제대로' 입는 방법에 대해 불안함을 느꼈듯 이제는 미국인들이 청바지에 대해 그러고 있는 것이다.

판매점 확대와 부패한 언워시드 청바지 유행 너머에서 2007년 1월 리바이스가 스튜디오 다티산, 아이언 하트, 슈거 케인, 오니(Oni), 사무라이 등을 상표권 침해로 고소하면서 일본의 레플리카 브랜드들은 세계 시장에서 새로운 단계에 도달했다. 리바이스는 아큐에이트 스티치[청바지 뒷 주머니에 그려진 두 줄의 아치형 스티치.], 백 포켓의 세로 탭, 움직이는 동물들이 청바지를 양편으로 잡아 당기는 그림이 그려진 허리 패치에 대한 소유권을 다시 주장했다. 법적 단속에 대한 방어책으로 브랜드들은 수출 제품에서 이런 디테일을 없앴다. 거의 확실히 이런 정책은 손실과는 관련이 없었다. 브랜드들이 바지 뒤의 특징적인 아치 모양을 넘어선 가치를 제공했기 때문이다. 이 일이 알려준 가장 큰 사실은 일본 브랜드들이 더 이상 리바이스 501의 재현이라는 잔재에 종속될 필요가 없다는 점이다.

하지만 일본에서는 레플리카 브랜드들이 소송보다 더 큰 문제에 직면하고 있었다. 프리미엄 데님 시장의 붕괴였다. 1990년대 젊은이들이 에비수, 풀 카운트, 할리우드 랜치

마켓, 45rpm 중 어느 바지를 고를지 고민하며 보냈다면,
버블과 1990년대 문화 유행에 대해 전혀 모르는 이들은 작은
비용을 들여 살 수 있는 유니클로 같은 대형 소매업체의
내놓는 저렴한 청바지에 만족했다. 2009년 유니클로의 서브
브랜드 GU는 990엔 청바지로 화제가 됐다. 30~40대에
접어든 빈티지광들은 레플리카 브랜드의 핵심 소비자로
남았지만, 회사 입장에서는 일본의 젊은 남성, 여성들이 이
시장에 진입하리라는 확신을 더 이상 할 수 없었다. 운 좋게도
이들 브랜드는 유럽과 중국, 동남아시아로의 수출 증가 덕에
살아남을 수 있었다. 일본은 분명히 빈티지 데님과 워크 웨어에
대한 세상의 관심에 불을 붙였고, 이제 일본 브랜드들은 세계
곳곳에서의 수요를 만족시키며 사업을 지속하고 있다.

　　빈티지 아메리칸 스타일이 부활하는 데 일본의 확실한
역할 중 하나는 '셀비지'를 프리미엄 데님의 보편적인 줄임말로
만들어놓은 점이다. 일본의 브랜드와 데님 방적 공장 들이
사라져버린 특별한 특징을 다시 살려냈다는 점에는 이견의
여지가 없다. 셀프 엣지의 바브자니는 "만약 일본인들이 하지
않았다면, 올드 스타일 청바지에 사용되는 직물을 만들 수 있는
방적 공장을 다시 세울 만큼 열정 넘친 사람들이 있었을지
모르겠습니다."라고 말했다. 21세기의 첫 10년 동안 남성복의
열렬한 팬들은 셀비지가 없는 청바지를 비웃었다. 하지만 이런
특징의 가치는 곤두박질쳤다. 유니클로는 가이하라 데님으로
이 특별한 흰색 단이 달린 청바지를 만들었고, 49.90달러에
내놨다. 그 뒤 일반 브랜드들도 제작 공정에서 저가 데님에
속임수로 셀비지를 재봉해넣었다.

　　1970년대에 일본의 데님 개척자 오이시 데츠오
(大石哲夫)는 『주간 아사히』에 이렇게 말했다. "청바지는

미국에서 태어났죠. 하지만 저는 일본이 청바지 시장을 지배할 수 있는 지점에 도달하고 싶습니다." 45년이 지난 뒤 일본의 데님이 세계를 지배하지는 않았지만, 고급 직물과 고품질 재봉, 혁신적인 생산 기술, 순수한 처리 등에 관한 세계적인 표준을 제시했음은 분명하다. 일본이 전자제품과 반도체, 비디오, 심지어 게임 콘솔에서조차 우위를 잃었을 때 데님은 일본의 국가적 자존심을 보여줄 새로운 장이 됐다. 8세기 일본의 장인들이 인디고 염색을 한 트윌 직물로 어떻게든 튼튼한 바지를 만들어내던 이상적인 과거를 되살리기 위해 많은 브랜드가 노력했다. 이 나라의 고대 장인들은 후손들의 수공 작업에 분명히 깊은 감명을 받았을 것이다.

10. 아메토라를 수출하다

2005년 5월 24일 VAN 재킷의 설립자 이시즈 겐스케가 아흔셋으로 세상을 떠났다. 그즈음에는 학생, 회사원, 은퇴자 등 일본의 남성 수백만 명이 아이비 원칙을 자신의 기본 스타일로 따르고 있었다. 이시즈는 1960년대 세대에 옷을 어떻게 입어야 하는지 가르쳤고, 그들은 자녀들에게 자신이 배운 품위 있게 옷 입는 법을 전수했다.

이시즈는 일본의 청년 패션 문화를 시작하고 촉발했을 뿐 아니라 현대적인 남성복 산업이 만들어지는 데 기여했다. VAN 재킷의 직원이었던 사다스에 요시오는 "1978년 도산한 뒤 1,000~1,500명 정도의 VAN 재킷의 잘 훈련된 직원들이 다른 의류 회사로 떠났습니다. 이 회사들은 패션을 제대로 이해하지 못한 상황이었는데, 갑자기 VAN 재킷에서 사람들이 왔고, 그들을 신처럼 대접해줬죠."라고 설명했다. 1993년 사다스에는 합리적인 가격에 웰메이드 드레스 셔츠를 선보이는 자신의 브랜드 가마쿠라 셔츠를 론칭했다. 그의 피에 흐르는 아이비 정신 덕에 브랜드의 셔츠 중 40퍼센트가 버튼 다운이었는데, 경쟁 회사보다 훨씬 비중이 높았다.

아무리 따져도 VAN 재킷 패밀리에서 탄생한 가장 성공한 경우는 360억 달러 가치의 글로벌 의류 업계 자이언트 '패스트 리테일링(Fast Retailing)'이다. 회사의 체인 유니클로는 2015년까지 18개국에 매장 1,500곳을 열었고, 연매출은 150억 달러에 이르렀다. 설립자 야나이 다다시(柳井正)는 일본 최고 부자 자리에 오르곤 한다. 그의 아버지는 야마구치의 산업 도시인 우베에서 '오고리 쇼지'라는 작은 VAN 재킷 프랜차이즈를 운영했는데, 이시즈가 젊은 대중을 끌기 위해

'멘즈 숍 OS'로 이름을 바꿨다. 사다스에는 기억했다. "야나이는 VAN 재킷과 아이비에 관해 대단히 잘 알았죠. VAN 재킷이 도산하자 야나이는 멘즈 숍 OS를 이전과 같은 방식으로 유지할 수 없다는 걸 깨달았어요."

1985년 5월 야나이는 히로시마에 캐주얼 기본 제품을 파는 대형 매장을 열고, '유니크 클로싱 웨어하우스(Unique Clothing Warehouse, 줄여서 UNIQLO)'라는 이름을 붙인다. 유명한 밝은색 다운재킷이나 플리스, 히트텍 등 유니클로의 베스트셀러가 반드시 아이비 아이템은 아니지만, 합리적인 가격에 남녀공용 제품을 내놓는다는 야나이의 방침은 VAN 재킷의 원래 방향이기도 하다. 이시즈의 인생이 끝날 즈음 유니클로 매장을 방문한 그는 아들 쇼스케에게 말했다. "이게 내가 하고 싶었던 거야."

야나이가 명백히 이시즈를 염두에 둔 건 아니지만, 유니클로 디자인의 핵심에는 아메리칸 트래디셔널 룩이 자리 잡고 있다. 1980년대 말 야나이는 갭의 CEO 미키 드렉슬러(Mickey Drexler)와의 조찬 모임에서 말했다. "당신은 제 교수님이에요. 전 당신이 한 모든 걸 따르고 있죠." 한편, 글로벌 리서치 앤드 디자인 분야 수석 부사장 가츠타 유키히로의 취향은 헤비듀티에 확고히 뿌리내려 있고, 10대 시절 L.L. 빈을 향한 열망에 관해 자주 언급한다.

오늘날 유니클로는 맨해튼 5번가에, 가마쿠라 셔츠는 매디슨 애비뉴에 매장이 있다. 이시즈를 비롯한 1960년대의 일본인들은 미국 동부 스타일을 수입했지만, 이제 이시즈의 제자들은 자신들이 수정한 버전을 다시 수출한다. 유니클로의 고객들은 대부분 특별히 재현된 트래디셔널 아이비 스타일을 찾는 건 아니다. 하지만 2000년대 젊은 미국인들이 1960년대 뉴욕 가마쿠라 셔츠 매장 앞에 선 사다스에 요시오와 사다스에 다미코.

아이비 스타일에 새롭게 관심을 두게 됐다면, 이제는 일본의 안내를 따라야 한다.

일본 경제는 2000년대 중반 불황을 벗어났지만, 성과는 상위층에만 돌아갔다. '고도의 계층 사회'는 이 시대를 정의하는 용어다. 한때 평등주의적이었던 일본 사회는 승자와 패자로 나뉘었다. 부유한 사람들은 1980년대 버블을 떠올리게 하는 화려한 생활 방식 속에서 흥청거리고, 아르바이트 노동자들은 자신이 일하는 도너츠 가게에서 팔리지 않고 남은 제품으로 연명한다. 여성지는 어떤 옷을 입어야 의사, 투자 은행의 직원, 사업가 중에서 괜찮은 약혼자를 잡을 수 있는지 조언한다. 과시적 소비와 자본 축적이라는 시대정신 속에서 유럽의 고급 브랜드들이 패션을 장악한다.

하지만 모든 게 2007~8년 금융위기 속에서 붕괴했다. 대중이 천박하게 부를 과시하는 일을 그만두자 패션지 편집자들에게는 실용적이면서 조금은 클래식한 게 필요해졌다. 일러스트레이터 호즈미 가즈오는 "무엇이 유행하는지 아무도 모를 땐 이들은 언제나 아이비와 트래드로 돌아가죠."라고 말했다. 2007년 일본 패션 브랜드들과 편집숍은 미국에서 전통에 영향받은 브랜드들의 움직임이 태동하고 있음을 알아냈다. 예컨대 톰 브라운(Thom Browne), 밴드 오브 아웃사이더(Band of Outsiders), 마이클 바스티안(Michael Bastian) 같은 이들이다. 여기서 다섯 번째 아이비 붐이 일고, 『뽀빠이』와 『멘즈 논노』는 새로운 세대에 크리켓 스웨터, 캔디 스트라이프의 버튼 다운 옥스퍼드 셔츠, 레지멘탈 타이, 시어서커와 핀코드 슈트, 리본 벨트, 셸 코도반 옥스퍼드 구두를 전파했다.

하지만 이번에는 패션 산업이 최신 아메리칸 스타일을

들여오는 일뿐 아니라 어떻게든 일본의 정신을 미국의 '네오 트래드'에 불어넣었다. 군인 같은 머리에 기장이 짧은 회색 울 슈트를 입는 뉴욕의 디자이너 톰 브라운은 일본 언론에서 아메리칸 스타일을 다루는 새로운 방식을 전형적으로 보여준다. 브라운은 자신의 패션을 일본인들이 상당히 친숙하게 여긴다는 걸 느꼈다. 『멘즈 클럽』의 예전 호와 비슷하게 그는 소비자에게 자신의 옷을 입는 방식에 관한 엄격한 규칙을 제시한다. "재킷 소매의 마지막 단추는 반드시 풀어야 한다. 옥스퍼드 셔츠를 세탁한 뒤에는 다림질을 하지 말라." 짧은 기장에 발목이 드러나는 바지는 기이하게도 미유키족의 줄어든 바지를 닮아 있다. 엔지니어드 가먼츠(Engineered Garments)의 스즈키 다이키(鈴木大器)는 브라운과의 첫 만남을 기억한다. "이렇게 일본 스타일로 옷을 입는 미국인을 본 적이 없었어요." 브라운은 일본의 영향을 부정하지만, 그의 사업은 항상 일본과 아주 밀접하다. 2009년 브라운이 재정 위기에 직면했을 때 오카야마의 회사 크로스 컴퍼니(Cross Company)가 주식 67퍼센트를 사들인 것이다.

브라운은 부분적으로는 극단적으로 짧은 재킷에 발목을 보여주는 공격적인 슈트 실루엣으로 펑퍼짐한 옷에 안주한 미국 남성들에게 충격을 주려는 의도가 있었다. 『뽀빠이』의 전 편집장 기노시타 다카히로(木下孝浩)는 "톰의 가장 위대한 성취는 어떻게 하면 남자들이 슈트를 입고 멋지게 보일 수 있는지 다시 보여준 일이라고 생각합니다."라고 말했다. 1990년대 미국은 제1세계 부유한 선진국 중 가장 캐주얼하게 옷을 입는 나라라는 불명예스러운 특징이 있었다. 많은 남성이 옷을 형편없이 입는 걸 명예의 훈장으로 여겼다. 슈트 재킷은 어깨 바깥으로 흘러내리고, 바지의 밑단은 구두

위에서 잔물결을 일으켰다. 아이비리그의 학생들은 얼룩진 스웨트팬츠에 플립플롭을 신고 강의실에 들어갔다.

2000년대 테크 붐은 더 나아가 단정하지 못한 외향에 정당성을 부여했다. 억만장자 너드들은 넥타이를 올가미로 여겼다. 구글(Google)은 창립 성명문에 이렇게 선언했다. "우리는 슈트를 입지 않고도 진지할 수 있습니다." 누군가는 미국은 만들어질 때부터 허세를 부리고 화려하게 꾸미는 옷을 거부해왔다고 주장한다. 양키 두들(미국인)은 누더기 모자에 깃털 하나만 꽂아도 '마카로니[18세기 미국의 멋쟁이 남자를 일컫는 말. 이 다음 18세기 말에 등장한 게 댄디다.]'였지만, 21세기 초반 스타일은 완전히, 그리고 전례가 없을 만큼 옷의 예의범절과 사회적 적절성을 거부한다.

단정하지 못한 엘리트들에 대한 대답으로, 스타일의 반격은 인터넷에서 끓어올랐다. 「슈퍼퓨처」나 「하이프비스트」 같은 웹사이트는 스트리트웨어 팬들의 첫 번째 디지털 고향이 됐다. 잘 차려입는다는 잃어버린 예술을 다시 배우려는 신사들은 「애스크 앤디(Ask Andy)」나 「스타일 포럼」 같은 온라인 포럼으로 향했고, 크라우드소싱 전문가들으로부터 바지 밑단의 길이, 재킷 버튼, 넥타이 매는 법 같은 걸 배웠다. 스콧 슈만(Scott Schuman)의 사진 블로그 「사토리얼리스트(The Sartorialist)」는 뉴욕의 거리에서 스타일리시한 사람들을 볼 수 있는 곳이 됐다. 지식의 진공 상태에서 온라인 남성복 미디어를 초창기부터 이끌어오던 사람들은 예술적 탐구에서 교육으로 방향을 틀었다. 「발렛(Valet)」, 「풋 디스 온(Put This On)」 같은 웹사이트를 비롯해 심지어 『GQ』조차 목록과 함께 클래식하게 의복을 갖춰 입는 순서를 구체적으로 설명하며 패션 초보자들에게 강의를 펼친다.

이렇게 남성복이 부활하면서 2008년의 미국은 이상한 방식으로 1964년의 일본을 닮는다. 역사의 순간에 독학으로 배운 소수의 선봉자들은 남성복에 대한 관심이라는 사회적 금기에 맞섰다. 다른 사람들을 대의에 끌어들이도록 VAN 재킷이나 미국의 남성복 블로그들은 기본에 관해 설명하면서 디자이너 트렌드가 아닌 트래디셔널 의복을 강조하고, 거리의 스타일로 예시를 보여줬다. 의복 관리나 슈트 핏에 관한 「발렛」의 진지한 지침은 구로스 도시유키가 『멘즈 클럽』에 설파해온 것과 거의 동일하다. 이런 관점에서 「사토리얼리스트」는 '거리의 아이비리거'의 현대판 버전이다. 물론 이 미국인들은 1960년대 일본의 오리지널을 본 적도 없이 미디어 벤처를 시작했지만, 옷에 대한 교양이 없는 사람들에게 패션을 알리려는 그들의 목표는 일본과 같이 사상 전향의 방식으로 이뤄졌다.

　　공통의 목적 아래 영어권 블로거들은 40년 앞서 아메리칸 스타일에 숙달하려 한 일본의 연구를 발견할 수밖에 없었다. 2008년 5월 19일은 이런 조우가 있던 날이라 할 만하다. 마이클 윌리엄스(Michael Williams)가 그가 운영하는 웹사이트 「어 컨티뉴어스 린(A Continuous Lean)」에 『테이크 아이비』 스캔본 몇 장을 올린 날이다. 남성 패션 블로그들은 클래식 대학 스타일과 옷을 기록한 자료를 찾아다녔는데, 『테이크 아이비』는 실현된 꿈이라 할 만했다. 여기에는 미국의 학생들이 영광의 시절에 어떻게 옷을 입고 다녔는지에 대한 증거가 있었다. 학생들의 슬림 팬츠, 트위드 재킷, 스키니 타이, 크루넥 스웨터는 오늘날 블로그들에서 보이는 스타일링과 완벽히 일치했다. 몇 달이 지난 뒤 남성복 블로그 「더 트래드」는 『테이크 아이비』 전체 지면을 스캔해 소개했다. 순식간에 이제껏 알려진 적이 없던 일본의 책을 모든 세상이 볼 수 있게 됐다.

진짜 『테이크 아이비』를 사고 싶었던 미국의 팬들에게는 운이 없었다. 심지어 일본에서도 1970년대 판은 300달러에 팔리고 있었다. 어떤 미국인은 이베이에 『테이크 아이비』를 1,400달러에 등록했다. 디자이너 마이클 바스티안은 『뉴욕 타임스』에 일본의 책을 둘러싼 컬트가 생겨나고 있다고 말했다. "누구도 손에 쥔 적이 없다는 점에서 신화나 성배만큼 영향력이 있다." 디자이너 마크 맥네리(Mark McNairy)는 『타임(Time)』에 자기도 한 권이 있다고 말했다. "J. 프레스에서 일을 시작한 무렵 일본에 갔을 때 오리지널을 보고 완전히 열광했죠. 책 전체를 사진으로 찍고 몇 년 동안 사용했어요."

책에 대한 수요가 늘어나면서 브루클린의 출판사 파워하우스(powerHouse)가 내용에 대한 계약을 맺고, 영어로 옮겼다. 2010년 봄, 이 책이 출간됐을 때 잘 알려지지 않은 VAN 재킷의 프로젝트는 5만 부가 넘게 판매되며 갑자기 어디에나 있게 됐다. 영향력은 제품 한두 개의 이동을 훨씬 넘어섰다. 랄프 로렌과 J. 크루(J. Crew)는 매장 안에 『테이크 아이비』를 전시했다. 갭의 디자이너였던 레베카 베이(Rebekka Bay)는 엘르와 인터뷰에서 책을 보여주며 자랑스럽게 영향력을 설명했다. 『테이크 아이비』 덕에 아이비리그 학생들은 자신의 옷에 관해 다시 생각하게 됐다. 다트머스 대학교와 프린스턴 대학교 출신 둘은 책에 실린 졸업 스웨터를 재현하기 위해 '힐플린트(Hillflint)'라는 브랜드를 만들었다.

『테이크 아이비』는 미국이 수십 년 동안 자신들의 옷 입는 방식의 유산을 거부하는 동안 아메리칸 스타일에 관한 지식을 살린 일본의 관심이 어느 정도인지 보여줬다. 1960년대의 아주 소수의 미국인들만 대학교 학생들의 모습을 찍으려 했고,

『테이크 아이비』의 필자들. 왼쪽부터 하야시다 데루요시, 구로스 도시유키, 이시즈 쇼스케, 하세가와 '폴' 하지메. 2010년.

대부분 햄버거, 고속도로, 오크 나무 찍는 걸 더 좋아했다.
한편, 외국 문화의 일부로 아이비 스타일을 연구한
일본인들에게는 물리적인 참고 자료와 사진 증거가 필요했다.
몇 년이 지난 뒤 갭, J. 크루, 랄프 로렌 등 패션 브랜드들이
오리지널의 역사적 기록을 찾기 시작했는데, 이들은 이 일본의
다큐멘터리가 트래드의 황금 시대의 학생 옷 사진 중 최고임을
알게 됐다.

『테이크 아이비』를 넘어 일본의 미국 문화 카탈로그는
미국 브랜드들이 자신의 뿌리로 돌아가는 데 가장 큰 역할을
했다. 리바이스 재팬은 미국의 본사가 그래야겠다는 생각을
하기도 전에 501을 다시 활성화했고, 이것이 빈티지를 재현한
세계적인 첫 번째 제품이 됐다. 구라보와 가이하라의 셀비지
작업은 콘 밀스를 자극했고, 이들 또한 창고의 예전 직기를
꺼내게 됐다.

미국의 회사들은 브랜드가 좋은 비즈니스 상태를
유지하는 데 일본 소매점에 의지했다. 의류 회사 J. 피터만(J.
Peterman)이 미국에서 몇 벌 팔지 못한 클래식한 마부용
더스터 재킷이 일본의 '미스터리한 신사'로부터 2,000벌의
주문을 받았다는 이야기가 이를 설명해준다. 미국에서는 아주
적은 구두 회사가 살아남았지만, 알덴은 매사추세츠에서
지속적으로 고품질의 레더 로퍼, 블러처, 부츠를 제작할 수
있었다. 이 또한 부분적으로 빔스, 유나이티드 애로스, 십스,
투모로랜드(Tomorrowland) 같은 편집숍에서 대량 주문이
들어온 덕이다. 랄프 로렌은 일본 도쿄에서 부동산 가치가
최고로 높은 오모테산도에서 2만 4,000평방피트의 화이트
맨션을 3억 달러 정도에 임대해 일본 시장에 얼마나 집중하고
있는지 보여줬다. 스투시의 전 크리에이티브 디렉터 폴

미틀맨은 "일본이 없었다면 스투시는 아마 망했을 거예요. 모든 게 암울한 시기에 일본에서 주문이 오기만 기다리다가 '됐다! 이제 옷을 만들자.'라고 말하곤 했죠."라고 기억했다.

21세기에는 일본인들이 미국인들보다 미국적인 걸 더 잘 만든다는 사실이 일반적인 통념이 됐다. 마이클 윌리엄스는 「어 컨티뉴어스 린」에 2009년 도쿄 여행을 다녀온 뒤 독자들에게 선언했다. "일본의 남성복은 우리가 미국에서 구할 수 있는 것보다 훨씬 앞서 있다고 믿습니다." 그의 동료 제이크 갤러거(Jake Gallagher)는 가마쿠라 셔츠를 찬양하면서 "옥스퍼드 버튼 다운 셔츠가 한 세기가 넘도록 아메리칸 스타일의 아이콘으로 유지돼왔기 때문에, 지금 구할 수 있는 가장 좋은 셔츠는 일본산이라는 점을 이해할 수 있다."라고 말했다. 갭의 레베카 베이는 『엘르』에 "일본의 남성지는 무엇이 진짜고, 오리지널 미국산인지 미국인들보다 더 잘 이해하고 있습니다."고 말했다. 더 광범위하게 『모노클(Monocle)』의 타일러 브륄레(Tyler Brule)는 일본이 다른 나라가 잊어버린 걸 보유한 장소라고 말했다. "일본은 일본의 전통뿐 아니라 전후 시기에 일어난 모든 걸 유지하고 있어요. 그럼에도 당신은 무대 위를 걷는 듯한 기분이 들 겁니다. 모든 게 정교하고 완벽하죠."

마찬가지로 아메리칸 스타일을 주로 다루는 미디어들은 일본의 동료들을 찬양했다. 「사토리얼리스트」는 『뽀빠이』 시절의 기노시타 다카히로나 패션 비평가 히라카와 다케지, 십스의 경영자 스즈키 하루오, 유나이티드 애로스의 구리노 히로후미와 가모시타 야스토, 고기 '포기' 모토후미 같은 일본 패션 산업의 리더들을 국제적 스타일의 아이콘으로 만들었다.

한편, 케빈 버로스(Kevin Burrows)와 로런스 슐로스만 (Lawrence Schlossman)은 풍자적인 책 『퍽 예 멘즈웨어

『퍽 예 멘즈웨어』에 실린 케빈 버로우와 로런스 슐로스만의
일본 잡지 패러디 『치어 업! 포니 보이』.

(Fuck Yeah Menswear)』를 내놓으면서 호즈미 가즈오풍 가짜 일러스트레이션에 엉터리 영어 설명을 붙인 『치어 업, 포니 보이(Cheer Up, Pony Boy)』라는 일본 잡지를 패러디했다. 슐로스만은 『에스콰이어』에 "최상의 남성복 너드들에게 일본 잡지들이 황금률처럼 보인다는 생각은 매우 재미있었죠. 하지만 누구도, 특히나 뭐라고 적혔는지는 아무 생각이 없었어요."라고 말하며 웃었다.

미국의 남성복 지지자들 사이에서 가장 인기 있는 일본 잡지는 『프리 & 이지(Free & Easy)』라는 '아빠 스타일' 잡지로, 나이 든 사람들이 입는, 거친 트래디셔널 미국산 옷을 주로 다뤘다. 제호가 비슷한 다른 잡지와 견주면 『프리 & 이지』는 나폴리나 로스앤젤레스 같은 해외를 보지 않고, 일본의 아메리칸 패션 역사에서 직접 꺼냈다. 잡지는 VAN 재킷과 헤비듀티 광풍에 관해 여러 꼭지를 다루고, 고바야시 야스히코와 호즈미 가즈오를 고용해 일러스트레이션을 부탁하고, VAN 재킷의 하세가와와 이시즈 쇼스케가 회상하는 좋았던 예전 시절을 다뤘다. 하세가와는 잡지가 과거를 지나치게 미화한다고 생각했지만 "패션은 화려함입니다. 이들은 우리가 VAN 재킷에서 한 것과 똑같이 터무니없는 짓을 하고 있는 거죠."라고 말했다. 단, 이번에는 그들이 자신의 역사를 화려하게 꾸민다.

2010년대가 시작할 무렵 네오 트래드의 미국 디자이너들과 일본의 헤리티지는 섞이고, 맞물리고, 융합돼 누가 누구를 따라야 할지 불명확한 상태였다. 어 배싱 에이프의 니고는 머리부터 발끝까지 톰 브라운이 디자인한 브룩스 브라더스의 검은색 플리스를 입었다. 빔스는 『모노클』의 타일러 브륄레와 일본 브랜드 포터와의 협업에 관한 인터뷰를 진행했다. 샌프란시스코의 유니언메이드(Unionmade)는 일본 브랜드인 카피탈, 십스, 빔스 플러스의 제품을 판매해 미국인들에게 명성을 얻고, 이제는 일본의 편집숍이 영감을 얻기 위해 이 매장을 살펴본다.

1959년 구로스 도시유키가 트래디셔널 아이비리거의 동료들과 『멘즈 클럽』에 처음 등장했을 때 "『에스콰이어』 같은 미국의 잡지가 일본에 무엇이 있는지 보라면서 우리를 다루게 될 겁니다. 그러고 나면 그들은 여행 경비를 보내주면서 당신은 반드시 우리를 찾아와야 한다고 말할 겁니다."라면서 선견지명이 있는 발언을 한 적이 있다. 50년이 넘게 걸렸지만, 미국 잡지가 일본에 매혹되는 구로스의 꿈은 마침내 실현됐다.

청바지, 감색 블레이저, 스니커즈는 미국 특유의 이야기를 전하지만, 일본에서 70년이 흐르는 동안 일본인들은 각각에 자신 고유의 사회적 의미를 불어넣었다. 엔지니어드 가먼츠의 스즈키 다이키는 "과연 누가 트래디셔널 아메리칸 스타일이 미국의 것이라 할 수 있을까요? 일본인들은 분명히 자신만의 것으로 만들었습니다."라고 말했다. 아이비의 일본 버전은 이제 1950년대의 캠퍼스 패션과 달리 풍성하고 살아 있는 실제 관행이 됐다. 구로스 도시유키는 "아이비는 돈가스와 매우 비슷해요. 원래 독일의 음식이지만, 이제는 일본 요리 중 하나가 됐죠. 당신은 이걸 젓가락으로 밥과 된장국과 함께 먹습니다. 제 생각에 아이비도 돈가스처럼 변하고 있습니다. 유래는 60년 전에 미국에서 왔지만, 일본에서 60년을 보내는 동안 우리에게 더 잘 맞게 조절됐죠."라고 설명했다. 일본인들은 처음에 '아메리칸 트래디셔널'을 '아메토라'로 줄였지만, 이제 아메토라를 둘러싼 실천의 전체적인 세트는 분리된 각각의 전통 위에 서 있다.

아메토라는 오리지널과 어떻게 다를까? 일본인들과 외국의 관찰자들은 보통 규칙 중심, 학습, 성별 규범적, 고품질 등을 고유의 특질로 지적한다. 사람들은 이런 특징이 일본인이라는 국민적 특징이 확장했다고 추측하지만, 사실 기이한 측면은 대부분 아메리칸 스타일이 일본에 들어오는 시점의 특정한 역사적 상황에 기인했다.

예컨대 왜 일본인들은 문화적으로 아주 멀리 떨어져 있는 곳의 패션에 그렇게나 관심이 많은 걸까? 일본의 10대들이 자신의 문화를 만들어갈 때 이들은 항상 음악, 자동차, 가구, 음식보다 패션을 우선시했다. 야마자키 마사유키의 개리지 파라다이스는 가구 매장으로는 실패했지만, 옷 매장으로는 유행했고, 항상 진짜 서퍼보다 가짜 패션 서퍼가 더 많았다. 처음에 도시의 소비자들은 비좁은 아파트에서 누구도 즐겁지 않았기 때문에 훌륭한 인테리어 제품이 필요 없었다. 시설 부족과 일로부터의 짧은 휴식 사이에서 운동은 성인의 생활에 주요한 부분이 될 수 없었다. 이와 달리 패션은 바쁘고, 붐비는 도쿄의 생활 방식에 딱 들어맞았다. 유나이티드 애로스의 설립자이자 명예 회장인 시게마츠 오사무는 "옷은 언제나 투자 대비 최고의 보상을 줍니다. 다른 문화와 다르게 이건 다른 사람들에게 보여지고, 일본인들은 여기에 많은 신경을 쓰기 때문이죠. 옷은 자아를 표현할 뿐 아니라 소통의 수단이기도 합니다."라고 설명했다.

한편, 일본 패션의 '규칙'에 대한 강조도 완전히 새로운 의류 체계로부터 직접 수입이라는 점에서 등장했다. 1960년대 미국의 대학생들은 아이비 스타일의 사교 클럽 회원이든 급진적인 히피든 상관없이 동료들을 '옳은' 걸 입고 있는가 하는 실마리의 측면에서 바라봤다. 누구도 규칙을 설명할 필요가 없었다. 패션 비평가 이즈이시 쇼조는 지적했다.

"미국에는 '트래드 사전'이란 게 없죠. 왜냐하면 형, 아버지, 할아버지가 있기 때문이에요."

하지만 옷을 대충 입는 일본의 10대를 스타일리시하게 바꿔놓기 위해 VAN 재킷과 『멘즈 클럽』은 구전되는 이런 수칙을 명쾌한 지시로 바꿔야 할 필요가 있었다. 이시즈 겐스케는 1980년대에 "아이비가 일본에 소개됐을 때 우리는 정말 규칙에 따라 사람들을 훈련할 필요를 느꼈어요. 사람들이 패션에 관해 아는 게 전혀 없었으니까요. 저는 아이비가 반드시 이렇게 해야 한다는 교리가 된 점에 대해 부분적으로 책임감을 느낍니다."라고 인정했다. 하지만 이시즈의 학생들은 언제나 아이비 개조를 인식한 건 아니었고, 이런 규칙이 패션 경험에 내재돼 있다고 믿게 됐다.

그 뒤 엄격한 규칙에 기반을 둔 패션은 추종자들에게 종합적인 지식을 갖추도록 장려한다. 유나이티드 애로스의 구리노 히로후미는 "이게 당신의 문화라면, 중간에 배우는 걸 멈추는 경향이 있습니다. 하지만 우리는 구석구석까지 배우기를 멈추지 않았죠."라고 말했다. 구리노가 설명하듯 미국인들은 버튼 다운 칼라 셔츠를 보면 '단추를 잠가야겠군.'이라고 생각했겠지만, 1960년대의 일본인들은 '왜 칼라에 단추가 있지?'라고 생각했다. 질문 하나가 다른 질문을 만들어가고 50년 동안 쌓이며 아메리칸 스타일에 대한 전례 없는 집합적 이해가 이 나라에 만들어진 것이다.

VAN 재킷 이전에는 일본의 맹목적인 전통은 남성 패션을 여성스럽고(불필요한 허영심) 호색적(여성을 유혹하려는 경향)이라고 폄하해왔다. 하지만 디테일에 많은 비중을 두고, 전통을 염두에 둔 『멘즈 클럽』의 옷 소개는 두 가지 금기

모두에서 큰 문제를 일으키지 않았다. 서구 옷의 팬들은 사회의 악당보다는 학구적인 모형 기차 마니아와 비슷했다. 물질주의 전성기였던 1980년대 아무도 잘 차려입은 남성을 업신여기지 않았다. 미국 남성복 부활 역시 비슷한 방식으로 디테일, 규칙, 헤리티지, 수집가적 정신에 초점을 맞춰 편견을 바꿨다. 디자이너 마이클 바스티안은 『GQ』에 "여기 20대 남성이 있습니다. 옷에 매우 강박적이죠. 저에게는 무척 재미있는데, 이런 종류의 남성들이 존재하리라 생각해본 적이 없으니까요. 이들은 디자이너를 추종하고, 마치 야구 규칙을 지키듯 옷을 입죠. 더 재미있는 건 이게 그들의 남성성을 전혀 모욕하지 않는다는 점입니다."라고 말했다.

최종적으로 일본의 장인과 고품질에 대한 존경이 있다. 패션 제품 생산에서 이들의 특별한 탁월함은 빠르고, 별다른 기술 없이 수출을 성장시키기 위한 전후 정부의 직물 산업 지원에서 나왔다. 이는 직물 공장, 재봉 공장, 후처리 시설 등 기반 산업의 확장을 만들어냈다. 아디다스 오리지널의 폴 미틀맨은 우리에게 "사람들은 일본의 제조 기반을 과소평가해요. 유럽엔 그런 게 없습니다. 일본에서는 200야드 카키색 트윌이 있는 사람뿐 아니라 그 직물로 바지를 만드는 공장을 찾을 수 있습니다. 그리고 그들은 완벽하게 만들어줄 겁니다."라고 상기했다. 일본의 브랜드들은 고품질 옷을 추구할 수 있었는데, 지난 70년 동안 한 자리에서 활동해온 장인들이 있었기 때문이다.

게다가 소비자들은 선뜻 비용을 지불했다. 플랫 헤드가 청바지에 붙는 백 포켓과 벨트 루프를 전문 공장에 각각 의뢰할 수 있는 것은 호화로운 디테일에 300달러를 선뜻 내는 사람이 있었기 때문이다. 1940년대 말 아메요코에서 팔던 최초의 청바지에서 1960년대 VAN 재킷의 버튼 다운 셔츠, 2010년대 5,000달러짜리 톰 브라운 슈트까지 아메리칸 스타일 제품은 일본에서 항상 믿을 수 없을 만큼 비쌌다. 하지만 경제 기적의 시기에 일본의 정상급 브랜드들은 타협 없이 최고 품질의 제품을 꿈꿨다. 이 또한 소비자들이 돈을 지불할 수 있는 형편이 됐거나 희생할 용의가 있었기 때문이다.

하지만 이는 더 이상 진실이 아니다. 일본인의 수입은 1998년 이후 악화하고, 이에 따라 패션 시장도 위축됐다. 하지만 세계화는 두 영역에서 도움을 준다. 유니클로(또한 놀라울 만큼 많은 고급 브랜드들)는 해외의 공장 덕에 질 좋고 저렴한 옷을 내놓을 수 있다. 게다가 중국에서 늘어나는 부유한 소비자와 많은 부티크 라벨 덕에 일본의 정상급 장인들이 만든 옷은 높은 가격을 유지한다.

이런 경제적·역사적 요인이 오늘날 일본의 패션을 만들지만, 아메리칸 스타일을 소개하고 의류 시장에 콘셉트를 만들어넣은 특정한 개인들의 역할을 경시할 수는 없다. 이시즈 겐스케가 없었어도 고가의 맞춤복 비즈니스 슈트는 전후 시장을 지배했을 것이다. 빅존이 진짜 청바지를 만들어보기로 결심하지 않았거나 구라보와 가이하라가 구식의 셀비지 데님을 실험하지 않았더라도 소수의 일본 브랜드들은 자신의 제품을 수출할 수 있었을 것이다. 일본 패션은 일반 통념이나 사람들이 옷 입는 방식이 바뀌지 않도록 강요하는 지배적인 시장 제품에 대항해 싸워온 반역자와 독불장군에게 큰 빚을 지고 있다.

일본에서 분명히 많은 전통적인 문화 규범이 패션을 형성해왔지만, 아마 가장 분명하게 드러난 지점은 소비자의 행태다. 일본에서 아메리칸 스타일의 역사는 10대들이 새로운 스타일을 어떻게 받아들이는지 알기 위해 언제나 미디어를 바라본다는 점을 보여준다. 10대들은 아이비의 규칙을 좋아했다. 어떻게 하면 옷을 '제대로' 입는 건지 실패할 염려가 없는 규칙을 제공했기 때문이었다. 2001년 언더커버의 다카하시 준은 『뉴요커』에 "일본인들은 마치 성경을 대하듯 잡지를 읽어요. 거기서 어떤 이미지를 보면, 그게 뭐든 가져야만 하고 돈을 내는 거죠. 일반적으로 일본인은 자기 의사를 직접 결정하지 못해요. 따라 할 예시가 있어야만 하죠."라고 말했다. 그렇게 『뽀빠이』의 카탈로그 형식은 표준이 됐다. 호마다 더 많은 제품에 타당성을 부여했기 때문이다. 이런 조직화된 모사의 경향은 반항적인 서브컬처에서조차 드러난다. 1990년대 초반 보소족은 캐럴의 야자와 에이키치를 흉내 내며 우익 분위기를 풍기는 도코후쿠 유니폼을 입었다.

가장 넓은 관점에서 보면, 일본의 패션은 확실히 문화적 행동이 끊임없이 세대에서 세대로 전수된, 변하지 않는 국가적 특성의 표현이 아님을 보여준다. 일본에 들어온 아메리칸 스타일은 변화와 사업적 성공을 갈망하는 사회부적응자의 손에 들어갔고, 지역의 관습과 관행과 섞였다. 이 생태계는 변화하고, 움직이고, 적응하며 앞으로 나아갔고, 우리는 같은 일이 생기리라 기대한다. 아메토라의 전통이 여전하지는 않겠지만, 시간이 흐르면서 견고하게 모양을 잡아가게 될 것이다.

앞서 등장한 아메토라를 만들어낸 사람들은 대부분 미국을 복제하는 일을 필생의 일로 이해했다. 이는 일본 전자 산업을 둘러싼 유명한 서사에서도 볼 수 있다. 소니는 미국의 벨 연구소에 라디오에 사용하는 트랜지스터의 사용권을 얻기 위해 간청했고, 이 기술로 한 번도 본 적 없는 방향으로 나아갔다. 구로스 도시유키는 비슷한 방식으로 틀을 잡았다. "1950년대와

1960년대에 우리는 그저 아이비를 정확하게 모방했어요.
아메리칸 스타일의 견본을 단계별로 똑같이 따라가려고
노력했죠. 하지만 제 생각에 아이비는 시간과 함께 발전해요.
단지 60년 전의 견본이 아닙니다."

　　일본의 전통 예술에도 '복제하고 쇄신해 나아간다'는
아이디어의 선례가 있다. 꽃꽂이나 무술 분야에서 학생은
단일하고 최종적인 형태, 즉 '가타(型)'라는 기초를 배운다.
학생은 처음에는 반드시 이 '형태'를 보호해야만 하지만 많은
시간 동안 배우고 나면 이 전통을 파괴하고, 이와 구별되는
자신만의 형태를 만들어낸다. 이런 체계를 "보호하고, 파괴하고,
구별짓는다."라고 설명한다.

　　이런 모델은 제2차 세계대전 이후 일본 패션의 발전에도
들어맞는다. VAN 재킷의 이시즈 겐스케와 구로스 도시유키는
아메리칸 스타일을 제대로 입는 방법을 종합했다. 『멘즈 클럽』
같은 패션지는 이런 가타를 해도 되는 것과 하면 안 되는
것의 목록으로 만들고, 엄격한 가라데 고수처럼 독자들에게
교육했다. 10대들 중 가장 열성적인 사람들은 그대로 설명을
따랐고, 그렇게 디테일의 마스터가 됐다. 이런 젊은 팬들 중
많은 사람이 성장해 자신만의 브랜드를 만들고, 이렇게 학습된
디테일에 대한 집중이 아메리칸 스타일을 더 좋은 품질과 더
오리지널처럼 만들어낼 수 있도록 했다. 이들은 가타에 더욱
가까이 다가가고 싶었다.

　　하지만 가타 중심의 사고방식은 핵심적인 부분에서
보수성이 두드러지는데, 정통성을 새로운 아이디어보다는
오직 근원에서 찾으려 하기 때문이다. 패션 비평가 이즈이시
쇼조는 여전히 '진짜 청바지'가 미국 바깥에서 만들어질
수 있다는 믿음을 거부한다. 『뽀빠이』의 기노시타 또한

인정했다. "사람들이 미국 트래디셔널 브랜드들에서 바라는 건 미국산이라는 점입니다." 오늘날의 유쾌하고 피상적인 포스트모더니즘 문화에서 진짜에 대한 융통성 없는 믿음은 예스럽게 느껴질 수 있다. 하지만 더 중요하게도, 이들은 아메리칸 스타일의 가장 확실한 가타가 이제는 일본에 있다는 사실을 무시한다.

아메리칸 스타일 옷에 대한 일본의 헤리티지는 이제 다양한 척도에서 미국을 넘어섰다. '제대로 입는 방법'에 대한 집합적 지식은 미국보다 일본에서 더 넓고 깊다. 이에 몰두하는 남성은 이제 미국에는 많지 않다. 미국에서 어떻게 해야 옷을 제대로 입는 건지 배우기 위해서는 더 이상 자기 아버지를 따라 하는 순종적인 아들이거나 전 세대에 대한 헌신적인 기록 보관자일 필요가 없다. 오늘날 『테이크 아이비』로 옷을 입는 방식을 배운 하버드 대학교의 학생은 1965년의 일본인들보다 1차 사료로부터 더 멀어져 있다.

한편, 일본은 유의미하게 많은 수의 외국인들에게 그들이 만든 미국의 옷이 미국에서 만들어진 어떤 제품보다 더 진짜 같다는 점을 납득시킨다. 미국의 브랜드 PRPS는 고급 일본산 셀비지 데님을 사용했기 때문에 자신이 만든 청바지가 진짜임을 광고한다. 과거에는 질투심 많은 미국인들이 영혼 없는 얄팍한 흉내로 만들어진 일본 제품의 완벽함을 폄하했다. 이제는 이조차 한물간 비방이 돼버렸다. 셀프 엣지의 키야 바브자니는 "제가 판매하는 브랜드들에는 엄청난 크기의 영혼이 들어 있습니다. 이걸 들어보면 다른 옷에서 겪어보지 못한 느낌을 받을 수 있을 겁니다. 옷에 관해 아무것도 모르는 사람조차 매장에 들어와 셔츠를 만져보면 이 셔츠는 뭔가 다르다고 생각하게 됩니다. 여기엔 삶이 있죠."라고 말했다.

하지만 일본인 디자이너들은 자신의 작업을 주로 국내 시장의 좁은 맥락 안에서 바라본다. 여기서는 '진짜' 미국의 생활 방식과는 무척 다른 10대들이 그 옷을 입는다. 이즈이시 쇼조는 "불행한 일입니다. 하지만 일본에서 문화와 패션은 연계돼 있지 않아요. 그 위를 부유할 뿐이죠. 패션은 대개 생활 방식에서 나온다고 생각하지만, 일본인들은 대부분 그걸 이해하려 하지 않습니다."라고 말한다. 고바야시 야스히코는 일본의 패션을 '인형 옷 입히기'와 비교한 적이 있다. 재미를 위해 예측할 수 있는 방식으로 옷을 한데 모아 합치는 체계다. 즉, 별다른 의미 없이 입고 벗으면 된다.

이런 비판은 그럴듯하지만 표면적인 이야기는 이것이 수입된 스타일이라는 사실을 다시 상기시킨다. 외국에서 들어왔기 때문에, 생활 방식에서 옷이 나오는 게 아니라 그 옷이 나오게 된 적당한 생활 방식이 뭐든 따라온다. 패션은 일본에서 놀이를 표현하는 방식이 됐다. 사회는 나중에 깨끗이 치워버리고 직장 면접을 보러 가는 한도 안에서, 10대들이 서브 컬처 룩에 빠지는 걸 허락했다. 현실과 연결되고, 깊은 의미를 지닌 패션은 일본 사회에 지나치게 방해가 되기 때문에 결코 받아들여진 적이 없다.

게다가 아메리칸 스타일이 이국에서 왔다는, 불변하는 자격으로 패션에 사로잡힌 사람들은 오직 소유하고 '진짜 제품'을 만들어내는 데 더욱 가까워진다. 옷에서 일본의 창의성은 그렇게 오랫동안 '이것은 충분히 진짜 같은가?'처럼 오리지널을 둘러싼 열망이 드러나는 장이 됐다.

하지만 이는 오직 20세기의 현상이었다. 오늘날 일본 디자이너들은 유산의 무게에 짓눌리지 않은 채 아메리칸 패션에서 배운다. '메이드 인 USA' 브랜드인 엔지니어드

가먼츠의 스즈키 다이키는 이런 역사가 위대하고 유용한 참고 사항이라는 데 동의하지만, 오리지널 디자인과 대담한 패턴으로 예상을 뒤집곤 한다. 스즈키의 넓은 지식은 그의 작업에 존재하지만, 그는 레플리카에는 관심이 없다. "아메리칸 스타일에 대한 일본인의 관점에 공감하지는 않습니다."

한편, 꼼 데 가르송 옴므의 와타나베 준야(渡辺淳弥)는 브룩스 브라더스나 리바이스 같은 트래디셔널 브랜드와 자주 협업하지만, 이들의 클래식 아이템을 훼손하는 방식을 구사한다. 예컨대 2009년 그는 양면으로 입을 수 있는 붉은색 깅엄 체크 라이닝의 브룩스 브라더스 감색 블레이저를 만들었다. 그는 『인터뷰』에 "서구의 옷은 일본에서 일상복입니다. 당신이 일본인이든 미국인이든 유럽인이든 이제는 그게 큰 차이를 만든다고 생각하지 않아요."라고 말했다. 물론 차이가 있다면 일본 버전은 시장에 고급 제품으로 나온다는 점이다. 와타나베는 테네시에 기반을 둔 워크 웨어 포인터 브랜드(Pointer Brand)의 100달러짜리 데님 재킷을 변형한 뒤 800달러 가격표를 붙였다.

나카무라 히로키(中村ヒロキ)의 하이엔드 스트리트웨어 브랜드 비즈빔(visvim)은 아이비와 미국 데님을 포기하고 오래된 민속 의상을 캔다. 헤비듀티에 빠진 10대를 거친 나카무라는 알래스카로 이주한 뒤 충격에 빠졌다. "사람들은 리바이스 1955 제2차 세계대전 모델, 우리가 찾을 수 있는 가장 희귀한 레드윙의 모델 등 아메리칸 헤리티지 브랜드를 입고 있었어요. 하지만 아무도 신경 쓰지 않았죠!" 버튼 스노보드(Burton Snowboards)에서 잠깐 일한 그는 후지와라 히로시와 친구가 됐고, 2002년 하이 테크 미국 스니커즈와 미국 원주민의 모카신을 융합한 신발 브랜드를 시작했다.

비즈빔을 의복 전체로 확대하면서 그는 티벳의 헤비 울 코트, 노르웨이 사미족의 순록 가죽 부츠, 과테말라 촌락의 총천연색 민속 공예, 나바호 원주민이 손으로 염색한 담요, 아프리카 영양 구두의 생가죽 제품을 가지고 나오는 패션의 인디애나 존스가 됐다. 그는 이런 요소로 비즈빔의 디자인을 만들고, 기능성을 강화하는 실마리를 찾아내 예전부터 전해온 기술을 학습할 방법으로 삼았다.

비즈빔의 고객들은 고급 소재뿐 아니라 모든 제품에 꿰매진 '이야기'에 높은 가격을 지불했다. 희귀한 소재와 전통적인 민속 방식을 고수하면서 나카무라는 그의 제품 하나하나에 특별한 이야기를 불어넣었다. 나카무라는 어떻게 제품이 만들어졌는지 정확하게 알고픈 21세기 '제작 컬트' 소비자들의 수호성인이 됐다. 나카무라는 이것을 미래로 믿는다. "일본 시장은 더욱 성숙해지고 있습니다. 소비자들은 나이가 들고 있죠. 사람들에게는 아주 많은 제품이 필요하지 않아요. 의미 있고 영원한 무언가를 가지고 싶어하죠. 그들은 제품 자체만으로 행복할 수 없음을 깨달았습니다. 우리는 적게 만들고, 적게 판매합니다."

스즈키와 와타나베, 나카무라는 전통의 개념을 새로운 자리에 가져다 놨지만, 많은 젊은 디자이너들은 역사의 모든 굴레에서 완전히 해방되려 한다. 존불의 기획자 하라다 고스케(原田浩介)는 이제 오카야마의 창업 지원 센터인 오카야마 리서치 파크 인큐베이션 센터에서 시작한 남성복 바지 브랜드 '투키(TUKI)'를 운영한다. 편집숍에 제품을 판매하면서 하라다와 아내는 빈티지 직물과 의복 제조의 역사를 연구했다. 의류 역사에 대한 관심에도 하라다는 남성복에 스민 스토리텔링에 싫증이 났다. "저는 옷에서 '이야기'를 지나치게

강조하는 게 싫어요. 사람들이 아침에 일어나 그냥 느낌이
좋으니까 제 바지를 입고 싶어하면 좋겠어요."

　　투키는 일본에서 지나치게 확장하는 레플리카 데님에 대한
안티테제가 되기 위해 논 셀비지에 어두운 감색 내부 스티치,
아무 표시도 없는 크롬 리벳과 단추, 뒤에는 순수한 감색
레더 패치가 붙은 극단적으로 미니멀한 청바지를 만들었다.
이 디자인은 많은 브랜드가 맹목적으로 추구하는 리바이스
501의 자취를 모두 지워버렸다. 유산을 향한 하라다의 계산된
거부는 유행에 대한 극단적인 반응이다. 하지만 이제 일본인
디자이너들은 의류 역사의 모든 비밀을 알고 있다. 앞으로
나아갈 때 뒤를 돌아보는 건 항상 그렇듯 가치가 덜한 일이
된다. 하라다는 전통적인 가타를 보존하는 건 물론, 이에 대해
아방가르드로 반응할 생각도 없다. 그저 이전과 구별되는
새로움을 만들고 싶을 뿐이다.

　　일본 패션의 역사에서 떨어져나온 파편은 여전히 오늘날
대중문화의 지형 안에 뿌려져 있다. 세상을 떠난 이시즈
겐스케는 제우스 같은 지위로 남고, VAN 재킷의 이전 직원들은
그를 여전히 스승으로 섬긴다. 빅존과 에드윈은 최근 10여 년
동안 재정 문제를 겪었지만, 오카야마와 후쿠야마는 여전히
재봉 공장, 후처리 공장, 세계 수준의 데님 직조 공장의
고향으로 남았다. 『뽀빠이』는 「사토리얼리스트」, 기노시타
다카히로의 편집권 아래에서 그 어느 때보다 강력하다.

　　로큰롤의 권위자 야마자키 마사유키는 2013년에 세상을
떠났지만, 핑크 드래곤의 네온 사인은 여전히 매일 밤
하라주쿠에서 빛을 발한다. 도쿄 로커빌리 클럽의 가장 어린
멤버는 쉰이 넘었지만, 일요일마다 요요기 공원의 붐 박스
주변에서 트위스트를 춘다. 양키 문화는 이 문화의 뿌리였던

오카야마 브랜드 투키의 미니멀리스트 청바지.

미군을 모방하는 일에서 벗어나 나쁜 취향을 하고 싶은 대로 놔두는 방식이 되면서 2008년 주류 미디어에서 새로운 모멘텀이 생겼다. 2015년 기준으로 빔스는 일본에 일흔네 곳의 매장이 있고, 유나이티드 애로스는 200곳이 넘는다. 2020년 보수를 위해 철거되기 전까지 아오야마의 브룩스 브라더스 플래그십 매장에는 일장기와 성조기가 휘날렸다. 빈티지 리바이스의 베테랑 컬렉터인 오츠보 요스케는 일본에서 여러 해 동안 리바이스 빈티지 클로싱(Levi's Vintage Clothing, LVC) 매장을 운영했다. 어 배싱 에이프의 니고는 유니클로 UT의 크리에이티브 디렉터가 됐다.

제조에서 일본의 브랜드는 미국을 넘어섰지만, 시험대는 다음 10여 년이 될 것이다. 70여 년 동안 아메리칸 스타일을 모방하며 일본은 미국 역사에서 거의 모든 아이디어를 흡수했다. 아메토라의 가타는 미국이 시작이었겠지만, 오늘날 일본에 아무 문제 없이 안착했다. 세상은 소멸 직전에 놓인 미국의 오리지널보다 여전히 건강한 일본의 사례를 따를 것이다. 학생으로 오랜 시간을 보낸 덕에 일본은 이제 선생이 될 기회를 얻었다.

새로운 패션에 관한 아이디어를 얻기 위해 일본은 앞으로 자신의 유산에 기댈 수밖에 없지만, 다행히 일본에는 세상에서 가장 풍부하고 다양한 현대 패션 신이 있다. 일본은 아메리칸 트래디셔널 스타일의 일본 버전, 즉 아메토라를 세상에 선보였다. 이제 우리는 다른 나라에서 아메토라의 자기 버전을 일본에 다시 수출했을 때 과연 일본이 어떤 반응을 보일지 궁금할 뿐이다.

후기

"일본은 어떻게 아메리칸 스타일을 '구원'했는가"라는
『아메토라』의 부제가 미국인들을 짜증나게 하거나 분노하게
만들지는 않을까 한때 걱정을 했지만 2015년에 책이 출간될
당시 딱히 큰 논란이 생기지는 않았다. 스타일리시한
미국인들은 이미 클래식 핏 셀비지 진부터 루프휠 스웨트셔츠
그리고 버튼 다운 옥스퍼드 셔츠까지 미국 스타일 옷을 일본
브랜드에서 세계 최고 수준으로 만들어 내고 있다는 사실을
알고 있었다. 책이 출간된 지 7년이 지난 지금 일본 남성복의
지배라는 생각은 이제 통념이 되었다. 『아메토라』에서 언급된
특정한 브랜드들은 한때 일본 바깥에서는 구하기가 어려웠지만
이제는 전자 상거래 사이트나 구매 대행 서비스를 통해 쉽게
구매할 수 있게 되었다. 『뽀빠이』 매거진을 살펴보기 위해
맨해튼에 있는 키노쿠니야까지 가지 않아도 되고 그냥 잡지의
인스타그램 계정을 팔로우하기만 하면 된다. 그리고 2010년에
있었던 『테이크 아이비』에 대한 열광도 그저 우연이 아니었다.
이 일본의 사진집은 클래식 아이비리그 룩에 대한 정본이자
아마도 '아메리칸' 스타일을 이해하는 기본적인 프리즘으로
여겨지고 있다. 2020년 웹사이트 「인사이드훅(InsideHook)」은
"아메리칸 남성복의 차세대 위대한 무브먼트"는 "테이크
아이비 2.0"이라고 부를 만한 고가의 스포츠웨어 브랜드들이
될 것이라고 말하기도 했다.

　『아메토라』의 초기 목표는 1965년에 일본 회사가 왜
테이크 아이비를 만들기 위해 미국 동부로 갔는지, 일본 젊은
세대의 전통 아메리칸 스타일에 대한 집착이 어떻게 21세기
미국 남성복에 대한 세계적인 숭배로 이어졌는지 등의 결과에

대한 배경을 설명하는 일이었다. 하지만 현대 문화에 대한 역사 기술은 미래의 이야기 전개를 왜곡할 위험을 가진다. 톰 울프(Tom Wolfe)는 이런 현상을 '미디어 리코셰(media ricochet)'라고 불렀다. 어떤 문화 운동에 대한 대중적인 보도가 주요 인사들로 하여금 자신들의 다음 움직임을 특정 틀 안에서 이해하도록 만드는 것을 말한다. 나는 잘 알려지지 않은 일본의 패션 역사를 일본 외부의 독자들에게 설명하기 위해 『아메토라』를 썼는데 일본어판 번역본(현재 7쇄를 발행하고 있다.)이 나오면서 재순환의 고리가 생겨났다. 『뽀빠이』가 40주년을 맞이했을 때 지면에 이 잡지의 레거시에 대한 에세이를 써 달라는 요청을 받았다.

　　말하자면, 『아메토라』가 없었더라도 아메토라 브랜드들은 거침없는 행진을 이어갔을 것이다. 오히려 이 책의 주된 공헌은 이 트렌드에 이름을 붙인 일이다. 사회학자인 롤프 마이어슨(Rolf Meyerson)과 엘리후 카츠(Elihu Katz)는 "이름이 없는 유행이나 패션은 없다."라고 말했는데 『뉴욕 타임스』는 내 책에 대한 명시적인 언급 없이 "아메토라"라는 개념을 "미국의 전통 스타일을 모방하고, 수집하고, 완벽하게 만들어 내는 일을 의미하는 일본 속어"로 정의했고 이후 이 용어가 유행을 했다. 2020년 「미스터 포터(Mr Porter)」는 인하우스 라인인 미스터 P(Mr P)에 대해 "일본의 아메토라 룩을 정의한 프레피 스타일에 대한 우리의 대답"이라고 묘사했다. 캐나다의 노바스코샤에서는 '아메토라 서플라이(Ametora Supply)'라는 빈티지 매장이 문을 열었고, 2022년에는 미국 브랜드 로잉 블레이저(Rowing Blazers)가 베이직 티셔츠 라인에 '아메토라 티'와 '아메토라 크루넥'이라는 명칭을 붙였다. '아메토라'가 영어권에 들어온 유일한 일본식 신조어는 아니었다. 『뉴 컨슈머(New Consumer)』의 댄 프로머(Dan Frommer)는 트위터에 '헤비듀티 아이비'에 대한 고바야시 야스히코의 생각이 "옥스퍼드 직물 위에 고어텍스" 같은 자신의 개인적인 스타일에 대해 마침내 "분류학적 명칭"을 부여했다고 썼다.

일본 패션 문화의 확산은 아메토라 이야기에 새로운 장을 열 정도로 성공적이었다. 전 영부인 미셸 오바마(Michelle Obama)는 일본 브랜드 사카이(Sacai)의 옷을 입었고, 가수 빌리 아일리시(Billie Eilish)는 카피탈을 입고 레드 카펫에 등장했다. 일본 의류는 이제 내부자들만 입는 별난 선택지에서 벗어나 명백히 우월한 선택지로 자리를 잡았다. 작가이자 노드스트롬(Nordstrom) 남성복 분야 편집 디렉터인 지안 데이리온(Jian DeLeon)은 "무엇이든 일본에서 온 것들은 근본적으로 더 많은 문화적 가치를 지니고 있다."라고 적었다. 패션 작가인 데릭 가이(Derek Guy)는 여기에 "만약 글로벌 소비자들이 신기함 때문에 일본 브랜드에 빠졌다면 그 신기함은 오래전에 사라졌다. 일본 브랜드들은 시장에 특별한 것을 제공하기 때문에 인기를 끄는 것이다."라고 덧붙였다. 일본의 수출은 수량이나 매출 측면에서 의류 산업을 지배하고 있지는 못하지만 전통적 스타일, 아방가르드 창조물 또는 대중 의복 측면으로 스타일 엘리트 사이에서는 퀄리티와 창의성, 진정성의 기준을 제시해 내고 있다.

물론 여전히 일본 브랜드들은 이스트 코스트의 프렙이나 튼튼한 웨스트 코스트의 캐주얼 방면으로는 가장 높게 평가되는 '트래드' 버전을 선보이고 있다. 오카야마의 코지마는 셀비지 데님 진을 제조하는 세계에서 가장 유명한 지역으로 남아 있다. 코로나19에 의한 소매 시장의 슬럼프로 가마쿠라 셔츠는 맨해튼에 있던 두 개의 매장 문을 닫게 되었지만, 『GQ』는 "(일본 방식의) 최고의 올 아메리칸 화이트 셔츠"를 만드는 브랜드로 여전히 갈채를 보내고 있다. 데릭 가이는 "만약 가장 믿을 만한 방식으로 만든 1960년대 스타일 미국 수트를 원한다면 미국인 테일러에게 가면 안 된다. 그보다는 일본의 테일러 CAID를 찾아가야 한다."라고 지적했다. CAID 배후에 있는 남성 야마모토 유헤이는 「비위치드(Bewitched)」 같은 1960년대 TV 쇼에서 볼 수 있는 '깔끔하고 선명한' 미국인 룩에 반했다. 비슷한 슈트를 도쿄에서 구할 수 없었기 때문에 그는 한때 요코타 공군기지에서 미군 장교들에게 옷을 만들던 전설적인 보스턴 테일러에서 12년 간의 견습 생활을 시작했다. 야마모토는 이제 뮤지션 닉 워터하우스(Nick Waterhouse) 같은 애호가뿐만 아니라 일본 트래드 팬의 꾸준한 사랑을 받고 있다. CAID의 올리브 그린 치노 슈트나 네이비 컬러의 더블 브레스트 '뉴포트 재킷' 외에도 야마모토의 맞춤 셔츠는 와이드한 박스 플리츠나 칼라 뒤의 버튼, 칼라-롤[버튼 다운 셔츠의 칼라가 만들어 내는 아치 모양] 등 거의 소멸해 가던 아이비 패션의 디테일에 새로운 생명을 불어넣었다. 뉴욕 트라이베카의 남성복 부티크 '더 아머리(The Armoury)'에서 자주 열리는 CAID의 트렁크 쇼를 통해 야마모토는 새로운 젊은 뉴요커들에게 과거의 뉴요커 같은 옷을 입게 해 준다.

일본 기업들은 아메리칸 스타일을 보존했을 뿐만 아니라 잊힌 미국 브랜드도 구해 냈다. 도쿄에 위치한 '35서머스(35Summers)'— 파리의 남성복 매장 '아나토미카(Anatomica)'를 성공적으로 일본에 들여온—는 1960년대 와이오밍의 카우보이 다운 베스트 브랜드인 로키마운틴 페더베드(Rocky Mountain Featherbed)를 되살려 「미스터

포터」에서 프리미엄 가격으로 판매하고 있다. 캘리포니아의
토렌스에서 일본 남성이 운영하고 있는 회사 톱윈(Topwin)은
사라진 신시내티의 스포츠웨어 브랜드 벨바 신(Velva
Sheen)을 되살려 베이직 티셔츠 라인을 생산하고 있다.

하지만 글로벌 남성복 시장은 아이비 부활이나 보수적인
영국식 슈트, 투박한 '헤리티지' 같은 '클래식' 스타일의
독단적인 재현에서 벗어나기 시작했다. 이러한 룩은 그에
내재된 보수성으로 인해 대공황과 함께 처음 등장했다.
지금까지 옷에 전혀 관심이 없던 미국 남성들은 옥스퍼드 천
버튼 다운 셔츠와 가공 빈티지 데님, 레드윙 부츠 같은 제품
덕분에 '패션'에 지나치게 관심 있어 보이지 않으면서도 잘
차려입기 시작할 수 있었다. 이런 전략은 미국 남성들 사이에서
스타일에 대한 관심이 뚜렷하게 증가하는 결과를 만들어 냈다.
소설가 메리 H.K. 최(Mary H.K. Choi)는 2010년에 "제가 미친
건가요, 아니면 뉴욕 남자들이 갑자기 옷 입는 방법을 배우게
된 건가요?"라는 유명한 말을 남겼다. 하지만 이런 클래식한
스타일이 과도하게 확산되자 필연적으로 반발이 생겨났다.
2010년대 중반쯤 스타일 선구자들은 '트래드' 룩을 분명하게
표현하는 데에서 의식적으로 한 발짝 물러섰다. 10여 년 동안
쪼그라든 슈트와 슬림 셔츠가 유행한 이후 미국의 스타일
매체들은 배우 조나 힐(Jonah Hill)이나 래퍼 타일러 더
크리에이터(Tyler, the Creator)의 밝은 컬러와 복잡한 패턴을
칭송했고 2016년 『뽀빠이』는 1990년대 10대들의 스포츠웨어
패션에 기반한 '빅 실루엣'을 지지하기 시작했다.

이런 흐름에 따라 이전의 정형화된 '아이비'에 대한 해석은
밝은 컬러의 스포츠웨어와 느긋한 힙합 미학에서 강력한
영향을 받은 '네오-프레피(neo-preppy)'로 변모했다. 이런

변화는 떠오르는 미국 브랜드 로잉 블레이저에서 아마도 가장 잘 드러난다. 옥스퍼드 출신의 고고학자이자 조정 종목의 키잡이 선수 출신인 설립자 잭 칼슨(Jack Carlson)은 2017년 영국 조정 선수들의 밝은 색 스포츠 재킷에서 영감을 얻은 캐주얼웨어를 선보이는 회사를 설립했다. 첫 번째 컬렉션은 일본의 리테일러 빔스와 유나이티드 애로스의 즉각적인 지지를 이끌어 냈다. 하지만 로잉 블레이저는 다양한 패턴을 이어 붙인 환각적인 패치워크의 럭비 셔츠나 다이애나 비가 입었던 스웨터를 재현하는 등 1980년대 프레피의 치기 어린 면모 쪽으로 방향을 전환했고 저스틴 비버(Justin Bieber)와 티모테 샬라메(Timothée Chalamet)를 비롯한 미국 소비자들에게 더 큰 인기를 끌었다.

일본 브랜드들은 교과서적인 트래드에서 젊은 스트리트웨어로 비슷한 방향 전환을 시도했다. 인기 많은 패션 리테일러 빔스의 아메리카나 중심 라인인 빔스 플러스는 「미스터 포터」와 「SSENSE」가 서구 소비자들에게 온라인 유통을 시작하면서 세계에서 가장 존경받는 아메토라 브랜드로 떠올랐다. 2022년 『GQ』는 빔스 플러스를 "제이크루(J.Crew)에 대한 일본의 대답"이라고 극찬했는데 이는 제이크루가 자신의 일본 도플갱어와 직접 협업을 한 것만 봐도 알 수 있다. 볼드 타탄 체크의 카고 바지, 레드 스트라이프의 카키색 '파이트 블루종', 여러 가지 그린 컬러의 패치워크 코듀로이로 만든 워크 코트 같은 제이크루 × 빔스 플러스의 컬렉션은 '베이직'과는 정반대되는 제품들이다. 제이크루의 부활을 이끈 디자이너 브랜든 바벤지엔(Brendon Babenzien)은 에스콰이어에 "잠재적으로 함께 일할 만한 사람들의 목록을 만들 때 빔스 플러스가 가장 먼저 생각났다."라며 이 프로젝트의 시작에 대해 설명했다. 제이크루는 한때 일본 브랜드에게 영감을 주기도 했지만 이제는 그 영향력이 순환했다. 바벤지엔의 제이크루는 2022년 '자이언트 핏 치노'로 일본에서 6년 전 처음 등장했던 빅 실루엣 룩을 미국인들에게 선보이며 커다란 문화적 파장을 일으켰다. 이와 비슷한 패턴으로 고바야시 야스히코는 패션으로서 L.L. 빈을 설명하기 위해 '헤비듀티'라는 용어를 만들었고, 디자이너 토드 스나이더(Todd Snyder)는 2022년 L.L. 빈과의 협업에서 고바야시의 『헤비듀티』에서 직접적인 영감을 받았다고 언급했다.

시장의 최상층에서는 비즈빔, 카피탈, 엔지니어드 가먼츠나 니들스(Needles) 등 네펜테스의 패밀리 브랜드들이 아메리카 패션에 대한 깊은 존경심을 럭셔리 제품이라는 새로운 카테고리로 끌어올렸다. 셀러브리티들과의 돈독한 관계 덕분에 이들 브랜드의 옷은 신분을 상징하는 아이템이 되었는데 지안 데이리온은 이를 "리세일 마켓에서 탐낼 만한 남성복 제품의 기준"이라고 말했다. 래퍼 에이셉 로키(ASAP Rocky)의 크리에이티브 에이전시 AWGE는 2019년 니들스의 빈티지 재구성 라인과 협업을 통해 이 브랜드의 아이코닉한 트랙 팬츠의 리미티드 에디션 버전을 선보였다. 존 메이어(John Mayer)는 한때 "희귀한 나이키, 카고 팬츠, 브이넥 티셔츠로 나이 헛먹은 10대처럼 입는다."라고 여겨졌지만 비즈빔과 카피탈을 눈에 띄게 받아들이면서 남성복의 신으로 급부상했다. 메이어는 공개적으로 일본으로부터 스타일 지침을 받는다. 그는 '후지와라 히로시 프래그먼트와 관련된 것, 하라주쿠 바이브 관련된 모든 것'만 남겨놓고 레어한 스니커즈 컬렉션을 팔아치워 버렸다. 메이어는 2005년 일본 여행 중에 비즈빔을 처음 알게 되었고, 그때부터 그의 일상복은 앤티크

티베트 코트나 노라기 농부 재킷 같은 디자이너 나카무라 히로키의 현대적 접목을 포함하기 시작했다. 나카무라는 존 메이어의 2013년 앨범『파라다이스 밸리(Paradise Valley)』의 표지 작업을 했다. 여기에서 나카무라는 메이어에게 색이 바랜 화이트 별무늬 티셔츠가 드러나게 필드 재킷을 걸치게 하고 그 위에 에도 시대 박물관의 유물처럼 보이는 오버사이즈의 패치워크 블랭킷을 입혔다.

일본 디자이너들과 유명인 팬들과의 상호작용은 일본 브랜드를 새로운 차원으로 끌어올리는 데 중요한 역할을 했다. 특히 가나계 미국인 디자이너인 고(故) 버질 아블로(Virgil Abloh)와 어 배싱 에이프의 설립자이자 전 크리에이티브 디렉터 니고가 그렇다. 아블로는 경력의 초창기에 그가 "문화적 연관성과 럭셔리 간 만남의 완벽한 본보기"라고 부르던 하라주쿠 스트리트웨어 신에서 영감을 얻었다. 아블로가 캐주얼 브랜드 오프-화이트에서 루이 비통 남성복 총괄로 자리를 옮겼을 때 그는 곧바로 그의 정신적 멘토 니고에게 연락해 협업을 요청했다. 어 배싱 에이프를 팔아 버린 후 니고는 아디다스 오리지널과 유니클로의 티셔츠 라인 UT의 크리에이티브 디렉터로 일했고, 인기 브랜드 휴먼 메이드를 설립했고, 캐주얼 브랜드 걸스 돈 크라이(Girls Don't Cry)의 젊은 디자이너 베르디의 커리어를 현저히 끌어올렸다. 아블로는 처음 루이 비통의 조인트 캡슐 컬렉션을 위해 니고를 데려왔고, 이는 니고가 처음으로 자신을 크리에이티브 디렉터가 아니라 패션 디자이너로 인지하도록 하는 데 영감을 줬다. 다음 단계는 분명했다. LVMH는 선구적인 일본 디자이너 다카다 겐조가 설립한 동명의 브랜드 겐조(KENZO)를 이끌도록 니고를 임명했다. 겐조에서의 니고의 첫 번째 컬렉션은 기대를 뛰어넘었는데 스트리트웨어의 주 요소인 그래픽 티셔츠, 오버사이즈 후드, 더블 네임의 제품 등을 무시했다. 대신에 그는 아카이브 전문가다운 접근을 활용해 다카다 겐조의 과거 디자인 깊은 곳에서 꽃무늬 패턴을 발굴했다. 컬렉션은 평론가들에게 깊은 인상을 남겼고, 셀러브리티 가십 사이트는 퍼렐 윌리엄스, 푸샤 티(Pusha T), 타일러 더 크리에이터 그리고 짧았던 스펙터클한 로맨스의 주인공 예(Ye)와 줄리아 폭스(Julia Fox) 등 스타로 가득 들어찬 프런트 로에 감탄했다.

　루이 비통의 아블로, 겐조의 니고, 발렌시아가에 있는 베트멍의 뎀나 바잘리아와 함께 유럽의 럭셔리 브랜드들은 격식을 차린 우아함에서 고가의 스트리트웨어로 확실하게 전환하고 있다. 우라-하라주쿠 브랜드들은 스케이트보드와 힙합 의류의 정통성과 디자이너 라벨의 희소성 모델을 결합해 이러한 프로세스를 1990년대에 시작했다. 글로벌 스포츠웨어와 럭셔리 브랜드들은 빠르게 이 '드롭' 방식 마케팅[편주: 리미티드 에디션이나 적은 수량의 컬렉션을 기습적으로 투하(판매)하는 마케팅 방식]을 채택했고, 2020년대 들어서 하라주쿠 모델은 럭셔리가 다음 세대 소비자들에게 어떻게 물건을 팔아야 하는가를 정의하게 되었다. 벌키한 스니커즈나 로고 프린트의 점프 슈트 같은 이 시기의 럭셔리 브랜드 옷은 하라주쿠 스트리트 스타일의 요란하고 과장된 버전을 이해할 때에만 의미가 통한다.

　하지만 유서 깊은 유럽의 럭셔리 하우스들이 '럭셔리'를 고급 캐주얼 의류로 재정의하는 데 성공한 이유가 무엇일까. 공개 상장되어 있는 기업으로서 LVMH, 리치몬트, 케링은 주주의 가치를 극대화할 의무가 있고, 이는 럭셔리가 더 이상

사파리 여행 가방이나 가죽 말안장 같은 걸 파는 데 한정될
수 없음을 의미한다. 새로운 시장으로 확장하기 위해서는
새로운 제품이 필요한데, 럭셔리 판매 성장에 가장 막대한
기여를 하고 있는 하나의 나라가 존재한다. 바로 중국이다.
베인앤드컴퍼니는 중국이 2025년까지 40% 성장해 전 세계
럭셔리 판매의 45%를 차지하게 될 것이라고 예측했다.
그렇지만 중국인들이 무도회나 갈라, 칵테일 파티를 위한
럭셔리 제품을 사지는 않는다. 상하이와 베이징의 젊은
소비자들에게 '패션'이란 슈프림, 어 배싱 에이프 그리고 다른
하라주쿠 브랜드들과의 상호작용을 통해 형성되었다.(베이프는
1999년 처음 홍콩에 문을 연 이후 중화권에서 성공을 거뒀고,
이는 일본에서의 인기보다 더 오랜 기간 동안 중국에서 인기를
끌어왔다는 뜻이다.) 유럽의 럭셔리 하우스들은 세련된 울
정장이나 무도회 드레스가 아니라 아주 조금 만들어진 로고가
잔뜩 들어간 스트리트웨어를 가지고 중국 젊은 세대의 취향을
충족시키는 것으로 보인다.

오늘날의 중국은 여러 면에서 1970년대의 일본과 닮았다.
활기찬 소비 시장이지만 자국의 취향이나 문화 생산의
측면에서 존경을 받지는 못하고 있다. 중국의 쇼핑객이 전
세계 고급 디자인을 사들이는 동안 어떤 중국의 디자이너들도
일본 디자이너 수준의 인지도를 누리고 있지 못하다. 그렇지만
중국이 아메토라에서 영향을 받은 옷을 가지고 전 세계 패션
신에 빠르게 통합될 조짐은 보인다. 『아메토라』의 마지막
문장을 생각해 본다. "이제 우리는 다른 나라에서 아메토라의
자기 버전을 일본에 다시 수출했을 때 과연 일본이 어떤
반응을 보일지 궁금할 뿐이다." 중화권이 첫 번째 테스트
케이스가 될 가능성이 높다. 간체 중국어 버전으로 번역되어

'하라주쿠 카우보이'라는 제목으로 이름을 바꾼 이 책은 3만 부 가까이 판매되었다. 또한 트래디셔널 스타일의 잠재적인 중국 앰배서더로 미스터 슬로우보이(Mr. Slowboy)로 더 잘 알려진 일러스트레이터 페이 왕(Fei Wang)이 등장했다. 그는 런던에 사는 동안 클래식 남성복에 빠졌고 이 스타일을 담은 일러스트를 『모노클』 같은 잡지나 바버(Barbour), 매킨토시(Mackintosh), 던힐(Dunhill), 드레이크(Drake)의 광고 캠페인에 실었다. 왕은 아이비 일러스트레이션의 선구자인 호즈미 카즈오—이제 92세이다—에게 첫 번째 책의 소개문을 써 달라고 부탁했다. 일본 잡지 『뽀빠이』는 종종 왕에게 일러스트레이션을 의뢰하고, 미스터 슬로우보이의 그림은 『2nd 매거진』의 인기 있는 2022년 5월호 아메토라 테마 이슈의 표지를 장식했다. 미스터 슬로우보이의 존재만으로도 『아메토라』의 마지막 부분에서 내가 던진 의문의 답을 얻을 수 있다. 아메토라의 일본 바깥에서의 변용을 직면했을 때 일본의 엘리트들은 이를 받아들였다. 그리고 비슷한 생각을 가진 세계의 크리에이터, 옹호자, 소비자들과 함께 미스터 슬로우보이는 아메토라 무브먼트의 진정한 글로벌 시대를 예고하고 있다.

하지만 변하지 않은 것은 일본이 여전히 아메토라를 만들기 가장 쉬운 곳이라는 점이다. 2016년 미국인 세이지 맥카시(Seiji McCarthy)는 미국 농구 협회에서의 경력을 마치고 도쿄에서 유명한 비스포크 드레스 슈즈 비즈니스를 시작했다. 맥카시는 "다른 지역과 비교했을 때 도쿄의 특징은 1인/소규모 맞춤 구두 공방이 활성화되어 있는데 공급 업체, 제작자, 고객으로 구성된 생태계가 세상에서 가장 인기 있는 제작자를 포함해 30에서 50여 명의 맞춤 구두 제작자를 지원하고 있다."라고 설명한다. 일본은 데님 생산의 중심지이기도 하다. 히로시마 지역의 데님 공장 카이하라는 유니클로, A.P.C, 리바이스의 일본 제조 에디션 리바이스 메이드&크래프트에 셀비지를 지속적으로 공급하고 있다. 카이하라는 일본에 4개의 최첨단 방식 방직, 염색, 직조 공장을 가지고 있고 태국에도 공장이 있다. 이에 비해 리바이스의 가장 전설적인 데님 공급 업체이자 한때 501용 셀비지 데님의 원천이었던 콘 밀스는 노스캐롤라이나에 있던 화이트오크 공장의 문을 닫았고 이로써 미국 내 산업용 셀비지 생산 시대가 막을 내렸다. "일본산"의 힘에는 신화적인 면이 있을 수 있다. 그렇긴 해도 일본 브랜드들은 대부분의 서구 브랜드가 할 수 없는 방식으로 자기 본거지에서 고품질 제품을 생산할 수 있다.

하지만 이런 예시들은 일본 브랜드들이 어떻게 패션 산업에서 최상위 계층을 차지하고 있는지 보여 줄 뿐이다. 아메토라의 마지막 도전은 전 세계 대중에게 다가가는 것이고 이에 가장 적합한 후보는 유니클로이다. 이 브랜드는 지난 6년 동안 매장 수가 40% 증가해 25개국에 2,394개의 매장을 가지고 있는 등 대대적인 확장을 경험했다. 하지만 아직 도시 바깥에 사는 미국인들의 마음을 사로잡지는 못했다. 아시아에 1,000개의 매장이 있는 것과 비교할 때 미국에는 오직 48개밖에 없다. 그렇지만 이런 작은 규모에도 불구하고 유니클로는 동서부 해안 엘리트 라이프스타일에 확고하게 자리를 잡았다. 지안 데이리온은 유니클로에 대해 "보편적인 스타일의 국제적인 상징"이라는 점에서 그 가치를 찾는다. 벤 코언(Ben Cohen)은 『월 스트리트 저널』에서 "대학 졸업 후 내렸던 유일하게 합리적인 선택이 내 스타일을 일본에 아웃소싱을 한 것인데, 내 경우에는 유니클로를 의미했다. 지난

십여 년간 유니클로 매장은 나와 같은 젊은 전문가들의 월급을 빨아들이는 블랙홀이 되었다."라고 인정했다. 마르니(Marni), 질 샌더(Jil Sander), 엔지니어드 가먼츠, 언더커버 그리고 크리스토프 르메르(Christophe Lemaire) 같은 하이엔드 브랜드와 협업한 스트리트웨어 스타일의 드롭은 빠르게 매진되고 높은 재판매 가치를 자랑한다.

유니클로의 스토리는 창립자 야나이 다다시의 아버지가 야마구치 현에서 VAN 재킷의 대리점을 운영하면서 시작되었지만, 브랜드의 열망은 클래식 아메리카나를 재현하는 데서 그치지 않는다. 유니클로의 모기업 패스트 리테일링의 글로벌 크리에이티브 부문 사장인 존 C. 제이(John C. Jay)는 "유니클로의 존재 이유는 미국의 스포츠웨어에서 비롯된다. 우리가 그걸 발명하지는 않았지만, 그걸 정말 잘 개선하고 재구성하고 싶다."라고 내게 말했다. 이를 위해서 브랜드는 기술 전문성과 유토피아적 보편주의 윤리에 대한 일본인의 성향에 초점을 맞추고 있다. 라이프웨어 라인의 슬로건인 "단순함이 더 좋다"는 겨울용 히트텍 단열 옷과 무더운 여름을 위한 에어리즘의 쿨링 원단 등 섬유 혁신 속에 반영되고 있다. 유니클로는 문화적 관습을 원래의 맥락에서 뿌리 뽑고 그 안에서 보편적 형태를 찾아내는 일본의 강력한 힘을 활용한다. 다른 브랜드는 특정한 스웨터를 특정한 시간과 장소에 연관시키는 문화적 기표의 끝없는 물결로 보고 있지만 "우리는 옷을 객관화할 수 있는 능력이 있다. 우리가 스웨터를 보면 그것은 스웨터고 그것이 전부이다. 이런 시각을 통해 우리는 지속적으로 개선을 해 나아갈 수 있다."라고 제이는 설명한다. 유니클로의 기본 의류들은 명백한 문화적 표시를 없앴고 이런 제거 전략을 통해 전 세계 모두에게 잠재적으로 매력적으로 다가갈 수 있다. 만약 유니클로의 국제적 야심이 성공을 한다면 아메토라의 이야기에서 매우 중요한 순간이 될 것이다. '슈하리'(보호한다, 파괴한다, 구별짓는다)라는 틀 안에서 보자면, 유니클로는 일본 캐주얼웨어의 새로운 학파를 분리해 냈다.

모든 가격대의 일본 브랜드가 해외에서 좀 더 많은 고객에게 도달하고 있지만, 일본 국내에서는 이야기가 좀 복잡해지고 있다. 21세기는 일본 국내 소비가 크게 감소하고 고령화 사회 속에서 젊은 계층 인구가 감소하는 시대다. VAN 재킷과 빔스는 일본 10대들이 미국 스타일 옷에 용돈을 쏟아부었기 때문에 번창할 수 있었다. J. 프레스와 브룩스 브라더스가 일본에서 폭발적으로 성장한 이유는 직장인들이 사무실에서 스타일리시한 슈트와 넥타이를 구입해 동료들보다 우위에 서고 싶었기 때문이었다. 옷에 열광하는 마니아는 여전히 다른 나라보다 강하다고 할 수 있겠지만 1990년대에 비하면 약해졌다. 하라주쿠는 여전히 매 주말 붐비지만 현지인보다 관광객 덕분인 경우가 많다. 아오키 쇼이치는 "더 이상 사진을 찍을 만한 패셔너블한 아이들이 없다."라는 이유로 2017년 도쿄 스트리트의 스냅 사진을 담은 그의 상징적인 잡지 『프루츠(FRUiTS)』의 발행을 중단했다. 비공식 고용, 원격 근무 그리고 '쿨비즈'적인 환경보호주의의 증가로 비즈니스 캐주얼은 정장 착용의 자리를 빼앗아 갔다. 패션에 관심이 많은 일본의 젊은이들은 잡지보다는 소셜 미디어를 통해서 정보를 얻기 때문에 아메리칸 트래드의 역사 속으로 파고들기보다는 화려한 한국의 스트리트 스타일을 따라하는 경우가 더 많다. 국제화된 세계는 또한 일본이 미국의 빈티지 옷을 판매하는 데 있어서 독점권을 잃게 됨을 의미한다. 말레이시아와 태국이 중고 의류의 새로운 중심으로 부상하고 있고, 전자 상거래 사이트 덕분에 서구로 직접 배송할 수 있다.

요지 야마모토, 레이 가와쿠보, 이세이 미야케 같은 1980년대의 아방가르드 디자이너들은 처음으로 일본 패션을 디자이너계 안의 중요한 틈새시장으로 자리매김을 할 수 있도록 했지만, 21세기 아메토라의 미국 스타일의 재현은 시장을 더욱 지속적으로 지배하게 되는 계기를 만들 수 있었다. 남성복 부흥은 일본 브랜드와 소비자, 미디어의 역할 없이는 일어나지 않았을 것이다. 하지만 패션에 대한 일본의 영향은 훨씬 더 깊다. 우리가 옷에 대해 생각하는 방식은 포스트모던한 일본의 시각을 따른다. 그 시각에 따르면 누구나 어떤 시대의 옷을 가져다 섞어 입을 수 있고, 진정성은 오리지널 커뮤니티 안에서 만들어지기보다는 오래전 생산 방식에 대한 경외로부터 증명된다. '헤리티지', '럭셔리', '스포츠웨어' 그리고 '스트리트웨어' 간의 엄격한 경계를 무의미하게 만들고 처음으로 옷을 부유하는 기표로 이해한 것은 일본의 소비자들이었다. 이런 새로운 패러다임 덕분에 일본 브랜드들은 현대 글로벌 의류 시장의 속도를 주도할 수 있었고, 이러한 틀 안에서 이뤄진 풍부한 디자인 경험을 바탕으로 일본 브랜드는 계속 우위를 점할 수 있을 것이다. 『테이크 아이비』와 마찬가지로 일본 패션은 잠깐의 유행이 아니다. 아메토라는 앞으로도 계속될 것이다.

2022년 11월
W. 데이비드 막스

감사의 글

2010년 9월 나는 도쿄의 '슈샤인 바' 브리프트 H에 있었다. 내
오래된 코도반 옥스포드 구두가 닦이는 사이 중년의 남성이
매장으로 걸어 들어왔다. 그는 1965년에 출간된 『테이크
아이비』 초판본을 꺼내들었다. 나는 그에게 나를 소개하며
이제 막 VAN 재킷의 이시즈 겐스케에 관한 이야기를 쓴
참이었다고 말했다. 자신을 VAN 재킷에서 일한 오시바
가즈후미라고 소개한 그는 내게 이시즈의 아들 쇼스케를
소개해주고 싶다고 말했다. 다음 주에 나는 정식으로 이시즈의
사무실을 찾아갔고, 거기서 쇼스케와 손자 루이가 VAN 재킷의
유산을 여전히 유지하는 모습을 보았다. 그 뒤 오시바를 통해
더 많은 VAN 재킷의 직원을 만나면서 나는 1960년대 일본이
들여온 VAN 재킷의 아메리칸 패션과 대학생 시절에 조사한
어 배싱 에이프 사이에 연결된 놀랍고도 아직 알려지지 않은
이야기가 있다는 사실을 깨달았다.

나는 이후 몇 년 동안 미국 패션을 일본으로 들여온 핵심적인
인물들을 인터뷰할 수 있었다. 가마쿠라 셔츠의 직원들은
창립자 사다스에 요시오나 구로스 도시유키 같은 사람을,
『뽀빠이』의 전 편집장 기노시타 다카히로는 고바야시
야스히코를, 투키의 하라다 고스케는 카피탈과 가이하라를
소개해주었다. 너무 늦은 일도 있었다. 『테이크 아이비』의
사진을 찍은 하야시다 데루요시는 인터뷰를 요청했을 때
병실에 있었고, 몇 달 뒤 세상을 떠났다. 한편, 이 책은 사회
비평가 하야미즈 겐로, 주변 문화 학자 남바 고지, 패션 역사가
이즈이시 쇼죠 등을 인터뷰를 할 구실이 되기도 했다.

내가 나아갈 길을 알려준 이시즈의 가족, 오시바 가즈후미, 기노시타 다카히로, 에릭 크바텍, 하라다 고스케, 크리스티앙 첸스볼드, 호리구치 마유미, 가와사키 다이스케, 나카노 가오리, 홍 소우리스, 스콧 맥킨지, 다마오키 미치코, 케빈 버로스, 가와노 겐시, 고노 아야코, 크레이그 모드, 기든 루이스크라우스, 오드리 폰드케이브, 사카모토 준코, 필로미나 키트를 포함해 책의 많은 부분에 지식을 제공해준 와가츠마 료, 브루스 보이어, 매슈 페니, 폴 트린카, 토비 펠트웰에게도 감사를 전한다. 지안 데이리온, 데릭 가이, 존 C. 제이는 후기를 쓰는 데 커다란 도움을 주었다.

구글 독스 덕분에 나는 독자이자 편집 분야의 슈퍼스타들과 일할 수 있었다. 매트 알트, 에밀리 발리스티에리, 매트 트레보, 로빈 모로니, 카산드라 로드, 코너 셰퍼드, 조시 램버트, 그리고 모리스 막스에게 감사드린다.

스캐너 사용권을 포함해 디자인에 도움을 준 네오자포니슴
(Neojaponisme)의 공동 창립자 이안 리넘에게 큰 감사를
드린다. 프린스턴 대학교 아카이브에서 오랫동안 오브라이언
상사에 관한 자료를 찾아준 사라 주림에게도 감사드린다.
벤저민 노박, 체스 스텟슨, 트레버 사이어스, 패트릭 마시아스,
라이언 에릭 윌리엄스에게도 지난 몇 년 동안 감사의 마음을
가지고 있었다. 마지막으로 션 보이랜드에게 한마디. 나는
여전히 바둑에 대해 당신에게 빚진 사실을 잊지 않고 있다.

저의 동의를 얻어 원서의 「참고 문헌(Bibliography)」을
그대로 실었다. 일본 자료는 괄호 안에 영어 제목을 추가했다.

"*14ko no danpen kara naru Nigo no sugao*" (The true face of Nigo from
14 fragments). Asayan. Vol. 85. January 2001: 19.

Across Editorial Desk. *Street Fashion 1945-1995*. Tokyo: PARCO, 1995.

"*Aibii no diteru*" (Ivy details). *Men's Club*. Vol. 43. June 1965: 82-83.

"*Aibii riiga no kino, kyo, ashita*" (Ivy Leaguers of yesterday, today,
tomorrow). *Men's Club*. Vol. 43. June 1965: 42-46.

"*Aibii riigazu oini kataru*" (We talk a great deal with the Ivy
Leaguers). *Men's Club*. Vol. 14. April 1959: 88-93.

"*Aibii to nihon no wakamono*" (Ivy and Japanese youth). *Men's Club*.
Vol. 12. June 1965: 216-223.

Akagi, Yoichi. *Heibon Punch 1964*. Tokyo: Heibonsha, 2004.

Akata, Yuichi. *Shogenkosei "Popai" no jidai—aru zasshi no kimyo
na kokai* (Based on witness testimony, the "Popeye" era: the
strange voyage of a certain magazine). Tokyo: Ohta Books, 2002.

Ambaras, David R. *Bad Youth*. Berkeley: University of California
Press, 2005.

Anjō, Hisako. *1964 Tōkyō Gorin Unifōmu no nazo Kesareta Rekishi to
Taiyō no Aka* (The Mystery of the 1964 Tokyo Olympic Uniforms
- Erased History and the Red of the Sun). Tokyo: Shinsho, 2019.

Asada, Akira. "A Left Within a Place of Nothingness." *New Left
Review*. No. 5. September-October 2000.

Baba, Keiichi, ed. *Ivy Goods Graffiti*. Tokyo: Rippu Shobo Publishing,
1984.

Baba, Keiichi, ed. *VAN Graffiti*. Tokyo: Rippu Shobo Publishing, 1980.

"*Baibai gemu wo tsuzukeru yu'nyu — kifurushi ga kakko ii!?*" (The
multiplicative game continues for imported second-hand
clothing — shabbiness is cool?!). *Toyo Keizai*. August 24, 1996:
40.

Barbaro, Michael, and Julie Creswell. "Levi's Turns to Suing Its
Rivals." *New York Times*. January 29, 2007.

Barry, Dave. *Dave Barry Does Japan*. New York: Ballantine Books,
1993.

Bartlett, Myke. "Tyler Brûlé makes Monocle." *Dumbo Feather*. Second
Quarter 2013. http://www.dumbofeather.com/conversation/
tyler-brule-makes-monocle/

"'Bathing Ape' T-shirts land duo in hot water." *Daily Yomiuri*. (Tokyo)
16 October 1998: 2.

Be 50's: Book around the rock 'n' roll. Tokyo: Shinsensha, 1982.

"'Beams de ichiban sugokatta no wa nanika naa' wo kataru" (We talk about what was the most amazing at Beams). *relax: Beams Mania special edition.* April 1998: 46-47, 68-69.

Birnbach, Lisa, ed. *The Official Preppy Handbook.* New York: Workman Publishing Company, 1980.

Blagrove, Kadia et. al. "The Oral History of Billionaire Boys Club and Icecream." *Complex.* December 3, 2013. http://www.complex. com/style/2013/12/oral-history-bbc-icecream

"'*Bokoku no dezaina Ishizu Kensuke-shi no hyohan*" (The reputation of Mr. Kensuke Ishizu — a "designer who will lead to national ruin"). *Shukan Gendai.* October 13, 1966: 128-132.

Bunn, Austin. "Not Fade Away." *New York Times.* December 1, 2002.

Burkitt, Laurie. "The Man Behind the Puffy Purple Coat." *Wall Street Journal.* March 16, 2012.

Chang, Ryan. "Take Ivy 2.0 Is the Next Great Movement in American Menswear." *Inside Hook.* February 19, 2020. https://www. insidehook.com/article/menswear/defining-take-ivy-2-0-next-menswear-movement

Chaplin, Julia. "Scarcity Makes the Heart Grow Fonder." *New York Times.* September 5, 1999.

Chapman, William. *Inventing Japan.* New York: Prentice Hall Press, 1991.

Chimura, Michio. *Sengo fasshon storii—1945-2000* (The postwar fashion story—1945-2000). Tokyo: Heibonsha, 2001.

Choi, Mary H.K. "All Dudes Learned How to Dress and It Sucks." *The Hairpin.* October 25, 2010. https://www.thehairpin.com/2010/10/ all-dudes-learned-how-to-dress-and-it-sucks/

Cohen, Ben. "Prep Yourself." *Wall Street Journal.* January 15, 2016. https://www.wsj.com/articles/prep-yourself-1452890984

Colman, David. "The All-American Back From Japan." *New York Times.* June 17, 2009.

Cooke, Fraser. "Hiroshi Fujiwara." *Interview.* 2010.

De Mente, Boye, and Fred Thomas Perry. *The Japanese as Consumers.* Tokyo: John Weatherhill Inc., 1968.

Denim no Hon (Book of denim). Tokyo: Urban Communications, 1991.

Dower, John. *Embracing Defeat.* New York: W. W. Norton & Company, 1999.

Dugan, John. "Daiki Suzuki." *Nothing Major.* June 19, 2013. http:// nothingmajor.com/features/60-daiki-suzuki/

Duus, Peter, and Kenji Hasegawa. *Rediscovering America Japanese Perspectives on the American Century.* Berkeley: University of

California, 2011.

The Editors of GQ. "The Best White Dress Shirts Are the Foundation of Any Stylish Guy's Wardrobe." *GQ*. August 23, 2022.

"*Eiga 'Take Ivy' ni tsuite kataro*" (Let's talk about the 'Take Ivy' film). *Oily Boy: The Ivy Book*. November 2011: 66-67.

Eien no Ivy-ten (The everlasting Ivy exhibition 1995). Tokyo: Nihon Keizai Shimbunsha, 1995.

English, Bonnie. *Japanese Fashion Designers: The Work and Influence of Issey Miyake, Yohji Yamamoto and Rei Kawakubo*. Oxford: Berg, 2011.

Eto, Jun, and Shigehiko Hasumi. *Old Fashioned — Futsu no Kaiwa*. Tokyo: Chuokoronsha, 1985.

Evans, Jonathan. "J.Crew's Brendon Babenzien on Why the New Beams Plus Collab 'Makes Perfect Sense.'" *Esquire*. October 18, 2022. https://www.esquire.com/style/mens-fashion/a41656401/j-crew-brendan-babenzien-beams-plus/

Evans, Jonathan. "Q&A: The Guys Behind the Fk Yeah Menswear Book." *Esquire: The Style Blog*. November 7, 2012. http://www.esquire.com/blogs/mens-fashion/kevin-burrows-lawrence-schlossman-fuck-yeah-menswear-110712

"Fads: The Nike Railroad." *New York Times*. October 5, 1997.

Fasshon to fuzoku no 70nen (Seventy years of fashion and culture). Tokyo: Fujingahosha, 1975.

"*Fasshon bijinesu 2020nen he no chosen*" (Challenges for the fashion business leading up to 2020). *Fashion Han-Bai*. May 2014.

Frisch, Suzy. "Growing Yen For Old Things American." *Chicago Tribune*. December 05, 1997.

Fujita, Junko. "Mitsubishi Corp in final talks to buy Tokyo Ralph Lauren building for $342 million: sources." *Reuters*. Jan 30, 2014.

Fujitake, Akira. "Hordes of Teenagers 'Massing.'" *Japan Echo*: 4.3 (1977): 109-117.

"Gaijin Teaches Young Jpnz. Good Manners." *The New Canadian*. July 1, 1977.

Gallagher, Jake. "Classic Ivy Oxfords Straight From Japan." *A Continuous Lean*. December 3, 2013. http://www.acontinuouslean.com/2013/12/03/classic-ivy-oxfords-straight-japan/

Gibson, William. *Pattern Recognition*. New York: G: Putnam's Son, 2003.

"*Ginza 'Miyuki-zoku' ni Hodo no Ami*" (A net to catch Ginza's "Miyuki Tribe"). *Asahi Shimbun*. September 13, 1964.

Gordon, Andrew. *Fabricating Consumers: The Sewing Machine in Modern Japan*. Berkeley: University of California, 2012.

"*Gpan kono iki na fasshon*" (Jeans: this chic fashion). *Shukan Asahi*. February 27, 1970: 36-39.

Greenwald, David. "Reblog This: The Oral History of Menswear Blogging." *GQ*. December 13, 2011. http://www.gq.com/style/profiles/201112/menswear-street-style-oral-history

Hanafusa, Takanori. *Aibii wa eien ni nemuranai* (The IVY doesn't sleep through all eternity). Tokyo: Sangokan, 2007.

Hara, Hiroyuki. *Bubble Bunkaron* (A theory of Bubble culture). Tokyo: Keio Gijuku Daigaku Publishing, 2006.

Hato wa Teddy—Japan's Rock 'n' rollers Revival-ban (Teddy in our hearts). Reprint. Tokyo: Daisanshokan, 2003.

Hayashida, Teruyoshi et. al. *Take Ivy*. Trans. Miho Ayabe. New York: Powerhouse, 2010.

"*Heavy-Duty Ivy-to senden*" (Manifesto of the Heavy-Duty Ivy Party). *Men's Club*. Vol. 183. September 1976: 151-155.

Heibon Punch no Jidai (The era of Heibon Punch). Tokyo: Magazine House, 1996.

Hillenbrand, Barry. "American Casual Seizes Japan." *Time*. November 13, 1989: 106-107.

Hisutorii — Nihon no Jiinzu (History: Japanese jeans). Tokyo: Nihon Sen'i Shimbunsha, 2006.

Hoichoi Productions. *Mie Koza* (A course on looking good). Tokyo: Shogakkan, 1983.

Hori, Yoichi. *Jiinzu: Owari no nai ryuko no subete* (Jeans: Everything about a trend with no end). Tokyo: Fujingaho, 1974.

Horyn, Cathy. "A Tennessee Clothing Factory Keeps Up the Old Ways." *New York Times*. August 14, 2013.

Hyland, Véronique. "Emergency Cool-Kid Shortage Threatening the Globe." *The Cut*. February 6, 2017.

"*Hyakunin-amari wo Hodo, Ginza no Komori-zoku-gari*" (Around one hundred taken into custody — Tsukiji Police Station hunting for Ginza's Umbrella Tribe). *Asahi Shimbun*. April 25, 1965.

Inoki, Masami. Sen'i *Okoku Okayama Konjaku* (Past and present of Okayama, textile kingdom). Okayama: Nihon Bunkyo Publishing Okayama, 2013.

"Interview with Teruyoshi Hayashida. I of III." "The Trad." October 6, 2010. Accessed November 19, 2014. http://thetrad.blogspot.com/2010/10/interview-with-teruyoshi-hayashida-i-of.html.

"Hayashida & Take Ivy on 16mm - Part II of III." "The Trad." October 7, 2010. Accessed November 19, 2014. http://thetrad.blogspot.

com/2010/10/hayashida-take-ivy-on-16mm-part-ii-of.html

"Hayashida & 'Nioi' Part III." "The Trad." October 8, 2010. Accessed
November 19, 2014. http://thetrad.blogspot.jp/2010/10/
hayashida-nioi-part-iiii.html

Igarashi, Taro, ed. *Yankii bunkaron josetsu* (An introduction to Yankii
studies). Tokyo: Kawade Shobo Shinsha, 2009.

Ishikawa, Kiyoshi. *"Mijuku na yokubo" wo akinau gendai no
yamishonin"* (Modern-day black marketeers who peddle
'immature desires'). *Ushio.* July 1994.

Ishizu, Kensuke. *"Aibii-zoku wa ze ka hi ka"* (Is the Ivy Tribe right or
wrong?). *Men's Club.* Vol. 47. November 1965: 25-28.

Ishizu, Kensuke. *"Anata mo Gpan, boku mo Gpan"* (You're in jeans, I'm
in jeans). *Heibon.* Heibon Publishing. September 1961. 134-136.

Ishizu Kensuke daihyakka. Accessed March 1, 2013. http://ishizu.jp.

Ishizu, Kensuke. *Ishizu Kensuke oru katarogu* (Ishizu Kensuke all
catalog). Tokyo: Kodansha, 1983.

Ishizu, Kensuke. *Itsu, dokode, nani wo kiru?* (When, where, what to
wear). Fujingahosha, 1965.

Ishizu, Kensuke. *"Kore ga honba no aibii"* (This is Ivy in its habitat).
Men's Club. Vol. 18. April 1960: 62-65.

Ishizu, Kensuke. *"Watashi no oshare jinsei"* (My stylish life). *Men's
Club.* Vol. 31. Spring 1963: 115-117.

Ishizu Kensuke's New Ivy Book. Tokyo: Kodansha, 1983.

Ishizu, Shosuke, Toshiyuki Kurosu, and Hajime Hasegawa. *"Aibii tsua
kara kaette, sono 1"* (Back from the Ivy Tour, part one). *Men's
Club.* Vol. 45. September 1965: 11-15.

Ishizu, Shosuke, Toshiyuki Kurosu, and Hajime Hasegawa. *"Aibii tsua
kara kaette, sono 2"* (Back from the Ivy Tour, part two). *Men's
Club.* Vol. 46. October 1965: 11-14.

Iwama, Natsuki. *Sengo wakamono bunka no kobo* (A beam of light
from postwar youth culture). Tokyo: Nihon Keizai Shinbunsha,
1995.

Iwata, Ryushi. *Jappii — kimi wa otona ni nareru ka* (Juppies: Can
you become an adult?) Men's Club Books No. 55. Tokyo:
Fujingahosha, 1987.

Izuishi, Shozo. *Buru jiinzu no bunkashi* (The cultural history of blue
jeans). Tokyo: NTT Publishing, 2009.

Izuishi, Shozo. *Kanpon buru jiinzu* (Complete textbook of jeans).
Tokyo: Shinchosha, 1999.

Jacobs, Sam. "Take Ivy, The Reissue Interview." *The Choosy Beggar.*
August 19, 2010. http://www.thechoosybeggar.com/2010/08/
take-ivy-the-reissue-interview/

The Jeans. Men's Club Books No. 20. Tokyo: Fujingahosha, 1988.

Kawai, Kazuo. *Japan's American Interlude*. Chicago: University Of Chicago Press, 1979.

Kawakatsu, Masayuki. *Oka no ue no panku*. (Tink Punk on the Hills). Tokyo: Shogakukan, 2009.

Kawashima, Yoko. *Beams senryaku*. (Beams strategy). Tokyo: Nihon Keizai Shimbun Shuppansha, 2008.

Keet, Philomena. "Making New Vintage Jeans in Japan: Relocating Authenticity." *Textile*: 9:1 (2011): 44–61.

"*Kimi wa VAN-to ka, JUN-to ka?*" (Are you pro-VAN or pro-JUN?). *Heibon Punch*. Vol. 6 June 15, 1964: 7-14.

Kimura, Haruo. *Fukuso ryuko no bunkashi* (The cultural history of clothing trends). Osaka: Gendai Sozosha, 1993.

Kitamoto, Masatake. *Jiinzu no hon* (The jeans book). Tokyo: Sankei Books, 1974.

Kobayashi, Yasuhiko. *Eien no Toraddo-ha* (Everlasting Trad). Tokyo: Nesco, 1996.

Kobayashi, Yasuhiko. "*HD wa traddo ni hajimaru*" (HD starts with Trad). *Men's Club*. Vol 213. December 1978: 188-191.

Kobayashi, Yasuhiko. *Hebii dutii no hon* (The book of Heavy Duty). Reprint. Tokyo: Yamakei Bunko, 2013.

Kobayashi, Yasuhiko. *Irasuto rupo no jidai* (The era of Illustrated Reportage). Tokyo: Bungeishunju, 2004.

Kobayashi, Yasuhiko. *Wakamono no machi* (Youth streets). Tokyo: Shobunsha, 1972.

Kobayashi, Yasuhiko. "Yokosuka Mambo story." *Punch Deluxe*. November 1966.

Kohl, Jeff. "An Interview With Thom Browne." *The Agency Daily*. May 2013. http://www.theagencyre.com/2013/05/thom-browne-interview-tokyo-flagship/

Koike, Riumo. *Daihitto zasshi no GET shirei* (The "get"-captain of a hit magazine). Tokyo: Shinpusha, 2004.

Koyama, Yuko. "Who Wears Jeans? Acceptance of Jeans in the Showa Era of Japan Viewed from Generations and Genders." Japanese language. *Journal of History for the Public* 2011 (8): 14-33.

Krash Japan. "Kojima: Holy Land of Jeans." Accessed on August 14, 2013. http://www.krashjapan.com/v1/jeans/index_e.html

Kurosu, Toshiyuki. "*Aibii arakaruto*" (Ivy à la carte). *Men's Club*. Vol. 45. September 1965: 18.

Kurosu, Toshiyuki. "*Aibii arakaruto*" (Ivy à la carte). *Men's Club*. Vol. 46. October 1965: 15.

Kurosu, Toshiyuki. *Aibii no jidai* (The Ivy era). Tokyo: Kawade Shobo

Shinsha, 2001.

Kurosu, Toshiyuki, ed. *City Boy Graffiti*. Men's Club Books Super Edition. Tokyo: Fujingahosha, 1990.

Kurosu, Toshiyuki. "Ivy Q&A." *Men's Club*. Vol. 43. June 1965: 142-145.

Kurosu, Toshiyuki. *Traddo saijiki* (Trad almanac). Tokyo: Fujingahosha, 1973.

"*Kurutta 'gaito resu' Toyama*" (Toyama: crazy street racing). *Asahi Shimbun*. June 19, 1972.

Lee, John, and Jeff Staple. "Hiroshi Fujiwara: International Man of Mystery." *Theme*: Issue 1, Spring 2005. http://www.thememagazine.com/stories/hiroshi-fujiwara/

Mabuchi, Kosuke. "*Zoku*"-*tachi no sengoshi* (The postwar history of the tribes). Tokyo: Sanseido, 1989.

Made in U.S.A. Catalog. Tokyo: Yomiuri Shimbunsha, 1975.

Mahi, Mari. "*Horidashimono techo*" (Bargain notebook). *Men's Club*. Vol. 20. October 1960: 84-87.

Manabe, Hiroshi. "*Tokai no kirigirisu*" (Urban katydids). *Asahi Shimbun*. September 20, 1965.

Marcus, Ezra. "How Malaysia Got in on the Secondhand Clothing Boom." *The New York Times*. February 3, 2022. https://www.nytimes.com/2022/02/03/style/malaysia-secondhand-clothing-grailed-etsy-ebay.html

Marx, W. David. "Future Folk: Hiroki Nakamura." *Nylon Guys*. Fall 2008.

Marx, W. David. "Jun Takahashi." *Nylon Guys*. Fall 2006.

Marx, W. David. "Nigo: Gorillas in Our Midst." *Nylon Guys*. Spring 2006.

Marx, W. David. "Selective Shopper: An interview with fashion guru Hirofumi Kurino." *Made of Japan*. September 2009.

Matsuyama, Takeshi. "The Harajuku '78." *an-an*. February 5, 1978: 43-57.

Mead, Rebecca. "Shopping Rebellion." *The New Yorker*. March 18, 2002: 104-111.

Meyersohn, Rolf and Elihu Katz. "Notes on a Natural History of Fads." *American Journal of Sociology*. 62 (6), 1957: 594-601.

"'*Miyuki-zoku*' hyakunin hodo" (100 Miyuki Tribe taken into custody). *Asahi Shimbun*. September 19, 1964.

Morinaga, Hiroshi. *Harajuku gorudo rasshu – Seiunhen* (Harajuku gold rush). Tokyo: CDC, 2004.

Motohashi, Nobuhiro. "*VAN no shinwa: Kamakura Shatsu ni miru VAN no idenshi*" (The myth of VAN: Seeing VAN's DNA in Kamakura Shirts). *Dankai Punch*. Vol. 2, July 2006: 96-112.

Mystery Train. Film. Directed by Jim Jarmusch. Original Release
   Year: 1989. Mystery Train Inc.

Nakabe, Hiroshi. *Bosozoku 100nin no shisso* (Bosozoku – 100 people
   speeding along). Tokyo: Daisanshokan, 1979.

Nakamuta, Hisayuki. *Traditional Fashion*. Tokyo: Fujingahosha, 1981.

Nakano, Mitsuhiro. "Teenage Symphony." *Baburu 80s to iu Jidai* (A
   story of the Bubble Eighties). Tokyo: Aspect, 1997.

Nanba, Koji. "Rethinking 'Shibu-Kaji'." Research Note. Kwansei Gakuin
   University Sociology Department Bulletin. No. 99. October
   2005: 233-245.

Nanba, Koji. *Sokan no shakaishi* (The social history of debut issues).
   Tokyo: Chikuma Shinsho, 2009.

Nanba, Koji. *Yankii shinkaron* (The evolution of yankii). Tokyo:
   Kobunsha, 2009.

Nanba, Koji. *Zoku no keifugaku – yuzu sabukaruchazu no sengoshi* (The
   genealogy of tribes: a postwar history of youth subcultures).
   Tokyo: Seikyusha, 2007.

"New Ivy Text '82." *Hot Dog Press*. January 25, 1982.

NHK Broadcasting Culture Research Institute. *Zusetsu – Sengo
   yoronshi* (Charts – the history of postwar public opinion). Tokyo:
   NHK Books, 1982.

Nihon no Retoro Sutairu Bukku 1920-1970 (Japan retro style Book
   1920-1970). Tokyo: Oribe Publishing, 1990.

Nippon no Jiinzu: Made in Japan (Japan's jeans: Made in Japan).
   Tokyo: World Photo Press, 1998.

Nishino, Mitsuo. *Tanoshii safin* (Fun surfing). Tokyo: Seibido Shuppan,
   1971.

Okajima, Kaori, and Itaru Ogasawara. "*Nigo to iu yamai*" (The illness
   called Nigo). Cyzo. August 2001: 95-97.

Olah, Andrew. "What is a Premium Jean?" *Apparel Insiders*. November
   2010. http://www.apparelinsiders.com/2010/11/1619018243/

OLD BOY SPECIAL Eien no VAN (Eternal VAN). Ei Mook 138. Tokyo: Ei
   Publishing, 1999.

Onuki, Setsuo. "*Warera, Shinjuku Gurentai*" (We were the Shinjuku
   gurentai). Gurentai Densetsu. Tokyo: Yosensha Publishing, 1999.

"*Otoko no futatsu no ryuko wo kataru aivii riigu ka Vsutairu ka?*"
   (We talk two men's trends: Ivy or V-style?). Men's Club. Vol. 6.
   October 1956: 121-125.

Packard, George R. "They Were Born When the Bomb Dropped." *New
   York Times*, August 29, 1969.

Pressler, Jessica. "Invasion of the Th10 Wardrobe." *GQ*. December
   2011.

Purototaipu na jinzu 200 (Prototype denim 200 pairs). *Boon Extra*,
  Vol 1. Tokyo Shodensha, May 20, 1995.

"*Risaikuru no Bunkaron 7 — Amerika no Gomi*" (Cultural theory of
  recycling #7: America's trash). *Gekkan Haikibutsu*. October
  1997: 88-95.

Rokkunroru Conekushon (Rock'n'roll connection). Kyoto: Shirakawa
  Shoin, 1977.

Roy, Susan. "Japan's 'New Wave' Breaks on U.S. Shores." *Advertising
  Age*. September 5, 1983.

"*Ryuko ni Oinukareru Aseri no VAN-Kyoso Ishizu Kensuke*" (VAN guru
  Kensuke Ishizu is feeling the heat as trends pass him by).
  Shukan Bunshun. January 13-20, 1969: 138-140.

Saeki, Akira. "*Wagakuni no Jiinzu Sangyo Hatten Ryakushi*" (An
  abbreviated history of the development of the Japanese jeans
  industry). *Hisutorii – Nihon no Jiinzu*. Tokyo: Nihon Sen'i
  Shimbunsha, 2006.

"*Sannin yoreba: MC Hyoshi Sunpyo-kai*" (If you ask those three: A
  quick review meeting about MC covers). *Men's Club*. Vol. 280.
  June 1984: 22-37.

Sano, Shinichi. "*Dan'ihoshoku jidai no furugi bumu*" (Second-hand
  clothing boom in an era of luxury). *Chuo Koron*. November 1986:
  254-267.

Sasaki, Tsuyoshi, ed. *Sengoshi Daijiten — 1945-2004 Zoho Shinpan*
  (Encyclopedia of postwar history, 1945-2004 new, expanded
  edition). Tokyo: Sanseido, 2005.

Sato, Ikuya. *Kamikaze Biker: Parody and Anomy in Affluent Japan*.
  Chicago: University of Chicago Press, 1991.

Sato, Yoshiaki. *Wakamono Bunkashi* (Postwar 60's, 70's and recent
  years of fashion). Tokyo: Genryusha, 1997.

Sayama, Ichiro. *VAN kara toku hanarete* (Far removed from VAN).
  Tokyo: Iwanami Shoten, 2012.

Scura, Dorothy M., ed. *Conversations with Tom Wolfe*. Jackson:
  University Press of Mississippi, 1990.

Seidensticker, Edward. *Tokyo: from Edo to Showa 1867-1989*. Tokyo:
  Tuttle Publishing, 2010.

"Sentimental Journey" (Junya Watanabe). *Interview*. 2009.

Seward, Mahoro. "Exclusive: Virgil Abloh and Nigo share the thought
  process behind LV[2]." *i-D*. June 26, 2020. https://i-d.vice.com/en/
  article/z3e3me/louis-vuitton-virgil-abloh-nigo-collaboration-
  interview

Shaw, Henry I. Jr. *The U.S. Marines in North China, 1945-1949*.
  Historical Branch, Headquarters, USMC, 1960.

"*Shibukaji, sono fasshon kara seitai made, tettei kenkyu manuaru*"
(Thorough shibukaji research manual — from the fashion to the
ecology). *Hot Dog Press*. April 10, 1989.

Shiine, Yamato. *Popeye Monogatari—Wakamono wo Kaeta Densetsu no
Zasshi* (The Popeye story '76-'81). Tokyo: Shinchosha, 2010.

Shiomitsu, Hajime. *Ameyoko Sanjugonen no Gekishi* (Ameyoko's 35
years of extreme history). Tokyo: Tokyo Kobo Shuppan, 1982.

Shitara, Yo. "America no seikatsu uru mise hiraku" (We opened a shop
to sell the American lifestyle). *Senken Shimbun*. Date unknown:
7.

Shitara, Yo. "Nagare yomi bijinesu ga kakudai" (Expanding the
business by reading the flow). *Senken Shimbun*. Date unknown:
11.

Shuck, David. "Who Killed The Cone Mills White Oak Plant?" *Heddels*.
February 1, 2018. https://www.heddels.com/2018/02/killed-cone-
mills-white-oak-plant/

Ski Life. Tokyo: Yomiuri Shimbunsha, 1974.

Slade, Toby. *Japanese Fashion: A Cultural History*. Oxford: Berg, 2009.

"Sports and Art #5 Kurosu Toshiyuki." Japan Olympic Committee
(JOC). July 26, 2007. Accessed November 19, 2014. http://www.
joc.or.jp/column/sportsandart/20070726.html

Stock, Kyle. "Why Ralph Lauren Is Worried About a Weakened Yen."
Businessweek. June 05, 2013.

Sugihara, Kaoru. "International Circumstances surrounding the
Postwar Japanese Cotton Textile Industry." Graduate School
of Economics and Osaka School of International Public Policy
(OSIPP), Osaka University, May 1999.

Sugiyama, Shinsaku. *Nihon Jiinzu Monogatari* (The story of Japanese
jeans). Okayama: Kibito Publishing, 2009.

Sukajan: Japanese souvenir jacket story and photograph. Tokyo: Ei
Publishing, November 2005.

Suzuki, Tadashi. *Surfin'*. Tokyo: Kodansha, 1981.

Swanson, Carl. "The New Generation Gap." *Elle*. January 15, 2014.

Tanaka, Toshiyuki. *Japan's Comfort Women: Sexual Slavery and
Prostitution during World War II and the US Occupation*.
London: Routledge, 2002.

Tanaka, Yasuo. *Nantonaku, Kurisutaru*. (Vaguely, crystal). Tokyo:
Shinchosha, 1980.

Tashima, Yuriko. *20-seiki Nihon no Fasshon* (20th-century Japanese
fashion). Interviews by Junko Ouchi. Tokyo: Genryusha, 1996.

Tedi Boi: Rokkunroru Baiburu (Teddy Boy: Rock'n'roll bible). Tokyo:
Hachiyosha, 1980.

Thomas, Lauren. "Global Luxury Sales Are on Track for a Record Decline in 2020, But Business Is Booming in China." *CNBC.* November 18, 2020. https://www.cnbc.com/2020/11/18/china-to-become-the-worlds-biggest-luxury-market-by-2025-bain-says.html

Toi, Jugatsu, ed. *Tomerareru ka, oretachi wo.* (Can you stop us?). Tokyo: Daisanshokan, 1979.

Tozaka, Yasuji. *Genroku kosode kara minisukaato made* (From genroku kosode to the miniskirt). Tokyo: Sankei Drama Books, 1972.

Traddo kaiki to pureppii (Preppie and the return of Trad). *Men's Club.* Vol. 225. December 1979: 139-143.

Trebay, Guy. "Prep, Forward and Back." *New York Times.* July 23, 2010.

Trebay, Guy. "American Chic on the Runways of Paris." *The New York Times.* June 27, 2017. https://www.nytimes.com/2017/06/27/fashion/mens-style/men-spring-2018-paris-louis-vuitton-valentino.html

Trebay, Guy. "More Than a Cult Designer: Hiroki Nakamura Goes Big." *The New York Times.* July 8, 2016. https://www.nytimes.com/2016/07/08/fashion/mens-style/hiroki-nakamura-visvim-waza-menswear.html

Tredre, Roger. "Jeans Makers Get the Blues as Sales Sag." *New York Times.* January 13, 1999.

Trufelman, Avery, host. "American Ivy" Articles of Interest (podcast). October 26, 2022. https://articlesofinterest.substack.com/p/american-ivy-chapter-1

Trumbull, Robert. "Japanese Hippies Take Over a Park in Tokyo." *New York Times.* August 26, 1967.

Tsuzuku, Chiho. "*Boku wa sandomo muichimon ni nattemasu yo — Ishizu Kensuke.*" (I have gone rags-to-riches three times now — Kensuke Ishizu). STUDIO VOICE. Volume 61. December 1980.

Twardzik, Eric. "'Heavy Duty Ivy,' Winter's Leading Menswear Look, Explained." *Robb Report.* January 12, 2022. https://robbreport.com/style/fashion/heavy-duty-ivy-style-1234657840/

Udagawa, Satoru. *VAN Sutoriizu—Ishizu Kensuke to Aibii no Jidai* (VAN stories: Ishizu Kensuke and the Ivy era). Tokyo: Shueisha Shinsho, 2006.

Uhlman, Marian. "There May Be Money In Your Air Jordans. Japanese Buyers Pay Big For Old Sneakers." *The Philadelphia Inquirer.* July 21, 1997.

Urabe, Makoto. *Ryuko Uragaeshi* (Upside-down history of trends). Tokyo: Bunka Fukuso Gakuin Shuppankyoku, 1965.

Urabe, Makoto. *Zoku-Ryuko Uragaeshi* (Upside-down history of trends, continued). Tokyo: Bunka Shuppankyoku, 1982.

"*VAN Okoku Suitai ni Aegu Ishizu Ikka no Rohi*" (The Ishizu family extravagance that will lead to the ruin of the VAN kingdom). *Shukan Shincho.* January 4, 1969: 42-44.

Wakai Hiroba Harajuku 24 jikan (Young plaza: 24 hours in Harajuku). NHK. 1980.

Welch, Will. "John Mayer Defends His Crazy Tibetan Robe Collection." *GQ.* June 22, 2015. https://www.gq.com/story/john-mayer-robes-style-interview

Wetherille, Kelly. "Nigo Opens Up About Bape." *Women's Wear Daily.* February 7, 2011.

Williams, Michael. "That Autumn Look | Turning Japanese." *A Continuous Lean.* September 21, 2009. http://www.acontinuouslean.com/2009/09/21/that-autumn-look-turning-japanese/

Woolf, Jake. "Why Aren't You Wearing More Beams Plus?" *GQ.* August 24, 2022. https://www.gq.com/story/buy-more-beams-plus

Yamaguchi, Jun. *Biimuzu no kiseki* (The Beams miracle). Tokyo: Sekai bunkasha, 2006.

Yamane, Hidehiko. *Tateoti.* Tokyo: Ei Publishing, 2008.

Yamazaki, Masayuki. *Kuriimu Soda monogatari* (The Cream Soda story). Tokyo: JICC Publishing, 1980.

Yamazaki, Masayuki with Hiroshi Morinaga. *Takara wa itsumo ashimoto ni.* (The treasure is always under your feet). Tokyo: Asuka Shinsha, 2009.

Yankii daishugo (Big yankii collection). Tokyo: East Press, 2009.

Yasuoka, Shotaro. "*Noshiaruku 'Aibii-zoku' ni Monomousu.*" *Yasuoka Shotaro Essei Zenshu*, Volume 8. Tokyo: Yomiuri Shimbunsha, 1975.

"*Zasshi, tarento ni odorasareru 'botsu' kosei-ha no furugi bumu*" (The non-individualistic vintage boom that's making magazines and celebrities dance). Aera. September 22, 1997: 30.

옮긴이의 글: 패션의 즐거움

고급 패션은 보통 미래를 지향한다. 남과 다른 특별함을
얻으려면 세상에 없어야 하고, 평범하지 않고, 비일상적이어야
한다. 게다가 세상이 향하는 방향보다 조금 더 앞서야 한다.
시대를 풍미한 디자이너들은 그런 것과 지나치게 과장된 것
사이에서 균형점을 찾으며 자신만의 세계를 구축한다. 하지만
사람들은 대부분 자신이 입어온 옷을 입는다.

스트리트 패션이 대세가 된 지금 시점에서 보면 이런
과거의 질서가 뒤집어지고 있다. 입어온 옷이 패션으로
다시 탄생한다. 이런 반전은 기존의 패션에 대한 새로운
세대의 배격, 포멀 웨어의 형식성과 획일성보다는 편안함과
자유로움을 중시하는 풍조, 다양한 문화와 인종 등의 상황과
취향의 반영 등 여러 이유를 들 수 있다.

이렇게 오랫동안 입어온 옷에 새로운 의미가 투여되는
방식은 여럿이 있다. 옷은 각각 로고, 재질, 대중문화 등과
결합해 맥락을 획득한다. 조금 더 크게 보면 이런 요소를
이용해 예전의 모습을 그대로 재현하는 방식과 그저 마음에
드는 것을 가져다 맥락을 뛰어넘어 혼합하는 방식도 있다.
패션뿐 아니라 문화에서 교류는 대개 이런 식으로 이뤄진다.

이 책 『아메토라: 일본은 어떻게 아메리칸 스타일을
구원했는가』는 재현이 어디까지 나아갈 수 있는지 성실하게
보여준다. 케이팝 같은 문화는 혼합의 방식이 어디까지 나아갈
수 있는지 보여준다. 재현이든 혼합이든 둘 다 그것을 가져온
사람의 주관이 반영되기 마련이고, 그것이 새로운 모습을
만든다. 과거가 흐려지는 것이 단점이라 할 수도 있지만
한편으로는 장점이기도 하다. 1950년대에 출시된 리바이스의

청바지나 파이브 브라더스의 플란넬 셔츠를 직접 구할 수 있는 상황에서 과거의 재현과 이전과는 다른 방식으로의 활용은 지금 시대의 스타일이라는 문화를 만들어낸다.

이런 판단에 장인 문화 등 제조업상의 관점, 패션에 대한 본연의 시각, 상업적 감각 등이 개입될 여지는 있겠지만, 모두 패션이라는 커다란 장을 형성한다. 한 가지를 깊게 파고 들어가 어느 정도 완성한다면, 이는 다른 부분을 촉발할 수 있는 원동력이 될 수 있다. 이런 것도 있고, 저런 것도 있고, 게다가 이렇게 서로 다른 것이 완성도까지 높아진다면 재미있는 일은 더 늘어난다.

이 책은 근본적인 고민을 되돌아보게 만든다. 패션이란 대체 무엇일까, 왜 사람들은 단지 어떤 옷을 입는 것으로 즐거워하고 만족할까. 이런 과정을 들여다보는 일을 통해 자신이 입은 옷이 어디서 어떤 과정을 거쳐 여기까지 왔는지, 오리지널과 재현의 의미를 생각해볼 수 있다. 즐거움은 저절로 굴러 들어오지 않는다. 공부도 필요하고, 때로는 시행착오도 거쳐야 한다. 하지만 결국 이런 것이 앞으로의 패션 생활, 일상복 생활을 더 깊고 재미있게 만들어내리라 믿는다.

2020년 12월
박세진